テキスト 理系の数学 3

線形代数

海老原 円 著

泉屋周一・上江洌達也・小池茂昭・徳永浩雄 編

数学書房

編集

泉屋周一
北海道大学

上江洌達也
奈良女子大学

小池茂昭
埼玉大学

徳永浩雄
首都大学東京

シリーズ刊行にあたって

数学は数千年の歴史を持つ大変古くから存在する分野です．その起源は，人類が物を数え始めたころにさかのぼると考えることもできますが，学問としての数学が確立したのは，ギリシャ時代の幾何学の公理化以後であると言えます．いわゆるユークリッド幾何学は現在でも決して古ぼけた学問ではありません．実に二千年以上も前の結果が，現在のさまざまな科学技術に適用されていることは驚くべきことです．ましてや，17 世紀のニュートンの微積分発見後の数学の発展とその応用の広がり具合は目を見張るものがあります．そして，現在でも急速に進展しています．

一方，数学は誰に対しても平等な結果とその抽象性がもたらす汎用性により大変自由で豊かな分野です．その影響は科学技術のみにとどまらず人類の社会生活や世界観の本質的な変革をもたらしてきました．たとえば，IT 技術は数学の本質的な寄与なしには発展しえないものであり，その現代社会への影響は絶大なものがあります．また，数学を通した物理学の発展はルネッサンス期の地動説，その後の非ユークリッド幾何学，相対性理論や量子力学などにより，空間概念や物質概念の本質的な変革をもたらし，それぞれの時代に人類の生活空間の拡大や技術革新を引き起こしました．

本シリーズは，21 世紀の大学の理系学部における数学の標準的なテキストを編纂する目的で企画されました．理系学部と言っても，学部の名称が多様化した現在では理学部，工学部を中心にさまざまな教育課程があります．本シリーズは，それらのすべての学部で必要とされる大学 1 年目向けの数学を共通基盤として，2 年目以降に理系学部の専門課程で共通に必要だと思われる数学，さらには数学や物理等の理論系学科で必要とされる内容までを網羅したシリーズとして企画されています．執筆者もその点を考慮して，数学者ばかりではなく，物理学者の方たちにもお願いしました．

読者のみなさんには，このシリーズを通して，現代の標準的な数学の理解のみならず数学の壮大な歴史とロマンに思いを馳せていただければ，編集者一同望外の幸せであります．

2010 年 1 月　　　　編者

まえがき

本書は線形代数学の教科書である．読者としては理工系の大学 1，2 年生を想定しているが，中学校程度の連立 1 次方程式，高等学校程度の行列やベクトルの理論に触れたことがあり，平面図形，空間図形，複素数，シグマ記号，数学的帰納法について最小限の知識があれば，本書を読むことができる．

理工系の大学生にとって，線形代数学は，微分積分学と並んで，大学で最初に学ぶ数学の二本柱の一つである．多少の異同はあるものの，行列やベクトルの理論から始まって，行列式の理論を学び，行列の対角化や 2 次形式の理論に進むのが通例であろう．本書はそうしたカリキュラムに沿っている．

本書を執筆するにあたって留意したことは，(当然のことながら）理解しやすい教科書にするということである．それには，大きく分けて二通りの方向が考えられる．一つは，なるべく記述を簡潔にし，少ないページ数に一定の内容を収めて，短い時間で全体を俯瞰できるようにするという考え方である．もう一つは，題材を基本的なものに限定した上で，一つ一つの話題に関する記述をできるだけ丁寧にするという考え方である．二つの相反する考え方は，それぞれに一長一短があるが，本書では後者を採用した．

適度な省略がなされた叙述には，その種の省略を自力で補う経験を積んだ読者にとっては心地よいリズムがある．しかし，そのような簡略な叙述は，経験に乏しい読者を消化不良に陥らせる危険を伴う．読者が省略に気づかずに読みとばしてしまうことすらある．それゆえ，本書ではできるかぎり丁寧な — 場合によってはくどいとも思われる説明を心がけた．

その一方で，扱う題材をしぼり込み，標準的な内容のみを取り上げた．また，演習問題も最小限にとどめた．演習問題を解くことは数学を理解する上で欠かせないが，著者の力量不足のため，叙述の丁寧さと演習問題の豊富さとを両立させることはできなかった．そこで本書では，本文の理解に直接つながる基本的な問題のみを取り上げることによって，本文の内容と演習問題とが有機的な連関を保つようにした．また，問題を解くタイミングと流れを重視して，問題とその答えはその都度本文の中に書いた．章末問題もつけなかった．読者は，本書の中に書かれた問題に，それが出てきた時点で取り組んでいただきたい．問題が解けない場合は，必ず本文の内容を再確認していただきたい．

ところで，我々はどのように数学を理解するのであろうか．ある命題なり定理なりを理解するためには，まず，その**主張内容**を把握しなければならない．そのためには，用いられている概念の**定義**を知っておく必要がある．次に，命題や定理の**証明**を読むことによって，それが正しいことを確認する．しかし，それでもまだ「理解した」と感じられないことがある．そういうときは，具体的な**実例**にあたってみるのがよい．

理論と実例は，数学を理解する上で，車の両輪のようなものであって，どちらも欠かせない．読者は，本書に書かれている事柄に対して，一つ一つ実例にあたってみることが望ましい．本書ではそのような理解のプロセスに配慮し，命題や定理の証明方法も，実例による検証作業に耐えるものを意識的に採用した．すなわち，構成的な証明 — その証明を具体的実例にそのまま適用でき，仕組みが実感できるような証明方法 — をできる限り選んだ．たとえば，第 5 章の定理 5.1 については，ほかにも理論的に興味深い証明方法があるが，読者が理論と実例とを往復しつつ理解を深めてゆくことが可能であるという理由から，本書の証明方法を選んだ．

本書では標準的な題材のみを取り上げたと述べたが，それが必ずしも初学者にとって易しいとは限らない．ところどころ難解に感じられる部分もあると思われる．しかし，それが基本的かつ重要であるならば，相応のページ数を費やして解説したつもりであるので，そのような部分については，読者が粘り強くじっくりと読んで理解してくださることを期待する．

本書を書くにあたって，遅々として進まぬ原稿を忍耐強く待ってくださった数学書房の横山伸氏にはたいへんお世話になった．心より感謝申し上げる．著者は埼玉大学で教鞭をとっているが，その傍ら，東京大学教養学部においても線形代数学の講義を受け持っている．本書は，そうした講義の経験をふまえて書かれた．講義を聴講したすべての学生諸君に併せて感謝の意を表したい．

2009 年 夏

海老原 円

目　次

記　号

ものの集まりを**集合**といい，集合を構成する要素を**元**という．次の集合の記号は，標準的に用いられているので，本書でも断りなく用いる．

$\boldsymbol{N}$：自然数 (1 以上の整数) 全体の集合.

$\boldsymbol{Z}$：整数 (0 や負の整数も含む) 全体の集合.

$\boldsymbol{Q}$：有理数全体の集合.

$\boldsymbol{R}$：実数全体の集合.

$\boldsymbol{C}$：複素数全体の集合.

x が集合 X の元であるとき,「x は X に**属する**」といい，$x \in X$ あるいは $X \ni x$ と表す．x が集合 X の元でないときは，$x \notin X$ あるいは $X \not\ni x$ と表す．

集合の表し方は 2 通りある．1 つは，$X = \{1, 2, 3, 6\}$ のように，集合を構成する元を書き並べ，中括弧でくくる表し方である．もう 1 つの表し方は，

$$X = \{\, x \in \boldsymbol{N} \,|\, x \text{ は } 6 \text{ の約数} \,\}$$

などのように，中括弧の中を縦の線で区切り，前半にその集合に属する元の候補を，後半に，その候補が実際にその集合に属するための条件を書く表し方である．上の例では，集合 X は自然数 x を元とするが，x が集合 X に属するための条件は，x が 6 の約数であることである．この場合，真ん中の縦線は関係代名詞のような役割を果たす．

後者のような表し方をするとき，集合 X に属するような x がまったく存在しない場合もあり得る．元をまったく含まない集合を**空集合**とよび，$\emptyset$という記号で表す．

「任意の」という言葉は，しばしば $\forall$ という記号で表す.「ある x が存在する」という内容を表すのに，$\exists$ という記号を用いて,「${}^{\exists}x$」と書くことがある．また,「命題 P が成り立つならば命題 Q が成り立つ」ことを「$P \Rightarrow Q$」あるいは「$Q \Leftarrow P$」と表す.「$P \Rightarrow Q$ かつ $Q \Rightarrow P$」が成り立つとき，命題 P と Q は**同値**であるという．このことを「$P \Leftrightarrow Q$」と表す.

集合 A の任意の元が集合 B に属するとき,「A は B に**含まれる**」あるいは「B は A を**含む**」といい，$A \subset B$ あるいは $B \supset A$ という記号で表す．A と B が等しいときも $A \subset B$ が成り立つことに注意する．$A \subset B$ であるとき，A は B の**部分集合**であるともいう．空集合は任意の集合の部分集合であると約束する．$A \subset B$ が成り立た

ない場合は，$A \not\subset B$ と表す．

集合 A と集合 B が等しいとき，$A = B$ と表す．これは「$A \subset B$ かつ $B \subset A$」と同値である．したがって，2 つの集合 A と B が等しいことを示すには，「$^\forall x \in A$ に対して $x \in B$」かつ「$^\forall x \in B$ に対して $x \in A$」が成り立つことを示せばよい．別のいい方をするならば，「$x \in A \Rightarrow x \in B$」かつ「$x \in B \Rightarrow x \in A$」を示せばよい．

$A = B$ の否定を $A \neq B$ と表す．

$A \subset B$ かつ $A \neq B$ であるとき，A は B の**真部分集合**であるといい，$A \subsetneqq B$ もしくは $B \supsetneqq A$ と表す．あるいは，$A \subsetneq B$　$(B \supsetneq A)$ とも表す．

注意　記号 $A \subset B$ および $A \subsetneqq B$ については，注意を要する ― A が B の真部分集合であるときに $A \subset B$ と表し，A が B の部分集合であることを $A \subseteq B$ あるいは $A \subseteqq B$ と表すことがある．しかし，本書ではこのような用法を採用しない．

2 つの集合 X と Y の両方に属する元全体の集まりを $X \cap Y$ と表し，X と Y の**共通部分**，あるいは**交わり**という．X と Y のどちらか一方もしくは両方に属する元全体の集まりを $X \cup Y$ と表し，X と Y の**合併集合**，あるいは**和集合**という．3 つ以上の集合の交わりや和集合も同様に定義する．

集合 X には属するが Y には属さない元全体の集まりを $X \setminus Y$ と表し，X, Y の**差集合**とよぶ．

不等号についても述べておく．$a \geqq b$　$(b \leqq a)$ と書く代わりに $a \geq b$　$(b \leq a)$ という記号を用いることがある．この記号は本書でも用いる．また，$a, b \in \boldsymbol{R}$ に対して

$$\max\{a, b\} = \begin{cases} a & (a \geq b \text{の場合}) \\ b & (a < b \text{の場合}) \end{cases}, \quad \min\{a, b\} = \begin{cases} b & (a \geq b \text{の場合}) \\ a & (a < b \text{の場合}) \end{cases}$$

と定める．max, min はそれぞれ maximum (最大値)，minimum (最小値) に由来する．3 つ以上の実数の最大値，最小値も同様に定義する．

第 1 章

ベクトルと行列

1.1 線形代数とは何か

「線形代数」は英語で "linear algebra" という.「linear (直線的な)」という幾何学的色彩の濃い形容詞が「algebra (代数)」と結びついているところに, すでに線形代数の本質がうかがえる.

線形代数には幾何学的な側面と代数学的な側面がある. 幾何学的な側面からみた場合, 線形代数とは, **まっすぐな図形を取り扱う幾何学**であり, 代数学的な側面からみれば, **1 次式を取り扱う代数学**である.

1.1.1 行列はベクトルに作用する

線形代数の幾何学的側面は, ベクトルや行列の幾何学的理論であるといってもよい. その際に重要なのは, **行列はベクトルに作用する**という視点である.

例をあげよう. 平面ベクトル $\boldsymbol{x} = \begin{pmatrix} x_1 \\ x_2 \end{pmatrix}$ $(x_1, x_2 \in \boldsymbol{R})$ を反時計回りに角 θ だけ回転させ, あらたなベクトル $\boldsymbol{x}' = \begin{pmatrix} x'_1 \\ x'_2 \end{pmatrix}$ が得られたとする.

$$x_1 = r\cos\alpha, \quad x_2 = r\sin\alpha \quad (r, \alpha \in \boldsymbol{R},\ r \geq 0)$$

と極座標表示すると,

$$\begin{aligned} x'_1 &= r\cos(\alpha+\theta) = \cos\theta \cdot r\cos\alpha - \sin\theta \cdot r\sin\alpha \\ &= (\cos\theta) \cdot x_1 + (-\sin\theta) \cdot x_2, \\ x'_2 &= r\sin(\alpha+\theta) = \sin\theta \cdot r\cos\alpha + \cos\theta \cdot r\sin\alpha \\ &= (\sin\theta) \cdot x_1 + (\cos\theta) \cdot x_2 \end{aligned}$$

が得られる．このことを

$$\begin{pmatrix} x'_1 \\ x'_2 \end{pmatrix} = \begin{pmatrix} \cos\theta & -\sin\theta \\ \sin\theta & \cos\theta \end{pmatrix} \begin{pmatrix} x_1 \\ x_2 \end{pmatrix} \tag{1.1}$$

と表す．ここで $A = \begin{pmatrix} \cos\theta & -\sin\theta \\ \sin\theta & \cos\theta \end{pmatrix}$ とおけば

$$\boldsymbol{x}' = A\boldsymbol{x} \tag{1.2}$$

が得られる．この行列 A は特に**回転行列**とよばれる．ベクトルを角 θ だけ回転させる作用は，回転行列 A によって表現されることになる．

このように，行列は，ベクトルに作用して，新しいベクトルを生み出す．行列はベクトルに対するそうした作用の表現であるといってもよい．ここで「作用」と漠然と述べたことがらは，のちに**線形写像**という概念に抽象化される．**行列は線形写像の表現である** — これは本書全体をつらぬくキーワードである．

問題 1.1　xy 平面において，直線 $y = (\tan\theta) \cdot x$ を軸として対称にベクトルを折り返す作用は，行列 $\begin{pmatrix} \cos 2\theta & \sin 2\theta \\ \sin 2\theta & -\cos 2\theta \end{pmatrix}$ によって表現されることを示せ．(この行列は**鏡映行列**とよばれる．)

1.1.2　連立 1 次方程式と行列・ベクトル

鶴が x 羽，亀が y 匹いる．頭の数は合わせて 10，足の数は合計 26 本であるとき，次のような連立 1 次方程式が立てられる．

$$\begin{cases} x + y = 10 \\ 2x + 4y = 26 \end{cases} \tag{1.3}$$

線形代数のもうひとつの側面 (代数学的側面) は，こうした連立 1 次方程式の理論である．この方程式は，次のように書き直すことができる．

$$\begin{pmatrix} 1 & 1 \\ 2 & 4 \end{pmatrix} \begin{pmatrix} x \\ y \end{pmatrix} = \begin{pmatrix} 10 \\ 26 \end{pmatrix} \tag{1.4}$$

この式は前述の式 (1.1) と同じ形をしている．もちろん，このような類似は形式的なものである．頭の数と足の数とを組み合わせた $\begin{pmatrix} 10 \\ 26 \end{pmatrix}$ に，もとより幾何学的な意味はない．しかし，こうした表記を通じて, (1.1) と (1.4) とを統一的に論じることには大きな意義がある．

線形代数においては, 幾何学的直観が連立 1 次方程式の考察を強力に牽引し，一方で，代数的な論理展開が幾何学的考察に一般性・抽象性を与える．

さて，連立 1 次方程式の理論をも含むような形でベクトルや行列の理論を構築しようとすると，2 次元や 3 次元の空間を考えるだけでは不十分である．実数よりもっと広い範囲の数の体系 (たとえば複素数) の中で，より多くの未知数を持つ連立 1 次方程式に対して「幾何学的」な考察を加えるために，我々は「n 次元複素ベクトル」という概念を用意する．ここで,「n 次元」のイメージが湧かないことを悲観する必要はない．幾何学的な言葉づかいは，代数的理論に視覚的な彩りを添えるための方便である．

1.2　ベクトルとその性質

1.2.1　ベクトルの定義

n は自然数とする．n 個の数を縦に並べ，括弧でくくったもの $\begin{pmatrix} x_1 \\ x_2 \\ \vdots \\ x_n \end{pmatrix}$ を n **次元縦ベクトル**という．あるいは，n **項縦ベクトル**，n **次元列ベクトル**，n **項列ベクトル**などともよばれる．n 個の数を横に並べて括弧でくくったもの $(x_1, x_2 \cdots, x_n)$ は n **次元横ベクトル**，n **項横ベクトル**，n **次元行ベクトル**，n **項行ベクトル**などともよばれるが，特にことわらない限り，**単にベクトルといったら縦ベクトルを表す**ものとする．

ベクトルを 1 つの記号で表すときは，$\boldsymbol{x}$，$\boldsymbol{y}$ などのようにアルファベットの小文字の太字で表す．ベクトル $\boldsymbol{x} = \begin{pmatrix} x_1 \\ x_2 \\ \vdots \\ x_n \end{pmatrix}$ を構成する n 個の数を $\boldsymbol{x}$ の**成分**とよぶ．上から i 番目 $(1 \leq i \leq n)$ の成分 x_i を $\boldsymbol{x}$ の**第 i 成分**とよぶ．すべての成分が実数であるようなベクトルを特に**実ベクトル**とよぶ．それに対して，成分が複素数であるベクトルを**複素ベクトル**とよぶ．n 次元複素ベクトル全体の集合を $\boldsymbol{C}^n$ という記号で表し，n 次元実ベクトル全体の集合を記号 $\boldsymbol{R}^n$ で表す．複素ベクトルを考えても実ベクトルを考えてもほとんど同様の議論が進行することが多いので，以下，**特に断らない限り，単にベクトルといったら複素ベクトルを表す**ものとする．

n 次元ベクトル $\boldsymbol{x}$ の第 i 成分が x_i $(1 \leq i \leq n)$ であるとき，$\boldsymbol{x} = (x_i)$ と略記することがある．この略記法は便利ではあるが，混乱を生ずる場合もあるので注意を要する．

2 つの n 次元ベクトル $\boldsymbol{x} = (x_i)$ と $\boldsymbol{y} = (y_i)$ が等しい $(\boldsymbol{x} = \boldsymbol{y})$ とは，対応する各成分がすべて等しいこと，すなわち，$1 \leq i \leq n$ を満たすすべての自然数 i に対して $x_i = y_i$ が成り立つことである．

1.2.2 ベクトルの和とスカラー倍

2 つの n 次元ベクトル $\boldsymbol{x} = (x_i)$ と $\boldsymbol{y} = (y_i)$ の**和** $\boldsymbol{x} + \boldsymbol{y}$ を

$$\boldsymbol{x} + \boldsymbol{y} = \begin{pmatrix} x_1 + y_1 \\ x_2 + y_2 \\ \vdots \\ x_n + y_n \end{pmatrix} \tag{1.5}$$

と定める．和をとる演算を**ベクトルの加法**とよぶ．また，複素数 c に対して，ベクトル $\boldsymbol{x}$ の c 倍 $c\boldsymbol{x}$ を

$$c\boldsymbol{x} = \begin{pmatrix} cx_1 \\ cx_2 \\ \vdots \\ cx_n \end{pmatrix} \tag{1.6}$$

と定める．数 c を特に**スカラー**とよぶことがある．ベクトルを定数倍する演算は**スカラー倍**ともよばれる．すべての成分が 0 であるようなベクトルは**零ベクトル**とよばれ，$\mathbf{0}$ と書かれる．ベクトル $\boldsymbol{x}$ の (-1) 倍 $(-1)\cdot\boldsymbol{x}$ を特に $-\boldsymbol{x}$ と書き，$\boldsymbol{x}$ の**逆元**とよぶ．$\boldsymbol{x}+(-\boldsymbol{y})$ を $\boldsymbol{x}-\boldsymbol{y}$ と表す．

$\boldsymbol{x}, \boldsymbol{y}, \boldsymbol{z} \in \boldsymbol{C}^n$ および $a, b \in \boldsymbol{C}$ に対して，次が成り立つ．

（1） $(\boldsymbol{x}+\boldsymbol{y})+\boldsymbol{z} = \boldsymbol{x}+(\boldsymbol{y}+\boldsymbol{z})$

（2） $\boldsymbol{x}+\boldsymbol{y} = \boldsymbol{y}+\boldsymbol{x}$

（3） $\boldsymbol{x}+\mathbf{0} = \mathbf{0}+\boldsymbol{x} = \boldsymbol{x}$

（4） $\boldsymbol{x}+(-\boldsymbol{x}) = (-\boldsymbol{x})+\boldsymbol{x} = \mathbf{0}$

（5） $(a+b)\boldsymbol{x} = a\boldsymbol{x}+b\boldsymbol{x}$

（6） $a(\boldsymbol{x}+\boldsymbol{y}) = a\boldsymbol{x}+a\boldsymbol{y}$

（7） $a(b\boldsymbol{x}) = (ab)\boldsymbol{x}$

（8） $1\cdot\boldsymbol{x} = \boldsymbol{x}$

1.2.3 線形結合と単位ベクトル

$\boldsymbol{x}_1, \boldsymbol{x}_2, \cdots, \boldsymbol{x}_k \in \boldsymbol{C}^n$ とし，$c_1, c_2, \cdots, c_k \in \boldsymbol{C}$ とするとき，

$$\sum_{i=1}^{k} c_i\boldsymbol{x}_i = c_1\boldsymbol{x}_1 + c_2\boldsymbol{x}_2 + \cdots + c_k\boldsymbol{x}_k \tag{1.7}$$

という形のベクトルを $\boldsymbol{x}_1, \boldsymbol{x}_2, \cdots, \boldsymbol{x}_k$ の**線形結合**あるいは **1 次結合**とよぶ．

n 個の n 次元ベクトル

$$\boldsymbol{e}_1 = \begin{pmatrix} 1 \\ 0 \\ \vdots \\ \vdots \\ 0 \end{pmatrix},\ \boldsymbol{e}_2 = \begin{pmatrix} 0 \\ 1 \\ 0 \\ \vdots \\ 0 \end{pmatrix}, \cdots,\ \boldsymbol{e}_n = \begin{pmatrix} 0 \\ 0 \\ \vdots \\ 0 \\ 1 \end{pmatrix} \in \boldsymbol{C}^n \tag{1.8}$$

を n **次元単位ベクトル**あるいは n **次元基本ベクトル**とよぶ.

命題 1.1 任意の n 次元ベクトル $\boldsymbol{x} = (x_i) = \begin{pmatrix} x_1 \\ x_2 \\ \vdots \\ x_n \end{pmatrix}$ は単位ベクトルの線形結合として表される.

証明 $x_1\boldsymbol{e}_1 + x_2\boldsymbol{e}_2 + \cdots + x_n\boldsymbol{e}_n$ を計算すれば $\boldsymbol{x}$ に一致することが分かる.これは $\boldsymbol{x}$ が $\boldsymbol{e}_1, \boldsymbol{e}_2, \cdots, \boldsymbol{e}_n$ の線形結合であることを示している. □

1.3 行列とその性質

1.3.1 行列の定義

m, n は自然数とする.mn 個の数を縦に m 個,横に n 個ずつ並べ,括弧でくくったもの $\begin{pmatrix} a_{11} & a_{12} & \cdots & a_{1n} \\ a_{21} & a_{22} & \cdots & a_{2n} \\ \vdots & \vdots & \ddots & \vdots \\ a_{m1} & a_{m2} & \cdots & a_{mn} \end{pmatrix}$ を (m, n) **型行列** ($m \times n$ **行列**) とよぶ.行列を 1 つの文字で表すときは,A, B などのようにアルファベットの大文字で表す.行列 $A = \begin{pmatrix} a_{11} & a_{12} & \cdots & a_{1n} \\ a_{21} & a_{22} & \cdots & a_{2n} \\ \vdots & \vdots & \ddots & \vdots \\ a_{m1} & a_{m2} & \cdots & a_{mn} \end{pmatrix}$ を構成する数 a_{ij} $(1 \leq i \leq m, 1 \leq j \leq n)$ を A の**成分**とよぶ.一般に,行列の成分を表すには 2 重の添え字が必要となる.無用の混乱を避けるために,添え字のつけ方には一定のルールを設けておくことが望ましい.そこで,a_{ij} の最初の添え字 i は,この成分が上から i 番目の位置にあることを意味し,次の添え字 j は,この成分が左から j 番目の位置にあることを意味すると約束する.上から i 番目,左から j 番目の成分を**第** (i, j) **成分**,あるいは単に (i, j) **成分**とよぶ.

すべての成分が実数であるような行列を特に**実行列**とよぶ．それに対して，成分が複素数であるベクトルを**複素行列**とよぶ．(m,n) 型の複素行列全体の集合を $M(m,n;\boldsymbol{C})$ あるいは $M_{m,n}(\boldsymbol{C})$ という記号で表し，(m,n) 型実行列全体の集合を $M(m,n;\boldsymbol{R})$ あるいは $M_{m,n}(\boldsymbol{R})$ と表す．複素行列を考えても実行列を考えてもほとんど同様の議論が進行することが多いので，以下，**特に断らない限り，単に行列といったら複素行列を表す**ものとする．

行列の中の横一列のならびを**行** (row) とよび，縦一列のならびを**列** (column) とよぶ．特に，上から i 番目の行を第 i 行とよび，左から j 番目の列を第 j 列とよぶ．行列の第 i 行だけを取り出せば，それはひとつの横ベクトルとみることができる．また，第 j 列だけを取り出せば，縦ベクトルとみることができる．そのような場合は，ベクトルであることを強調する意味で，それぞれ，第 i 行ベクトル，第 j 列ベクトルとよぶ．

(m,n) 型行列 A の第 j 列ベクトルが $\boldsymbol{a}_j$ $(j=1,2\cdots,n)$ であるとき，それらを並べて，行列 A を

$$A=(\boldsymbol{a}_1\ \boldsymbol{a}_2\cdots\boldsymbol{a}_n) \tag{1.9}$$

と表記することがある．また，A の第 (i,j) 成分が a_{ij} であるとき，$A=(a_{ij})$ と略記することがある．

行列 $A=(a_{ij})\in M(m,n;\boldsymbol{C})$ と $B=(b_{ij})\in M(m',n';\boldsymbol{C})$ が等しいとは，$m=m'$ かつ $n=n'$ であって，さらに $1\leq i\leq m$, $1\leq j\leq n$ なる任意の自然数 i,j に対して $a_{ij}=b_{ij}$ が成り立つことである．すなわち，**2 つの行列が等しいとは，両者の型が一致し，対応する成分がすべて等しいことである**．型の違う行列，たとえば $(2,2)$ 型行列と $(2,3)$ 型行列は比べられない．

1.3.2　行列のベクトルへの作用

行列は，その定義をみるかぎりは単に数が縦横に並んでいるものにすぎないが，その本質は，ベクトルに行列をかけるという作用にある．

(m,n) 型行列 $A=\begin{pmatrix} a_{11} & a_{12} & \cdots & a_{1n} \\ a_{21} & a_{22} & \cdots & a_{2n} \\ \vdots & \vdots & \ddots & \vdots \\ a_{m1} & a_{m2} & \cdots & a_{mn} \end{pmatrix}$ および n 次元ベクトル

$\boldsymbol{x} = \begin{pmatrix} x_1 \\ x_2 \\ \vdots \\ x_n \end{pmatrix}$ に対して，行列 A とベクトル $\boldsymbol{x}$ との**積** $A\boldsymbol{x}$ を

$$A\boldsymbol{x} = \begin{pmatrix} a_{11} & a_{12} & \cdots & a_{1n} \\ a_{21} & a_{22} & \cdots & a_{2n} \\ \vdots & \vdots & \ddots & \vdots \\ a_{m1} & a_{m2} & \cdots & a_{mn} \end{pmatrix} \begin{pmatrix} x_1 \\ x_2 \\ \vdots \\ x_n \end{pmatrix} = \begin{pmatrix} a_{11}x_1 + a_{12}x_2 + \cdots + a_{1n}x_n \\ a_{21}x_1 + a_{22}x_2 + \cdots + a_{2n}x_n \\ \vdots \\ a_{m1}x_1 + a_{m2}x_2 + \cdots + a_{mn}x_n \end{pmatrix} \tag{1.10}$$

と定める．すなわち，$A\boldsymbol{x}$ は m 次元ベクトルであり，その第 i 成分は $\sum_{k=1}^{n} a_{ik}x_k$ で与えられる．新しいベクトル $A\boldsymbol{x}$ の各成分は，もとのベクトル $\boldsymbol{x}$ の成分 $x_1, x_2, \cdots, x_n$ を変数とする斉次 1 次式 (定数項を持たない 1 次式) になっている．この 1 次式の係数を一定の配列に並べたものが行列 A にほかならない．

$n \neq n'$ のとき，n' 次元ベクトルに (m, n) 型行列をかけることはできない．

ベクトルに対して同一の作用をおよぼす行列は同一である．すなわち，次の命題が成立する．

命題 1.2 A, B はともに (m, n) 型行列とする．任意の n 次元ベクトル $\boldsymbol{x}$ に対して $A\boldsymbol{x} = B\boldsymbol{x}$ が成り立つならば，$A = B$ である．特に，任意の n 次元ベクトル $\boldsymbol{x}$ に対して $A\boldsymbol{x} = \boldsymbol{0}$ が成り立つならば，$A = O$ である．

証明 2 つの 1 次式が恒等的に等しければその係数が等しいことよりしたがう． □

問題 1.2 A は (m, n) 型行列，$\boldsymbol{x}, \boldsymbol{y}$ は n 次元ベクトル，c は複素数とするとき，$A(\boldsymbol{x} + \boldsymbol{y}) = A\boldsymbol{x} + A\boldsymbol{y}$ および $A(c\boldsymbol{x}) = c(A\boldsymbol{x})$ が成り立つことを示せ．

1.3.3 行列の加法とスカラー倍

2 つの (m,n) 型行列 $A=(a_{ij})$, $B=(b_{ij})$ の和 $A+B$ および差 $A-B$ を

$$A \pm B = \begin{pmatrix} a_{11} \pm b_{11} & a_{12} \pm b_{12} & \cdots & a_{1n} \pm b_{1n} \\ a_{21} \pm b_{21} & a_{22} \pm b_{22} & \cdots & a_{2n} \pm b_{2n} \\ \vdots & \vdots & \ddots & \vdots \\ a_{m1} \pm b_{m1} & a_{m2} \pm b_{m2} & \cdots & a_{mn} \pm b_{mn} \end{pmatrix} \tag{1.11}$$

(複号同順)と定める．すなわち，行列の和と差は，対応する成分ごとに和や差を計算することによって得られる．$A \pm B$ は (m,n) 型行列であり，その (i,j) 成分は $a_{ij} \pm b_{ij}$ である．型の異なる行列の和や差は定義されない．

すべての成分が 0 であるような (m,n) 型行列を $O_{m,n}$ あるいは単に O と書き，**零行列**とよぶ．

(m,n) 型行列 $A=(a_{ij})$ のスカラー倍 cA $(c \in \boldsymbol{C})$ は

$$cA = \begin{pmatrix} ca_{11} & ca_{12} & \cdots & ca_{1n} \\ ca_{21} & ca_{22} & \cdots & ca_{2n} \\ \vdots & \vdots & \ddots & \vdots \\ ca_{m1} & ca_{m2} & \cdots & ca_{mn} \end{pmatrix} \tag{1.12}$$

により定める．cA は (m,n) 型行列であって，その (i,j) 成分は ca_{ij} である．

A, $B \in M(m,n;\boldsymbol{C})$, $c \in \boldsymbol{C}$ および $\boldsymbol{x} \in \boldsymbol{C}^n$ に対して，

$$(A+B)\boldsymbol{x} = A\boldsymbol{x} + B\boldsymbol{x}, \quad (A-B)\boldsymbol{x} = A\boldsymbol{x} - B\boldsymbol{x}, \quad (cA)\boldsymbol{x} = c(A\boldsymbol{x})$$

が成り立つ．

1.3.4 行列の乗法

$A=(a_{ij}) \in M(l,m;\boldsymbol{C})$, $B=(b_{ij}) \in M(m,n;\boldsymbol{C})$, $\boldsymbol{x}=(x_i) \in \boldsymbol{C}^n$ とする．$\boldsymbol{x}$ に B をかけ，引き続いて A をかけるとどうなるであろうか?

$B\boldsymbol{x} = \boldsymbol{y} = (y_i) \in \boldsymbol{C}^m$ とおくと，その第 k 成分 y_k は

$$y_k = b_{k1}x_1 + b_{k2}x_2 + \cdots + b_{kn}x_n = \sum_{j=1}^{n} b_{kj}x_j \quad (1 \leq k \leq m) \tag{1.13}$$

である．$A\boldsymbol{y} = A(B\boldsymbol{x}) = \boldsymbol{z} = (z_i) \in \boldsymbol{C}^l$ とおくと，第 i 成分 z_i は

$$z_i = a_{i1}y_1 + a_{i2}y_2 + \cdots + a_{im}y_m = \sum_{k=1}^{m} a_{ik}y_k \quad (1 \le i \le l) \tag{1.14}$$

である．これに (1.13) を代入して x_j についてまとめると

$$\begin{aligned} z_i = \ & a_{i1}(b_{11}x_1 + b_{12}x_2 + \cdots + b_{1n}x_n) \\ & + a_{i2}(b_{21}x_1 + b_{22}x_2 + \cdots + b_{2n}x_n) \\ & + \cdots \\ & + a_{im}(b_{m1}x_1 + b_{m2}x_2 + \cdots + b_{mn}x_n) \\ = \ & (a_{i1}b_{11}x_1 + a_{i1}b_{12}x_2 + \cdots + a_{i1}b_{1n}x_n) \\ & + (a_{i2}b_{21}x_1 + a_{i2}b_{22}x_2 + \cdots + a_{i2}b_{2n}x_n) \\ & + \cdots \\ & + (a_{im}b_{m1}x_1 + a_{im}b_{m2}x_2 + \cdots + a_{im}b_{mn}x_n) \\ = \ & (a_{i1}b_{11}x_1 + a_{i2}b_{21}x_1 + \cdots + a_{im}b_{m1}x_1) \\ & + (a_{i1}b_{12}x_2 + a_{i2}b_{22}x_2 + \cdots + a_{im}b_{m2}x_2) \\ & + \cdots \\ & + (a_{i1}b_{1n}x_n + a_{i2}b_{2n}x_n + \cdots + a_{im}b_{mn}x_n) \\ = \ & (a_{i1}b_{11} + a_{i2}b_{21} + \cdots + a_{im}b_{m1})x_1 \\ & + (a_{i1}b_{12} + a_{i2}b_{22} + \cdots + a_{im}b_{m2})x_2 \\ & + \cdots \\ & + (a_{i1}b_{1n} + a_{i2}b_{2n} + \cdots + a_{im}b_{mn})x_n \end{aligned} \tag{1.15}$$

が得られる．シグマ記号を用いて計算すれば

$$\begin{aligned} z_i &= \sum_{k=1}^{m} a_{ik}\left(\sum_{j=1}^{n} b_{kj}x_j\right) = \sum_{k=1}^{m}\left(\sum_{j=1}^{n} a_{ik}b_{kj}x_j\right) \\ &= \sum_{j=1}^{n}\left(\sum_{k=1}^{m} a_{ik}b_{kj}x_j\right) = \sum_{j=1}^{n}\left(\sum_{k=1}^{m} a_{ik}b_{kj}\right)x_j \end{aligned} \tag{1.16}$$

が得られる．シグマ記号に不慣れな読者は (1.15) と (1.16) を見比べて式の意味を読み取っていただきたい．

式 (1.16) の中でシグマ記号の順序の交換が行われているが，それについて

もう少し説明を加えておこう．記号を簡単にするため，

$$\alpha(k,j) = a_{ik}b_{kj}x_j \tag{1.17}$$

とおく．k は $1 \leq k \leq m$ なる範囲を動き，j は $1 \leq j \leq n$ なる範囲を動く．i は固定して (動かさないで) 考えるので，記号 $\alpha(k,j)$ の中に i は含めなかった．この $\alpha(k,j)$ を次のように縦横に並べ，集計をとってみよう．

$\alpha(1,1)$	$\cdots$	$\alpha(1,j)$	$\cdots$	$\alpha(1,n)$	$\sum_{j=1}^{n} \alpha(1,j)$
$\vdots$		$\vdots$		$\vdots$	$\vdots$
$\alpha(k,1)$	$\cdots$	$\alpha(k,j)$	$\cdots$	$\alpha(k,n)$	$\sum_{j=1}^{n} \alpha(k,j)$
$\vdots$		$\vdots$		$\vdots$	$\vdots$
$\alpha(m,1)$	$\cdots$	$\alpha(m,j)$	$\cdots$	$\alpha(m,n)$	$\sum_{j=1}^{n} \alpha(m,j)$
$\sum_{k=1}^{m} \alpha(k,1)$	$\cdots$	$\sum_{k=1}^{m} \alpha(k,j)$	$\cdots$	$\sum_{k=1}^{m} \alpha(k,n)$	$(*)$

$(*)$ の部分が総計であるが，それは，先に横の小計

$$\sum_{j=1}^{n} \alpha(1,j), \cdots, \sum_{j=1}^{n} \alpha(k,j), \cdots, \sum_{j=1}^{n} \alpha(m,j)$$

をとった上でそれらの総和 $\sum_{k=1}^{m}\left(\sum_{j=1}^{n} \alpha(k,j)\right)$ を計算したものと考えてもよいし，先に縦の小計

$$\sum_{k=1}^{m} \alpha(k,1), \cdots, \sum_{k=1}^{m} \alpha(k,j), \cdots, \sum_{k=1}^{m} \alpha(k,n)$$

をとって，それらの総和 $\sum_{j=1}^{n}\left(\sum_{k=1}^{m} \alpha(k,j)\right)$ を計算したものと考えてもよいので，結局

$$\sum_{k=1}^{m}\left(\sum_{j=1}^{n} a_{ik}b_{kj}x_j\right) = \sum_{j=1}^{n}\left(\sum_{k=1}^{m} a_{ik}b_{kj}x_j\right) \tag{1.18}$$

が成り立つ．これが 2 つのシグマ記号の順序が交換可能な理由である．

さて，(1.16) の最後に現れた $\sum_{k=1}^{m} a_{ik}b_{kj} = a_{i1}b_{1j} + a_{i2}b_{2j} + \cdots + a_{im}b_{mj}$ は i と j に応じて決まる数であるので，これを c_{ij} とおく．すると (1.16) より

$$z_i = \sum_{j=1}^{n} c_{ij}x_j = c_{i1}x_1 + c_{i2}x_2 + \cdots + c_{in}x_n \quad (i = 1, 2, \cdots, l) \tag{1.19}$$

が成り立つ．この c_{ij} を (i, j) 成分とするような (l, n) 型行列を C とおく．

$$C = \begin{pmatrix} c_{11} & c_{12} & \cdots & c_{1n} \\ c_{21} & c_{22} & \cdots & c_{2n} \\ \vdots & \vdots & \ddots & \vdots \\ c_{l1} & c_{l2} & \cdots & c_{ln} \end{pmatrix} \tag{1.20}$$

すると，(1.19) は

$$\begin{pmatrix} z_1 \\ z_2 \\ \vdots \\ z_l \end{pmatrix} = \begin{pmatrix} c_{11} & c_{12} & \cdots & c_{1n} \\ c_{21} & c_{22} & \cdots & c_{2n} \\ \vdots & \vdots & \ddots & \vdots \\ c_{l1} & c_{l2} & \cdots & c_{ln} \end{pmatrix} \begin{pmatrix} x_1 \\ x_2 \\ \vdots \\ x_n \end{pmatrix} \tag{1.21}$$

と書き直すことができる．すなわち

$$\boldsymbol{z} = C\boldsymbol{x} \tag{1.22}$$

となる．

そこで，この行列 C を A と B の**積**とよび，AB と表す．このとき

$$(AB)\boldsymbol{x} = A(B\boldsymbol{x}) \tag{1.23}$$

が成り立つ (というよりはむしろ，そうなるように積を定めたのである).

以上のことをふまえて，行列の積をあらためて次のように定義する．

定義 1.1 l, m, n は自然数とし，A は (l, m) 型行列，B は (m, n) 型行列

とする．このとき，A と B との積 AB を次のように定義する．すなわち，AB は (l,n) 型行列で，$AB=(c_{ij})$ とおけば，

$$c_{ij}=\sum_{k=1}^{m} a_{ik}b_{kj} \quad (1\leq i\leq l,\ 1\leq j\leq n) \tag{1.24}$$

である．

この定義によれば，行列 AB の (i,j) 成分を求めるには，まず

$$a_{i\square}b_{\square j}+a_{i\square}b_{\square j}+\cdots+a_{i\square}b_{\square j}$$

という式を書き，□ の中に 1 から m を順に入れていけばよい：

$$a_{i\boxed{1}}b_{\boxed{1}j}+a_{i\boxed{2}}b_{\boxed{2}j}+\cdots+a_{i\boxed{m}}b_{\boxed{m}j}$$

$a_{i\square}$ は行列 A の第 i 行の成分である．$b_{\square j}$ は B の第 j 列の成分である．したがって，積 AB の (i,j) 成分は A の第 i 行，B の第 j 列の成分を順にかけあわせて足し合わせたものである．

$m\neq m'$ のとき，(l,m) 型行列と (m',n) 型行列との積は定義されない．積 AB が定義されても積 BA は定義されないこともある．また，AB と BA が定義されている場合でも，両者が一致しないことがある．

n 次元列ベクトル $\boldsymbol{x}$ は，$(n,1)$ 型行列とみなすことができる．A を (m,n) 型行列とするとき，$\boldsymbol{x}$ を行列とみなして $A\boldsymbol{x}$ を求めても，ベクトルに対する行列の作用とみなして $A\boldsymbol{x}$ を求めても同じ結果を得る．

同様にして，n 次元行ベクトルは，$(1,n)$ 型行列とみなすことができる．

問題 1.3 $A=\begin{pmatrix} 2 & 2 \\ 1 & 2 \\ 3 & 1 \end{pmatrix}$, $B=\begin{pmatrix} 1 & 2 & 1 \\ 2 & 0 & 1 \end{pmatrix}$, $\boldsymbol{x}=\begin{pmatrix} x_1 \\ x_2 \\ x_3 \end{pmatrix}$ とする．

このとき，$B\boldsymbol{x}$ と $A(B\boldsymbol{x})$ を順に計算せよ．また，行列の積の定義を用いて AB を計算し，それを用いて $(AB)\boldsymbol{x}$ を求めることによって，$(AB)\boldsymbol{x}=A(B\boldsymbol{x})$ が成り立つことを確かめよ．

1.3.5 行列の演算の基本的な性質

$A, B, C \in M(m,n;\boldsymbol{C})$ および $a, b \in \boldsymbol{C}$ に対して次が成立する．

(1) $(A+B)+C = A+(B+C)$

(2) $A+B = B+A$

(3) $O_{m,n} + A = A + O_{m,n} = A$

(4) $A + (-A) = (-A) + A = O_{m,n}$

(5) $(a+b)A = aA + bA$

(6) $a(A+B) = aA + aB$

(7) $a(bA) = (ab)A$

(8) $1 \cdot A = A$

行列の積に関して**結合法則**が成り立つ．すなわち，次の命題が成り立つ．

命題 1.3 $A = (a_{ij}) \in M(k,l;\boldsymbol{C})$, $B = (b_{ij}) \in M(l,m;\boldsymbol{C})$, $C = (c_{ij}) \in M(m,n;\boldsymbol{C})$ に対して

$$(AB)C = A(BC)$$

が成り立つ．

証明の前に　読者はまず自力で証明を試みていただきたい．あるいは，たとえば $k = l = m = n = 2$ の場合について証明してみるだけでもよい．

証明 $AB = D = (d_{ij})$, $(AB)C = DC = F = (f_{ij})$, $BC = G = (g_{ij})$, $A(BC) = AG = H = (h_{ij})$ とおくと，F も H も (k,n) 型行列である．

また，$d_{pr} = \sum_{q=1}^{l} a_{pq}b_{qr}$ $(1 \leq p \leq k,\ 1 \leq r \leq m)$ より

$$f_{ps} = \sum_{r=1}^{m} d_{pr}c_{rs} = \sum_{r=1}^{m}(\sum_{q=1}^{l} a_{pq}b_{qr})c_{rs} = \sum_{r=1}^{m}(\sum_{q=1}^{l} a_{pq}b_{qr}c_{rs}) \tag{1.25}$$

が成り立つ $(1 \leq p \leq k,\ 1 \leq s \leq n)$.

同様に，$g_{qs} = \sum_{r=1}^{m} b_{qr}c_{rs}$ $(1 \leq q \leq l,\ 1 \leq s \leq n)$ より

$$h_{ps} = \sum_{q=1}^{l} a_{pq}g_{qs} = \sum_{q=1}^{l} a_{pq}(\sum_{r=1}^{m} b_{qr}c_{rs}) = \sum_{q=1}^{l}(\sum_{r=1}^{m} a_{pq}b_{qr}c_{rs}) \tag{1.26}$$

が成り立つ $(1 \leq p \leq k,\ 1 \leq s \leq n)$．(1.25) と (1.26) を比較すれば $f_{qs} = h_{qs}$ が得られ，$F = H$ すなわち $(AB)C = A(BC)$ が示される．　□

別証明　ベクトル $\boldsymbol{x}$ に行列 C, B, A を順次かけると，$A(B(C\boldsymbol{x}))$ ができるが，行列の積の意味を考えることにより，別証明ができる — (1.23) を順次用いれば，任意の $\boldsymbol{x} \in \boldsymbol{C}^n$ に対して

$$((AB)C)\boldsymbol{x} = (AB)(C\boldsymbol{x}) = A(B(C\boldsymbol{x})) = A((BC)\boldsymbol{x}) = (A(BC))\boldsymbol{x}$$

が成り立つ．したがって命題 1.2 より $(AB)C = A(BC)$ が得られる．

問題 1.4　$A, A' \in M(l, m; \boldsymbol{C})$ とし，$B, B' \in M(m, n; \boldsymbol{C})$ とするとき，次のことが成り立つことを示せ．

（1）$(A + A')B = AB + A'B$.
（2）$A(B + B') = AB + AB'$.
（3）$AO_{m,n} = O_{l,n}$.
（4）$O_{l,m}B = O_{l,n}$.

1.3.6　単位行列

次に，行列の乗法に関して，“1” にあたるものを定義する．

定義 1.2　自然数 n に対して，n **次単位行列** $E_n \in M(n, n; \boldsymbol{C})$ を

$$E_n \text{ の } (i,j) \text{ 成分} = \begin{cases} 1 & (i = j \text{ のとき}) \\ 0 & (i \neq j \text{ のとき}) \end{cases} \tag{1.27}$$

と定める．すなわち，

$$E_n = \begin{pmatrix} 1 & 0 & \cdots & 0 \\ 0 & 1 & \cdots & 0 \\ \vdots & \vdots & \ddots & \vdots \\ 0 & 0 & \cdots & 1 \end{pmatrix}. \tag{1.28}$$

誤解のおそれのない場合には，E_n を単に E と書くこともある．

ここで，**クロネッカー記号 (クロネッカーのデルタ)** とよばれる記号 δ_{ij} を使うと便利である．δ_{ij} は次のように定義される．

$$\delta_{ij} = \begin{cases} 1 & (i = j \text{ のとき}) \\ 0 & (i \neq j \text{ のとき}) \end{cases} \tag{1.29}$$

この記号を使えば $E_n = (\delta_{ij})$ である．

また，列ベクトルを並べて行列を表す (1.9) の表記法にしたがえば，

$$E_n = (\boldsymbol{e}_1\, \boldsymbol{e}_2 \cdots \boldsymbol{e}_n) \tag{1.30}$$

となる．ここで $\boldsymbol{e}_1, \boldsymbol{e}_2, \cdots, \boldsymbol{e}_n$ は n 次元単位ベクトル ((1.8) 参照) を表す．

命題 1.4　$A = (a_{ij}) \in M(m, n; \boldsymbol{C})$ に対して $AE_n = A$ および $E_m A = A$ が成り立つ．

証明　前半のみ証明する (後半は各自証明せよ)．$AE_n = (b_{ij})$ とおくと

$$b_{ij} = \sum_{k=1}^{n} a_{ik}\delta_{kj} = a_{i1}\delta_{1j} + \cdots + a_{ij}\delta_{jj} + \cdots + a_{in}\delta_{nj} = a_{ij}\delta_{jj} = a_{ij}$$

である．ここで，$k \neq j$ ならば $\delta_{kj} = 0$ であることに注意せよ．AE_n と A はともに (m, n) 型行列であるので，上の式より $AE_n = A$ が示される．　□

1.3.7　共役行列

複素数 $z = x + y\sqrt{-1}$ $(x, y \in \boldsymbol{R})$ に対して，$x - y\sqrt{-1}$ を z の**共役** (きょうやく) あるいは**複素共役**といい，記号 $\bar{z}$ で表す．

複素数 z, w に対して，次が成り立つ (証明は読者の演習問題とする)．

(1)　$\bar{\bar{z}} = z$.

(2)　$z = \bar{z}$ であることと，z が実数であることは同値である．

(3)　$\overline{z + w} = \bar{z} + \bar{w}$.

(4)　$\overline{zw} = \bar{z} \cdot \bar{w}$.

定義 1.3 行列 $A = (a_{ij}) \in M(m,n;\boldsymbol{C})$ の各成分をその複素共役で置き換えた行列を $\bar{A}$ と書き，A の**(複素)共役行列**とよぶ．すなわち $\bar{A}$ もまた (m,n) 型行列であり，その (i,j) 成分は $\bar{a}_{ij}$ である $(1 \leq i \leq m,\ 1 \leq j \leq n)$：

$$\bar{A} = \begin{pmatrix} \bar{a}_{11} & \bar{a}_{12} & \cdots & \bar{a}_{1n} \\ \bar{a}_{21} & \bar{a}_{22} & \cdots & \bar{a}_{2n} \\ \vdots & \vdots & \ddots & \vdots \\ \bar{a}_{m1} & \bar{a}_{m2} & \cdots & \bar{a}_{mn} \end{pmatrix} \tag{1.31}$$

$A,\ B \in M(l,m;\boldsymbol{C}),\ C \in M(m,n;\boldsymbol{C}),\ \alpha \in \boldsymbol{C}$ に対して次が成り立つ．

（1） $\bar{\bar{A}} = A$.

（2） $A = \bar{A}$ であることと，A が実行列であることは同値である．

（3） $\overline{A+B} = \bar{A} + \bar{B}$.

（4） $\overline{\alpha A} = \bar{\alpha}\bar{A}$.

（5） $\overline{AC} = \bar{A}\bar{C}$.

1.3.8 転置行列

定義 1.4 (m,n) 型行列 $A = (a_{ij})$ の成分を縦と横を逆にして並べた行列を A の**転置行列**といい，${}^tA$ と表す．すなわち ${}^tA$ は (n,m) 型行列で，その (i,j) 成分は a_{ji} である $(1 \leq i \leq n,\ 1 \leq j \leq m)$：

$${}^tA = \begin{pmatrix} a_{11} & a_{21} & \cdots & a_{m1} \\ a_{12} & a_{22} & \cdots & a_{m2} \\ \vdots & \vdots & \ddots & \vdots \\ a_{1n} & a_{2n} & \cdots & a_{mn} \end{pmatrix} \tag{1.32}$$

$A,\ B \in M(m,n;\boldsymbol{C}),\ \alpha \in \boldsymbol{C}$ に対して次が成り立つ．

（1） ${}^t({}^tA) = A$.

（2） ${}^t(A+B) = {}^tA + {}^tB$.

（3） ${}^t(\alpha A) = \alpha\, {}^tA$.

命題 1.5 $A=(a_{ij})\in M(l,m;\boldsymbol{C})$, $B=(b_{ij})\in M(m,n;\boldsymbol{C})$ に対して

$$^t(AB)={}^tB\,{}^tA$$

が成り立つ.

証明 $AB=C=(c_{ij})$, $^t(AB)={}^tC=D=(d_{ij})$, $^tB=F=(f_{ij})$, $^tA=G=(g_{ij})$, $^tB\,{}^tA=FG=H=(h_{ij})$ とおく. D と H はともに (n,l) 型の行列である. また, $1\leq p\leq n$, $1\leq r\leq l$ なる任意の自然数 p, r に対し,

$$d_{pr}=c_{rp}=\sum_{q=1}^{m}a_{rq}b_{qp},\quad h_{pr}=\sum_{q=1}^{m}f_{pq}g_{qr}=\sum_{q=1}^{m}b_{qp}a_{rq}$$

より $d_{pr}=h_{pr}$ が成り立ち, $D=H$ が示される. □

1.4 行列の区分け

1.4.1 列ベクトルによる行列の表示

$A=(\boldsymbol{a}_1\ \boldsymbol{a}_2\cdots\boldsymbol{a}_n)$ のように列ベクトルを並べて行列を表記することがあると述べたが, これに関して次の命題が成り立つ.

命題 1.6 (1) $A\in M(l,m;\boldsymbol{C})$, $B=(\boldsymbol{b}_1\ \boldsymbol{b}_2\ \cdots\ \boldsymbol{b}_n)\in M(m,n;\boldsymbol{C})$ に対して $AB=(A\boldsymbol{b}_1\ A\boldsymbol{b}_2\ \cdots\ A\boldsymbol{b}_n)$ が成り立つ.

(2) $A\in M(m,n;\boldsymbol{C})$ に対して $A=(A\boldsymbol{e}_1\ A\boldsymbol{e}_2\ \cdots\ A\boldsymbol{e}_n)$ が成り立つ. すなわち, $A=(\boldsymbol{a}_1\ \boldsymbol{a}_2\ \cdots\ \boldsymbol{a}_n)$ とすれば, $\boldsymbol{a}_j=A\boldsymbol{e}_j$ $(j=1,2,\cdots,n)$ である. ここで, $\boldsymbol{e}_1,\boldsymbol{e}_2,\cdots,\boldsymbol{e}_n$ は n 次元単位ベクトルを表す.

証明 (1) $A=(a_{ij})$, $B=(b_{ij})$ とすると

$$\begin{aligned}A\boldsymbol{b}_j\ の第\ i\ 成分&=\sum_{k=1}^{m}a_{ik}(\boldsymbol{b}_j\ の第\ k\ 成分)\\&=\sum_{k=1}^{m}a_{ik}b_{kj}=AB\ の\ (i,j)\ 成分\end{aligned}$$

$(1\leq i\leq l,\ 1\leq j\leq n)$ が成り立つことよりしたがう.

(2) A および $E_n=(\boldsymbol{e}_1\ \boldsymbol{e}_2\ \cdots\ \boldsymbol{e}_n)$ に (1) を適用すればよい. □

命題 1.6 (2) により，$A\boldsymbol{e}_1, A\boldsymbol{e}_2, \cdots, A\boldsymbol{e}_n$ が分かれば A が分かる．たとえば 2 次元単位ベクトル $\boldsymbol{e}_1, \boldsymbol{e}_2$ に $(2,2)$ 型行列 A をかけて $A\boldsymbol{e}_1 = \begin{pmatrix} 2 \\ 1 \end{pmatrix}$, $A\boldsymbol{e}_2 = \begin{pmatrix} 0 \\ -1 \end{pmatrix}$ が得られたならば，$A = (A\boldsymbol{e}_1 \, A\boldsymbol{e}_2) = \begin{pmatrix} 2 & 0 \\ 1 & -1 \end{pmatrix}$ である．

1.4.2 行列の区分け

次のように縦横に何本かの仕切りを入れて行列を区切る．

$$A = \left(\begin{array}{cc|cc} a_{11} & a_{12} & a_{13} & a_{14} \\ a_{21} & a_{22} & a_{23} & a_{24} \\ \hline a_{31} & a_{32} & a_{33} & a_{34} \\ a_{41} & a_{42} & a_{43} & a_{44} \end{array}\right), \quad B = \left(\begin{array}{cc|c} b_{11} & b_{12} & b_{13} \\ b_{21} & b_{22} & b_{23} \\ \hline b_{31} & b_{32} & b_{33} \\ b_{41} & b_{42} & b_{43} \end{array}\right) \tag{1.33}$$

すると，区切られた区画自体を 1 つの行列とみることができるので

$$A_{11} = \begin{pmatrix} a_{11} & a_{12} \\ a_{21} & a_{22} \end{pmatrix}, \quad A_{12} = \begin{pmatrix} a_{13} & a_{14} \\ a_{23} & a_{24} \end{pmatrix},$$
$$A_{21} = \begin{pmatrix} a_{31} & a_{32} \\ a_{41} & a_{42} \end{pmatrix}, \quad A_{22} = \begin{pmatrix} a_{33} & a_{34} \\ a_{43} & a_{44} \end{pmatrix},$$
$$B_{11} = \begin{pmatrix} b_{11} & b_{12} \\ b_{21} & b_{22} \end{pmatrix}, \quad B_{12} = \begin{pmatrix} b_{13} \\ b_{23} \end{pmatrix},$$
$$B_{21} = \begin{pmatrix} b_{31} & b_{32} \\ b_{41} & b_{42} \end{pmatrix}, \quad B_{22} = \begin{pmatrix} b_{33} \\ b_{43} \end{pmatrix}$$

とおき，行列 A, B を

$$A = \begin{pmatrix} A_{11} & A_{12} \\ A_{21} & A_{22} \end{pmatrix}, \ B = \begin{pmatrix} B_{11} & B_{12} \\ B_{21} & B_{22} \end{pmatrix} \tag{1.34}$$

と表す．すると，行列 A, B は，あたかも小さな行列が並んだ行列のようにみえる．このように，縦横に仕切りを入れて行列を小さな行列の区画に分けるこ

とを**行列の区分け**あるいは**ブロック分け**という．仕切りによって分けられた一区画を**ブロック**とよぶ．

上の例で B_{12} は 2 次元列ベクトルであるが，ここではそれを $(2,1)$ 型の行列とみる．一般に，縦および横の仕切りは何本入れてもかまわないし，1 本も入れなくてもかまわない．前述のように列ベクトルを並べて $A = (\boldsymbol{a}_1\ \boldsymbol{a}_2 \cdots \boldsymbol{a}_n)$ とするのも区分けの特別な場合である．

さてここで上で例にあげた行列 A と B の積 $C = AB$ を計算し，次のように区分けしてみる．

$$C = \left(\begin{array}{cc|c} \sum_{k=1}^{4} a_{1k}b_{k1} & \sum_{k=1}^{4} a_{1k}b_{k2} & \sum_{k=1}^{4} a_{1k}b_{k3} \\ \sum_{k=1}^{4} a_{2k}b_{k1} & \sum_{k=1}^{4} a_{2k}b_{k2} & \sum_{k=1}^{4} a_{2k}b_{k3} \\ \hline \sum_{k=1}^{4} a_{3k}b_{k1} & \sum_{k=1}^{4} a_{3k}b_{k2} & \sum_{k=1}^{4} a_{3k}b_{k3} \\ \sum_{k=1}^{4} a_{4k}b_{k1} & \sum_{k=1}^{4} a_{4k}b_{k2} & \sum_{k=1}^{4} a_{4k}b_{k3} \end{array}\right) = \begin{pmatrix} C_{11} & C_{12} \\ C_{21} & C_{22} \end{pmatrix} \tag{1.35}$$

このとき実は

$$C_{ij} = A_{i1}B_{1j} + A_{i2}B_{2j} \tag{1.36}$$

が成り立つ $(i = 1, 2;\ j = 1, 2)$．いい換えれば

$$AB = \begin{pmatrix} A_{11} & A_{12} \\ A_{21} & A_{22} \end{pmatrix} \begin{pmatrix} B_{11} & B_{12} \\ B_{21} & B_{22} \end{pmatrix} = \begin{pmatrix} A_{11}B_{11} + A_{12}B_{21} & A_{11}B_{12} + A_{12}B_{22} \\ A_{21}B_{11} + A_{22}B_{21} & A_{21}B_{12} + A_{22}B_{22} \end{pmatrix} \tag{1.37}$$

が成り立つ．

問題 1.5 (1.37) が成り立つことを確かめよ．

ヒント 両辺の成分を比較すればよい．たとえば $A_{21}B_{11}$ の $(1,1)$ 成分は $a_{31}b_{11}+a_{32}b_{21}$ であり，$A_{22}B_{21}$ の $(1,1)$ 成分は $a_{33}b_{31}+a_{34}b_{41}$ であるので，$A_{21}B_{11}+A_{22}B_{21}$ の $(1,1)$ 成分は $a_{31}b_{11}+a_{32}b_{21}+a_{33}b_{31}+a_{34}b_{41}$ となり，これは AB の $(3,1)$ 成分，すなわち C_{21} の $(1,1)$ 成分と一致する．

(1.37) は，**行列を区分けすることにより，あたかも小さな行列が並んだ行列のようにみなして積が計算できる**ことを示している．今の例では実際には A は $(4,4)$ 型行列，B は $(4,3)$ 型行列であるが，AB の積を計算するにあたって，あたかも行列を成分とする $(2,2)$ 型行列同士の積の計算のように取り扱える．ただし，注意すべき点が 2 つある．

ひとつは**積の順序を乱してはならない**ということである．(1.37) において，たとえば A_{11} と B_{11} の順序を逆にしてはならない．

もうひとつは，**A の列の仕切りの位置と B の行の仕切りの位置が一致している必要がある**ということである．今の場合は，A は 2 列と 3 列の間に列の仕切りがあるが，B においても 2 行と 3 行の間に行の仕切りがある．

一般に次の定理が成り立つ．

定理 1.1 $A=(a_{ij})\in M(l,m;\boldsymbol{C})$, $B=(b_{ij})\in M(m,n;\boldsymbol{C})$ とする．A の l 個の行に対して $(s-1)$ 本の横の仕切りを入れ，それぞれ $l_1, l_2,\cdots,l_s$ 個の行に分ける．A の m 個の列に対して $(t-1)$ 本の縦の仕切りを入れ，それぞれ $m_1, m_2,\cdots,m_t$ 個の列に分ける．さらに B の m 個の行を $m_1, m_2,\cdots,m_t$ 個の行に分け，B の n 個の列を $n_1, n_2,\cdots,n_u$ 個の列に分け，次のような区分けをする．

$$A=\begin{pmatrix} A_{11} & A_{12} & \cdots & A_{1t} \\ A_{21} & A_{22} & \cdots & A_{2t} \\ \vdots & \vdots & \ddots & \vdots \\ A_{s1} & A_{s2} & \cdots & A_{st} \end{pmatrix},\ B=\begin{pmatrix} B_{11} & B_{12} & \cdots & B_{1u} \\ B_{21} & B_{22} & \cdots & B_{2u} \\ \vdots & \vdots & \ddots & \vdots \\ B_{t1} & B_{t2} & \cdots & B_{tu} \end{pmatrix}$$

このとき

$$C = \begin{pmatrix} \sum_{q=1}^{t} A_{1q}B_{q1} & \sum_{q=1}^{t} A_{1q}B_{q2} & \cdots & \sum_{q=1}^{t} A_{1q}B_{qu} \\ \sum_{q=1}^{t} A_{2q}B_{q1} & \sum_{q=1}^{t} A_{2q}B_{q2} & \cdots & \sum_{q=1}^{t} A_{2q}B_{qu} \\ \vdots & \vdots & \ddots & \vdots \\ \sum_{q=1}^{t} A_{sq}B_{q1} & \sum_{q=1}^{t} A_{sq}B_{q2} & \cdots & \sum_{q=1}^{t} A_{sq}B_{qu} \end{pmatrix}$$

が成り立つ.

証明は読者の演習問題とする (問題 1.6).

問題 1.6 記号等は定理 1.1 のものとする. 次の問いに答えよ.

(1) $l_1 + \cdots + l_s = l,\ m_1 + \cdots + m_t = m,\ n_1 + \cdots + n_u = n$ が成り立つことを確かめよ.

(2) $1 \leq p \leq s,\ 1 \leq q \leq t,\ 1 \leq r \leq u$ なる自然数 $p,\ q,\ r$ に対して $A_{pq} \in M(l_p, m_q; \boldsymbol{C}),\ B_{qr} \in M(m_q, n_r; \boldsymbol{C}),\ A_{pq}B_{qr} \in M(l_p, n_r; \boldsymbol{C})$ となることを確かめよ.

(3) A_{pq} の (i, j) 成分を $a_{ij}^{(pq)}$ と表し, B_{qr} の (j, k) 成分を $b_{jk}^{(qr)}$ と表すことにする. $a_{ij}^{(pq)},\ b_{jk}^{(qr)}$ がそれぞれ行列 $A,\ B$ において上から何番目の成分であり, 左から何番目の成分であるかを考えることにより,

$$\begin{aligned} a_{ij}^{(pq)} &= a_{l_1+\cdots+l_{p-1}+i,\,m_1+\cdots+m_{q-1}+j} \\ b_{jk}^{(qr)} &= b_{m_1+\cdots+m_{q-1}+j,\,n_1+\cdots+n_{r-1}+k} \end{aligned}$$

が成り立つことを確かめよ.

(4) $A_{pq}B_{qr}$ の (i, k) 成分は

$$\begin{aligned} &\sum_{j=1}^{m_q} a_{ij}^{(pq)} b_{jk}^{(qr)} \\ &= \sum_{j=1}^{m_q} a_{l_1+\cdots+l_{p-1}+i,\,m_1+\cdots+m_{q-1}+j}\, b_{m_1+\cdots+m_{q-1}+j,\,n_1+\cdots+n_{r-1}+k} \end{aligned}$$

となることを確かめ, さらに $j' = m_1 + \cdots + m_{q-1} + j$ とおくことにより,

$A_{pq}B_{qr}$ の (i,k) 成分は

$$\sum_{j'=m_1+\cdots+m_{q-1}+1}^{m_1+\cdots+m_q} a_{l_1+\cdots+l_{p-1}+i,j'} b_{j',n_1+\cdots+n_{r-1}+k}$$

となることを示せ.

(5) $i' = l_1 + \cdots + l_{p-1} + i$, $k' = n_1 + \cdots + n_{r-1} + k$ とおくとき, $A_{pq}B_{qr}$ の (i,k) 成分が $\displaystyle\sum_{j'=m_1+\cdots+m_{q-1}+1}^{m_1+\cdots+m_q} a_{i'j'}b_{j',k'}$ となることより, $\displaystyle\sum_{q=1}^{t} A_{pq}B_{qr} = A_{p1}B_{1r} + \cdots + A_{pt}B_{tr}$ の (i,k) 成分は

$$\sum_{j'=1}^{m_1} a_{i'j'}b_{j'k'} + \cdots + \sum_{j'=m_1+\cdots+m_{t-1}+1}^{m_1+\cdots+m_t} a_{i'j'}b_{j'k'} = \sum_{j'=1}^{m} a_{i'j'}b_{j'k'}$$

となり, これが AB の $(l_1 + \cdots + l_{p-1} + i, n_1 + \cdots + n_{r-1} + k)$ 成分と一致することを示せ.

(6) 以上より定理 1.1 が正しいことを示せ.

例 1.1 定理 1.1 において $s = t = u = 2$ とし, さらに A_{21} および B_{21} は零行列であるとする:

$$A = \begin{pmatrix} A_{11} & A_{12} \\ O & A_{22} \end{pmatrix}, \ B = \begin{pmatrix} B_{11} & B_{12} \\ O & B_{22} \end{pmatrix}.$$

このとき $AB = \begin{pmatrix} A_{11}B_{11} & A_{11}B_{12} + A_{12}B_{22} \\ O & A_{22}B_{22} \end{pmatrix}$ となる.

さらに A_{12} や B_{21} も零行列であるとすると

$$\begin{pmatrix} A_{11} & O \\ O & A_{22} \end{pmatrix}\begin{pmatrix} B_{11} & O \\ O & B_{22} \end{pmatrix} = \begin{pmatrix} A_{11}B_{11} & O \\ O & A_{22}B_{22} \end{pmatrix}$$

を得る. このように, ある区画が零行列であるような場合に, 区分けを用いた計算は便利である.

1.5 正方行列と正則行列

1.5.1 正方行列と正則行列

(n,n) 型の行列を特に n **次正方行列**とよぶ．また，このときの n を正方行列の**次数**とよぶ．2 つの n 次正方行列の和や差や積もまた n 次正方行列である．

定義 1.5 n 次正方行列 A が**正則**であるとは，$XA = AX = E_n$ が成り立つような n 次正方行列 X が存在することである．ここで E_n は n 次単位行列である．このとき，行列 X を A の**逆行列**とよび，A^{-1} と表す．

正方行列に対してつねに逆行列が存在するとは限らない．

例 1.2 $A = \begin{pmatrix} 1 & 0 \\ 1 & 0 \end{pmatrix}$ は正則でない．なぜならば，$X = \begin{pmatrix} x_{11} & x_{12} \\ x_{21} & x_{22} \end{pmatrix}$ に対して XA を計算すると，$(2,2)$ 成分がつねに 0 となるので，XA はけっして単位行列と等しくならないからである．

例 1.3 $a_{11}a_{22} - a_{21}a_{12} \neq 0$ であるとき，$A = \begin{pmatrix} a_{11} & a_{12} \\ a_{21} & a_{22} \end{pmatrix}$ に対して

$$X = \frac{1}{a_{11}a_{22} - a_{21}a_{12}} \begin{pmatrix} a_{22} & -a_{12} \\ -a_{21} & a_{11} \end{pmatrix} \tag{1.38}$$

とおくと $AX = XA = E_2$ が成り立つ．したがって，X は A の逆行列である．

ところで，n 次正方行列 A の逆行列は何通りも存在するのであろうか?

命題 1.7 n 次正方行列 A に対して逆行列が存在するならば，それは一意的である．

証明の前に 「一意的」とは「ただ 1 つ」という意味である．一意性 (ただ 1 つしかないこと) の証明は,「2 つあったとすればその 2 つが等しい」ことを示すのが常套手段である．

証明　X と Y がともに A の逆行列であると仮定する．すなわち $AX = XA = E_n$ および $AY = YA = E_n$ が成り立つとする．このとき

$$X = XE_n = X(AY) = (XA)Y = E_nY = Y$$

より $X = Y$ である．したがって，A の逆行列は存在すれば一意的である．□

注意 1.1　命題 1.7 は，逆行列が「存在するならばひとつしかない」ことを主張しているのであって，逆行列が「存在する」ことを主張しているのではない．実際，例 1.2 のように逆行列が存在しないことがある．

注意 1.2　$B = A^{-1}$ を示すには $AB = BA = E_n$ を示せばよい．$AX = XA = E_n$ を満たすような行列 X はひとつしかなく，それが A の逆行列であるからである．

定義 1.6　n 次複素正則行列全体の集合を $GL(n, \boldsymbol{C})$ で表し，n 次実正則行列全体の集合を $GL(n, \boldsymbol{R})$ で表す．

$$GL(n, \boldsymbol{C}) = \{A \in M(n, n; \boldsymbol{C}) \mid A \text{ は正則 }\}$$
$$GL(n, \boldsymbol{R}) = \{A \in M(n, n; \boldsymbol{R}) \mid A \text{ は正則 }\}$$

これらの集合は**一般線形群** (general linear group) とよばれる．“GL” は “general linear” の頭文字をとった記号である．

命題 1.8 (Ｉ)　$GL(n, \boldsymbol{C})$ は次の性質をみたす．

（1）　$E_n \in GL(n, \boldsymbol{C})$ であり，E_n の逆行列は E_n である：$E_n^{-1} = E_n$.

（2）　$A \in GL(n, \boldsymbol{C})$ ならば $A^{-1} \in GL(n, \boldsymbol{C})$ である．このとき A の逆行列 A^{-1} の逆行列は A である：$(A^{-1})^{-1} = A$.

（3）　$A, B \in GL(n, \boldsymbol{C})$ ならば $AB \in GL(n, \boldsymbol{C})$ である．このとき，積 AB の逆行列は $B^{-1}A^{-1}$ である：$(AB)^{-1} = B^{-1}A^{-1}$.

(Ⅱ)　$GL(n, \boldsymbol{R})$ についても同様のことが成り立つ．

証明　注意 1.2 が証明の鍵となる．

（1）　$E_nE_n = E_n$ より，E_n が正則であって $E_n^{-1} = E_n$ であることが分かる．

(2) A^{-1} が A の逆行列であることより $A^{-1}A = AA^{-1} = E_n$ であるが，見方を変えればこの式は A が A^{-1} の逆行列であることも示している．

(3) $(AB)(B^{-1}A^{-1}) = A(BB^{-1})A^{-1} = AE_nA^{-1} = AA^{-1} = E_n$ および $(B^{-1}A^{-1})(AB) = B^{-1}(A^{-1}A)B = B^{-1}E_nB = B^{-1}B = E_n$ より $B^{-1}A^{-1}$ が AB の逆行列であることが分かる． □

命題 1.9 A, B は n 次正方行列，P, Q は n 次**正則**行列とし，$B = PAQ$ が成り立っていると仮定する．このとき，A が正則であることと B が正則であることは同値である．

証明 A が正則であると仮定すると，命題 1.8 より，正則行列の積 $B = PAQ$ もまた正則である．逆に，B が正則であると仮定する．$A = P^{-1}BQ^{-1}$ に注意すれば，命題 1.8 より，正則行列 P, Q の逆行列 P^{-1}, Q^{-1} は正則であり，それらの積も正則であるので A は正則である． □

命題 1.10 n 次正方行列 A, B が $AB = O$ を満たすとする．このとき，A が正則ならば $B = O$ である．また，B が正則ならば $A = O$ である．

証明 A が正則ならば，$AB = O$ の両辺に左から A^{-1} をかければ $B = O$ が得られ，B が正則ならば，右から B^{-1} をかければ $A = O$ が得られる． □

注意 1.3 A も B が正則でないときには，$A \neq O$ かつ $B \neq O$ であっても $AB = O$ となることがある．たとえば $A = \begin{pmatrix} 1 & 2 \\ 2 & 4 \end{pmatrix}$, $B = \begin{pmatrix} 2 & 4 \\ -1 & -2 \end{pmatrix}$ とすると，$AB = O$ である．このような A, B は一般に**零因子**とよばれる．

問題 1.7 n 次正方行列 $A = (a_{ij})$ に対して次が成り立つことを示せ．

(1) A のある列の成分がすべて 0 ならば，A は正則でない．

(2) A のある行の成分がすべて 0 ならば，A は正則でない．

ヒント (1) $a_{1j} = \cdots = a_{nj} = 0$ とすると，任意の n 次正方行列 X に対して XA の (j, j) 成分が 0 となり，$XA \neq E_n$．(例 1.2 も参照せよ．)

1.5.2　正方行列のべき乗など

A は n 次正方行列とし，k は自然数とする．A を k 回かけ合わせた積を A^k と記し，A の k 乗とよぶ：

$$A^k = \underbrace{A \cdot A \cdots A}_{k\text{ 個}} \tag{1.39}$$

また，$A^0 = E_n$ と定める．0 以上の整数 k, l に対して

$$A^k A^l = A^{k+l} \tag{1.40}$$

が成り立つ．

多項式に正方行列を**代入**することもできる．いま，x を変数とする多項式

$$f(x) = a_k x^k + a_{k-1} x^{k-1} + \cdots + a_1 x + a_0$$

$(a_0, \cdots, a_k \in \boldsymbol{C},\ a_k \neq 0)$ を考える．この式において x を A で置き換えたものを $f(A)$ と記す：

$$f(A) = a_k A^k + a_{k-1} A^{k-1} + \cdots + a_1 A + a_0 E_n$$

これが多項式 $f(x)$ に行列 A を代入したものである．ここで，定数 a_0 は $a_0 x^0$ とみなし，そこに A を代入して $a_0 A^0 = a_0 E_n$ とする．

問題 1.8　$A = \begin{pmatrix} a_{11} & a_{12} \\ a_{21} & a_{22} \end{pmatrix}$ を多項式 $f(x) = x^2 - (a_{11} + a_{22})x + a_{11}a_{22} - a_{21}a_{12}$ に代入した行列 $f(A)$ は零行列であることを示せ．

1.5.3　対角行列

n 次正方行列 $A = (a_{ij})$ において，a_{11}，$a_{22}, \cdots, a_{nn}$ を A の**対角成分**という．対角成分以外の成分がすべて 0 である行列を**対角行列**とよぶ．対角成分が順に α_1, $\alpha_2 \cdots, \alpha_n$ であるような対角行列 A を

$$A = \begin{pmatrix} \alpha_1 & & & \mathbf{0} \\ & \alpha_2 & & \\ & & \ddots & \\ \mathbf{0} & & & \alpha_n \end{pmatrix} \quad \text{あるいは} \quad \begin{pmatrix} \alpha_1 & & & \\ & \alpha_2 & & \\ & & \ddots & \\ & & & \alpha_n \end{pmatrix}$$

と表す．大きな 0 は，そのエリアの成分がすべて 0 であることを示す．右の記号では，0 が省略されている．その場合，何も書かれていないエリアの成分はすべて 0 であると約束する．

今，$\boldsymbol{e}_i$ $(i=1,2,\cdots,n)$ を n 次元単位ベクトルとするとき，$A\boldsymbol{e}_i = \alpha_i \boldsymbol{e}_i$ が成り立つ．この対角行列 A は，各単位ベクトルをそれぞれの方向に α_i 倍に拡大するという，幾何学的にきわめて明確な意味を持った行列である．

問題 1.9 $A = \begin{pmatrix} \alpha_1 & & & \\ & \alpha_2 & & \\ & & \ddots & \\ & & & \alpha_n \end{pmatrix}$, $B = \begin{pmatrix} \beta_1 & & & \\ & \beta_2 & & \\ & & \ddots & \\ & & & \beta_n \end{pmatrix}$ に対して次が成り立つことを示せ．

(1)
$$AB = \begin{pmatrix} \alpha_1\beta_1 & & & \\ & \alpha_2\beta_2 & & \\ & & \ddots & \\ & & & \alpha_n\beta_n \end{pmatrix}$$

(2) A が正則であるための必要十分条件は，$1 \leq i \leq n$ なる任意の i について $\alpha_i \neq 0$ であることである．さらに，このとき A の逆行列は

$$A^{-1} = \begin{pmatrix} \alpha_1^{-1} & & & \\ & \alpha_2^{-1} & & \\ & & \ddots & \\ & & & \alpha_n^{-1} \end{pmatrix}$$

である．

ヒント (2) 各 α_i が 0 でなければ上のような逆行列を持つことが (1) より分かる．ある α_i が 0 ならば，A の第 i 列の成分がすべて 0 となるので A は正則でない (問題 1.7).

1.6　行列の基本変形と階数

1.6.1　消去法と行列の変形

x, y を未知数とする連立 1 次方程式

$$x + \ \ y = 10 \tag{1.41}$$

$$2x + 4y = 26 \tag{1.42}$$

を**消去法**を用いて解く過程を考える．(1.42) から (1.41) の 2 倍を引くと

$$2y = 6 \tag{1.43}$$

となり，未知数 x が消去される．(1.42) を (1.43) で置き換えれば，この段階では (1.41) と (1.43) を連立させた方程式

$$x + y = 10 \tag{1.41}$$

$$2y = 6 \tag{1.43}$$

を考えていることになる．さらに (1.43) を 1/2 倍すると

$$y = 3 \tag{1.44}$$

が得られる．(1.41) と (1.44) を連立させたものは

$$x + y = 10 \tag{1.41}$$

$$y = 3 \tag{1.44}$$

である．さらに (1.41) から (1.44) を引いたもので (1.41) を置き換えれば

$$x = 7 \tag{1.45}$$

$$y = 3 \tag{1.44}$$

を得る．方程式を簡単にする操作を繰り返し，最終的な段階にまで至ったとき，その方程式は「すでに解けている」 — これが消去法の考え方である．

さてここで，連立方程式

$$a_{11}x_1 + a_{12}x_2 = c_1$$

$$a_{21}x_2 + a_{22}x_2 = c_2$$

に対して，その係数および定数項を並べた行列

$$\begin{pmatrix} a_{11} & a_{12} & c_1 \\ a_{21} & a_{22} & c_2 \end{pmatrix}$$

を対応させ，上述の連立方程式に対応する行列が変形される様子を次のような図で表してみる．

$$\begin{pmatrix} 1 & 1 & 10 \\ 2 & 4 & 26 \end{pmatrix} \xrightarrow{(\mathrm{a})} \begin{pmatrix} 1 & 1 & 10 \\ 0 & 2 & 6 \end{pmatrix} \xrightarrow{(\mathrm{b})} \begin{pmatrix} 1 & 1 & 10 \\ 0 & 1 & 3 \end{pmatrix}$$
$$\xrightarrow{(\mathrm{c})} \begin{pmatrix} 1 & 0 & 7 \\ 0 & 1 & 3 \end{pmatrix}$$

それぞれの段階で行列は次のような変形を受けている．

(a)：第 2 行から第 1 行の 2 倍を引く．

(b)：第 2 行を 1/2 倍する．

(c)：第 1 行から第 2 行を引く．

このように，消去法は行列の変形と密接に関係する．そこで，ひとまず消去法を離れて，行列の変形について組織的に論ずることにする．

ところで，方程式を変形してしまってもそれが解けるのはなぜであろうか．それは，変形を受けつつも，本質的な何かが保たれているからである．それは何か．読者はそこに思いをはせていただきたい．流転する表層の奥に，不変な本質を観る — これは現代の数学の基本的な考え方の 1 つである．

1.6.2　基本行列と基本変形

3 種類の n 次正方行列をここでまず定義する．

(I)　$1 \leq i \leq n, 1 \leq j \leq n, i \neq j$ なる自然数 i, j に対して，n 次正方行列 $P_n(i,j)$ を

$$P_n(i,j)=\left(\begin{array}{ccccccc}
1 & & \vdots & & \vdots & & \\
 & \ddots & \vdots & & \vdots & & \\
\cdots & \cdots & 0 & \cdots & 1 & \cdots & \cdots \\
 & & \vdots & \ddots & \vdots & & \\
\cdots & \cdots & 1 & \cdots & 0 & \cdots & \cdots \\
 & & \vdots & & \vdots & \ddots & \\
 & & \vdots & & \vdots & & 1
\end{array}\right)
\begin{array}{l}
\\ \\ \text{第 } i \text{ 行} \\ \\ \text{第 } j \text{ 行} \\ \\ \\
\end{array}
\tag{1.46}$$

$$\text{第 } i \text{ 列} \quad \text{第 } j \text{ 列}$$

と定める．ここで，(i,i) 成分と (j,j) 成分は 0 であり，それ以外の対角成分は 1 である．その他の成分は (i,j) 成分と (j,i) 成分が 1 であり，それ以外はすべて 0 である．これは n 次単位行列 E_n の第 i 行と第 j 行を交換した行列とみることもできるし，E_n の第 i 列と第 j 列を交換した行列とみることもできる．

(Ⅱ)　$1 \leq i \leq n$ なる自然数 i および 0 でない複素数 c に対して，n 次正方行列 $Q_n(i;c)$ を

$$Q_n(i;c)=\left(\begin{array}{ccccccc}
1 & & & \vdots & & & \\
 & \ddots & & \vdots & & & \\
 & & 1 & \vdots & & & \\
\cdots & \cdots & \cdots & c & \cdots & \cdots & \cdots \\
 & & & \vdots & 1 & & \\
 & & & \vdots & & \ddots & \\
 & & & \vdots & & & 1
\end{array}\right)
\begin{array}{l}
\\ \\ \\ \text{第 } i \text{ 行} \\ \\ \\ \\
\end{array}
\tag{1.47}$$

$$\text{第 } i \text{ 列}$$

と定める．ここで，(i,i) 成分は c であり，それ以外の対角成分は 1 である．その他の成分はすべて 0 である．これは n 次単位行列 E_n の第 i 行を c 倍した行列とみることもできるし，E_n の第 i 列を c 倍した行列とみることもできる．

(Ⅲ) $1 \leq i \leq n,\ 1 \leq j \leq n,\ i \neq j$ なる自然数 i, j および複素数 c に対して，n 次正方行列 $R_n(i,j;c)$ を

$$R_n(i,j;c) = \begin{pmatrix} 1 & & & & \vdots & & \\ & \ddots & & & \vdots & & \\ \cdots & \cdots & 1 & \cdots & c & \cdots & \cdots \\ & & & \ddots & \vdots & & \\ & & & & 1 & & \\ & & & & \vdots & \ddots & \\ & & & & \vdots & & 1 \end{pmatrix} \begin{matrix} \\ \\ \text{第 } i \text{ 行} \\ \\ \\ \\ \\ \end{matrix} \tag{1.48}$$

$$\text{第 } j \text{ 列}$$

と定める．ここで，対角成分はすべて 1 である．その他の成分は，(i,j) 成分が c であり，それ以外はすべて 0 である．これは n 次単位行列 E_n の第 i 行に第 j 行の c 倍を加えた行列とみることもできるし，E_n の第 j 列に第 i 列の c 倍を加えた行列とみることもできる．(上は $i < j$ の場合を表しているが，$i > j$ の場合も $R_n(i,j;c)$ は定義される．)

定義 1.7 上の 3 種類の行列 $P_n(i,j)$, $Q_n(i;c)$ $(c \neq 0)$, $R_n(i,j;c)$ を**基本行列**とよぶ．

基本行列は正則行列であり，その逆行列もまた基本行列である．実際

$$\begin{aligned} P_n(i,j)^{-1} &= P_n(i,j), \\ Q_n(i;c)^{-1} &= Q_n(i;1/c), \\ R_n(i,j;c)^{-1} &= R_n(i,j;-c) \end{aligned}$$

である (確かめよ)．

基本行列をかけたときの行列の変化を考える．たとえば $A = \begin{pmatrix} a_{11} & a_{12} \\ a_{21} & a_{22} \end{pmatrix}$ に $P_2(1,2)$, $Q_2(1;c)$, $R_2(1,2;c)$ を左および右からかけると，次のようになる．

$$P_2(1,2)A = \begin{pmatrix} 0 & 1 \\ 1 & 0 \end{pmatrix}\begin{pmatrix} a_{11} & a_{12} \\ a_{21} & a_{22} \end{pmatrix} = \begin{pmatrix} a_{21} & a_{22} \\ a_{11} & a_{12} \end{pmatrix}$$

$$AP_2(1,2) = \begin{pmatrix} a_{11} & a_{12} \\ a_{21} & a_{22} \end{pmatrix}\begin{pmatrix} 0 & 1 \\ 1 & 0 \end{pmatrix} = \begin{pmatrix} a_{12} & a_{11} \\ a_{22} & a_{21} \end{pmatrix}$$

$$Q_2(1;c)A = \begin{pmatrix} c & 0 \\ 0 & 1 \end{pmatrix}\begin{pmatrix} a_{11} & a_{12} \\ a_{21} & a_{22} \end{pmatrix} = \begin{pmatrix} ca_{11} & ca_{12} \\ a_{21} & a_{22} \end{pmatrix}$$

$$AQ_2(1;c) = \begin{pmatrix} a_{11} & a_{12} \\ a_{21} & a_{22} \end{pmatrix}\begin{pmatrix} c & 0 \\ 0 & 1 \end{pmatrix} = \begin{pmatrix} ca_{11} & a_{12} \\ ca_{21} & a_{22} \end{pmatrix}$$

$$R_2(1,2;c)A = \begin{pmatrix} 1 & c \\ 0 & 1 \end{pmatrix}\begin{pmatrix} a_{11} & a_{12} \\ a_{21} & a_{22} \end{pmatrix} = \begin{pmatrix} a_{11}+ca_{21} & a_{12}+ca_{22} \\ a_{21} & a_{22} \end{pmatrix}$$

$$AR_2(1,2;c) = \begin{pmatrix} a_{11} & a_{12} \\ a_{21} & a_{22} \end{pmatrix}\begin{pmatrix} 1 & c \\ 0 & 1 \end{pmatrix} = \begin{pmatrix} a_{11} & a_{12}+ca_{11} \\ a_{21} & a_{22}+ca_{21} \end{pmatrix}$$

一般には次の命題が成り立つ．証明は読者の演習問題とする．

命題 1.11 (m,n) 型行列 A に基本行列をかけると，次のようになる．

(1) $P_m(i,j)A$ は A の第 i 行と第 j 行を交換した行列である．

(2) $AP_n(i,j)$ は A の第 i 列と第 j 列を交換した行列である．

(3) $Q_m(i;c)A$ は A の第 i 行を c 倍した行列である．

(4) $AQ_n(i;c)$ は A の第 i 列を c 倍した行列である．

(5) $R_m(i,j;c)A$ は A の第 i 行に第 j 行の c 倍を加えた行列である．

(6) $AR_n(i,j;c)$ は A の第 j 列に第 i 列の c 倍を加えた行列である．

基本行列を左からかけると行に関する変形が生じ，右からかけると列に関する変形が生ずる．

定義 1.8 基本行列を左または右からかけることにより生ずる変形を**基本変形**という．基本行列を左からかけることにより生ずる行に関する変形を**左基本変形**あるいは**行基本変形**とよぶ．基本行列を右からかけることにより生ずる列に関する変形を**右基本変形**あるいは**列基本変形**とよぶ．

基本変形は 6 種類あるが，本書ではこれを次のように略記することにする．

$R_i \leftrightarrow R_j$　第 i 行と第 j 行を交換する ($P_m(i,j)$ を左からかける)．

$C_i \leftrightarrow C_j$　第 i 列と第 j 列を交換する ($P_n(i,j)$ を右からかける)．

$R_i \times c$　第 i 行を c 倍する $(c \neq 0)$($Q_m(i;c)$ を左からかける)．

$C_i \times c$　第 i 列を c 倍する $(c \neq 0)$($Q_n(i;c)$ を右からかける)．

$R_i + cR_j$　第 i 行に第 j 行の c 倍を加える ($R_m(i,j;c)$ を左からかける)．

$C_j + cC_i$　第 j 列に第 i 列の c 倍を加える ($R_n(i,j;c)$ を右からかける)．

ここで R_i, C_j はそれぞれ第 i 行，第 j 列を表す．R, C はそれぞれ row (行)，column (列) の頭文字である．

注意 1.4　基本行列の逆行列もまた基本行列であることに注意していただきたい．基本変形を逆にたどる変形は，対応する基本行列の逆行列をかけることに相当するので，それ自身がまた基本変形である．このことを我々は「**基本変形は可逆である**」ということにする．

1.6.3　掃き出し法

基本変形をくり返すと，行列が簡単になることがある．

例 1.4　行列 $A = \begin{pmatrix} 0 & 1 & 1 \\ 1 & 1 & 2 \\ 2 & 1 & 3 \end{pmatrix}$ は次のように変形できる．

$$A = \begin{pmatrix} 0 & 1 & 1 \\ 1 & 1 & 2 \\ 2 & 1 & 3 \end{pmatrix} \xrightarrow{R_1 \leftrightarrow R_2} \begin{pmatrix} 1 & 1 & 2 \\ 0 & 1 & 1 \\ 2 & 1 & 3 \end{pmatrix}$$

$$\xrightarrow{R_3 - 2R_1} \begin{pmatrix} 1 & 1 & 2 \\ 0 & 1 & 1 \\ 0 & -1 & -1 \end{pmatrix} \xrightarrow{C_2 - C_1} \begin{pmatrix} 1 & 0 & 2 \\ 0 & 1 & 1 \\ 0 & -1 & -1 \end{pmatrix}$$

$$\xrightarrow{C_3-2C_1} \begin{pmatrix} 1 & 0 & 0 \\ 0 & 1 & 1 \\ 0 & -1 & -1 \end{pmatrix} \xrightarrow{R_3+R_2} \begin{pmatrix} 1 & 0 & 0 \\ 0 & 1 & 1 \\ 0 & 0 & 0 \end{pmatrix}$$

$$\xrightarrow{C_3-C_2} \begin{pmatrix} 1 & 0 & 0 \\ 0 & 1 & 0 \\ 0 & 0 & 0 \end{pmatrix} = B$$

基本変形は基本行列をかけることによってなされるので，行列 A に対して基本変形を繰り返しほどこして行列 B が得られたとすれば

$$B = PAQ \tag{1.49}$$

が成り立つ．ここで，P は A にほどこした左変形に対応する基本行列の積であり，Q は右変形に対応する基本行列の積である．

たとえば上の例 1.4 においては

$$P = R_3(3,2;1)R_3(3,1;-2)P_3(1,2)$$
$$Q = R_3(1,2;-1)R_3(1,3;-2)R_3(2,3;-1)$$

とおけば $B = PAQ$ が成り立つ (実際に計算して確かめよ).

そこで，次のテーマについてしばらく考察することにする．

テーマ　基本変形を繰り返しほどこして，行列をできる限り簡単にせよ．

まず，**掃(は)き出し法**とよばれる手順について説明する．

行列 $A = (a_{ij}) \in M(m,n;\boldsymbol{C})$ の (p,q) 成分 a_{pq} が 0 でないと仮定する．行変形 $R_p \times (1/a_{pq})$ をほどこすと，変形後の行列の (p,q) 成分は 1 となる．さらに行変形 $R_i - a_{iq}R_p$ $(i \neq p)$ をほどこすと，変形後の行列の (i,q) 成分は

$$a_{iq} - a_{iq} \cdot 1 = 0$$

となる．$1 \leq i \leq m,\ i \neq p$ なる i に対してこの操作をほどこすと (すなわち，

$$R_1 - a_{1q}R_p, \cdots, R_{p-1} - a_{p-1,q}R_p, R_{p+1} - a_{p+1,q}R_p, \cdots, R_m - a_{mq}R_p$$

をほどこすと)，変形後の行列の第 q 列は，(p,q) 成分が 1，その他は 0 となる：

$$\begin{pmatrix} & a_{1q} & \\ * & \vdots & * \\ & a_{p-1,q} & \\ * & a_{pq} & * \\ & a_{p+1,q} & \\ * & \vdots & * \\ & a_{mq} & \end{pmatrix} \xrightarrow{R_p\times(1/a_{pq})} \begin{pmatrix} & a_{1q} & \\ * & \vdots & * \\ & a_{p-1,q} & \\ * & 1 & * \\ & a_{p+1,q} & \\ * & \vdots & * \\ & a_{mq} & \end{pmatrix}$$

$$\xrightarrow[(i\neq p)]{R_i-a_{iq}R_p} \begin{pmatrix} & 0 & \\ * & \vdots & * \\ & 0 & \\ * & 1 & * \\ & 0 & \\ * & \vdots & * \\ & 0 & \end{pmatrix} \tag{1.50}$$

以上のような変形をすることを，(p,q) **成分を中心として第 q 列を掃き出す**という．左変形 (行変形) のみを使っていることに注意する．ここで $*$ と記した部分は行列の変形に応じて変化する．

「掃き出す」という言葉をここで使うのは，あたかもほうきで掃くように，基本変形によって行列を掃除するイメージを出すためである．

同様に，列変形を使って行を掃き出すことができる．すなわち，行列 A の (p,q) 成分 a_{pq} が 0 でないとき，第 q 列を $1/a_{pq}$ 倍することによって (p,q) 成分を 1 にし，さらに列変形 $C_j - a_{pj}C_q$ $(1 \leq j \leq n,\ j \neq q)$ をほどこすことによって，(p,q) 成分を 1, それ以外の第 p 行の成分をすべて 0 にできる．このことを，(p,q) **成分を中心として第 p 行を掃き出す**という：

$$\begin{pmatrix} & * & & * & & * & \\ & & & & & & \\ a_{p1} & \cdots & a_{p,q-1} & a_{pq} & a_{p,q+1} & \cdots & a_{pn} \\ & & & & & & \\ & * & & * & & * & \end{pmatrix}$$

$$\xrightarrow{C_q \times (1/a_{pq})} \begin{pmatrix} & * & & * & & * & \\ & & & & & & \\ a_{p1} & \cdots & a_{p,q-1} & 1 & a_{p,q+1} & \cdots & a_{pn} \\ & & & & & & \\ & * & & * & & * & \end{pmatrix}$$

$$\xrightarrow[(j \neq q)]{C_j - a_{pj} C_q} \begin{pmatrix} & * & & * & & * & \\ & & & & & & \\ 0 & \cdots & 0 & 1 & 0 & \cdots & 0 \\ & & & & & & \\ & * & & * & & * & \end{pmatrix} \tag{1.51}$$

前述の例 1.4 においても掃き出し法が使われている．まず，2 番目の変形 $(R_3 - 2R_1)$ によって，$(1,1)$ 成分を中心として第 1 列を掃き出しており，次に，3 番目と 4 番目の変形 $(C_2 - C_1,\ C_3 - 2C_1)$ によって，$(1,1)$ 成分を中心として第 1 行を掃き出している．

1.6.4 正則行列再論

前述のテーマについての結論を出す前に，掃き出し法の応用を述べる．

命題 1.12 $A = (a_{ij})$ は n 次正方行列とする．このとき，次が成り立つ．

(1) $XA = E_n$ を満たす n 次正方行列 X が存在するならば A は正則行列であり，$X = A^{-1}$ である．

(2) $AY = E_n$ を満たす n 次正方行列 Y が存在するならば A は正則行列であり，$Y = A^{-1}$ である．

証明の前に 定義 1.5 との違いに注意していただきたい．この命題は自明ではない．証明は，行列の次数 n に関する帰納法を用いる．掃き出し法によって行列をある程度簡単にしてから正則性を論ずることができる (命題 1.9 参照).

証明 (1) のみ証明する ((2) の証明は読者の演習問題とする).

n に関する数学的帰納法を用いる．$n=1$ の場合，1 次正方行列 (a) は単なる数 a と同一視でき，命題は正しい．そこで，$n \geq 2$ とし，次数が $n-1$ の正方行列については命題が成り立つと仮定し，n 次正方行列 A に対して

$$XA = E_n \tag{1.52}$$

を満たすような n 次正方行列 X が存在するとする．このとき $A \neq O$ である．実際，もし $A = O$ ならば，いかなる X に対しても $XA = O \neq E_n$ である．したがって，A には 0 でない成分がある．そこで，(p, q) 成分が 0 でないとする．もし $p \neq 1$ ならば変形 $R_1 \leftrightarrow R_p$ をほどこし，さらにもし $q \neq 1$ ならば変形 $C_1 \leftrightarrow C_q$ をほどこすことにより，$(1,1)$ 成分が 0 でないような新たな行列が得られる．

次にこの行列の $(1,1)$ 成分を中心として第 1 列を掃き出し，さらに $(1,1)$ 成分を中心として第 1 行を掃き出す．こうして得られた新しい行列を B とする．A から B にいたるまでにほどこした左変形に対応する基本行列の積を P，右変形に対応する基本行列の積を Q とすれば，P と Q はともに正則行列であり

$$B = PAQ \tag{1.53}$$

が成り立つ．このとき，行列の区分けを用いて

$$B = \left(\begin{array}{c|c} 1 & {}^t\mathbf{0} \\ \hline \mathbf{0} & B' \end{array}\right) \tag{1.54}$$

と表すことができる．ここで，第 1 行と第 2 行の間，第 1 列と第 2 列の間に仕切りを入れている．左下のブロックは零ベクトルである．右上のブロックは横の零ベクトルであるので，列ベクトル $\mathbf{0}$ を転置して ${}^t\mathbf{0}$ と書いている．右下のブロックは $(n-1)$ 次正方行列となり，それを B' とおいた．今ここで

$$Z = Q^{-1}XP^{-1} \tag{1.55}$$

とおくと，仮定 (1.52) および (1.53)，(1.55) により

$$\begin{aligned} ZB &= Q^{-1}XP^{-1}PAQ = Q^{-1}XAQ \\ &= Q^{-1}E_nQ = Q^{-1}Q = E_n \end{aligned} \tag{1.56}$$

が成り立つ．そこで Z の第 1 行と第 2 行の間，第 1 列と第 2 列の間にそれぞれ仕切りを入れ，区分けして次のように表す：

$$Z = \left(\begin{array}{c|c} c & {}^t\boldsymbol{v} \\ \hline \boldsymbol{u} & Z' \end{array}\right) \tag{1.57}$$

このとき，(1.54) と (1.57) より

$$ZB = \begin{pmatrix} c & {}^t\boldsymbol{v} \\ \boldsymbol{u} & Z' \end{pmatrix}\begin{pmatrix} 1 & {}^t\boldsymbol{0} \\ \boldsymbol{0} & B' \end{pmatrix} = \begin{pmatrix} c & {}^t\boldsymbol{v}B' \\ \boldsymbol{u} & Z'B' \end{pmatrix} \tag{1.58}$$

であるので，(1.56) によって

$$\begin{pmatrix} c & {}^t\boldsymbol{v}B' \\ \boldsymbol{u} & Z'B' \end{pmatrix} = E_n = \begin{pmatrix} 1 & {}^t\boldsymbol{0} \\ \boldsymbol{0} & E_{n-1} \end{pmatrix} \tag{1.59}$$

が成り立つことが分かり，右下のブロック同士を比べることによって

$$Z'B' = E_{n-1} \tag{1.60}$$

が得られる．B', Z' は $(n-1)$ 次正方行列であるので，帰納法の仮定により，B' は正則行列であり，B'^{-1} が存在することが分かる．そこで

$$W = \begin{pmatrix} 1 & {}^t\boldsymbol{0} \\ \boldsymbol{0} & B'^{-1} \end{pmatrix} \tag{1.61}$$

とおくと，計算により $BW = WB = E_n$ が確かめられる．したがって定義 1.5 により，B は正則行列であり，$W = B^{-1}$ である．式 (1.53) および命題 1.9 より，A も正則であり，A^{-1} が存在する．式 (1.52) の両辺に右から A^{-1} をかければ $X = A^{-1}$ も示される． □

1.6.5 標準形と階数

(m,n) 型行列 $F_{m,n}(r) \in M(m,n;\boldsymbol{C})$ を次のように定める：

$$F_{m,n}(r) = \left(\begin{array}{c|c} E_r & O_{r,n-r} \\ \hline O_{m-r,r} & O_{m-r,n-r} \end{array}\right) = \left(\begin{array}{cccccc} 1 & & & & & \\ & 1 & & & & \\ & & \ddots & & & \\ & & & 1 & & \\ & & & & & \\ & & & & & \end{array}\right) \left.\begin{array}{c} \\ \\ \\ \\ \end{array}\right\} r \text{ 個} \tag{1.62}$$

$F_{m,n}(r)$ の (i,i) 成分 $(1 \leq i \leq r)$ は 1 であり，その他の成分はすべて 0 である．また，$F_{m,n}(0) = O_{m,n}$(零行列) と定める．このような行列 $F_{m,n}(r)$ を，ここでは**標準形**とよぶことにする．

次の定理は「基本変形を繰り返しほどこして行列を簡単にせよ」というテーマに対する解答を与える．

定理 1.2 (1)　任意の (m,n) 型行列 A は，基本変形を何度か繰り返しほどこすことによって，標準形 $F_{m,n}(r)$ に変形することができる．

(2)　上の r は A のみによって定まり，基本変形のとり方によらない．

証明 (1)　$A = O$ ならばすでに標準形 $F_{m,n}(0)$ である．そこで，$A \neq O$ とし，(p,q) 成分が 0 でないとする．必要なら変形 $R_1 \leftrightarrow R_p$ や $C_1 \leftrightarrow C_q$ をほどこすことにより，$(1,1)$ 成分が 0 でないようにできる．次にその行列の $(1,1)$ 成分を中心として第 1 列を掃き出し，さらに $(1,1)$ 成分を中心として第 1 行を掃き出すと次のような行列 A_1 が得られる：

$$A_1 = \left(\begin{array}{c|c} 1 & {}^t\boldsymbol{0} \\ \hline \boldsymbol{0} & A_1' \end{array}\right). \tag{1.63}$$

もし $A_1' = O$ ならば行列 A_1 は標準形 $F_{m,n}(1)$ と等しい．$A_1' \neq O$ とする

と，A'_1 は 0 でない成分を少なくとも 1 つ持つので，必要なら行と列の交換をおこなうことによって，$(2,2)$ 成分が 0 でないようにできる．次にその行列の $(2,2)$ 成分を中心として第 2 列を掃き出し，さらに $(2,2)$ 成分を中心として第 2 行を掃き出すと次のような行列 A_2 が得られる (第 1 行と第 1 列はこの操作によって変わらないことに注意せよ)：

$$A_2 = \left(\begin{array}{cc|ccc} 1 & 0 & 0 & \cdots & 0 \\ 0 & 1 & 0 & \cdots & 0 \\ \hline 0 & 0 & & & \\ \vdots & \vdots & & A'_2 & \\ 0 & 0 & & & \end{array}\right) \tag{1.64}$$

$A'_2 = O$ ならば $A_2 = F_{m,n}(2)$ である．そうでなければ同様の操作を続けると，最終的には標準形に到達する (斜めに並んだ 1 が行列の右端か下端に到達するか，もしくは中途で標準形に到達して終わる)．

(2)　行列 X に基本変形を何度か加えて行列 Y に到達したことを，ここでは $X \rightsquigarrow Y$ という記号で表すことにする．行列 A が基本変形の繰り返しによって 2 通りの標準形 $F_{m,n}(r)$ および $F_{m,n}(r')$ に到達したと仮定する：

$$A \rightsquigarrow F_{m,n}(r),\ A \rightsquigarrow F_{m,n}(r').$$

ここで，$r \leq r'$ として一般性を失わない．基本変形は可逆であるから (注意 1.4)，基本変形の繰り返しによって，$F_{m,n}(r)$ から A を経由して $F_{m,n}(r')$ に到達する：

$$F_{m,n}(r) \rightsquigarrow A \rightsquigarrow F_{m,n}(r').$$

したがって，正則行列 $P \in GL(m, \boldsymbol{C})$ および $Q \in GL(n, \boldsymbol{C})$ が存在して

$$F_{m,n}(r') = PF_{m,n}(r)Q \tag{1.65}$$

が成り立つ．ここで，P, Q の第 r 行と第 $r+1$ 行の間，第 r 列と第 $r+1$ 列の間にそれぞれ仕切りを入れて，次のように行列を区分けする．

$$P = \left(\begin{array}{c|c} P_{11} & P_{12} \\ \hline P_{21} & P_{22} \end{array}\right),\ Q = \left(\begin{array}{c|c} Q_{11} & Q_{12} \\ \hline Q_{21} & Q_{22} \end{array}\right) \tag{1.66}$$

このとき，(1.65) の右辺は

$$PF_{m,n}(r)Q = \begin{pmatrix} P_{11} & P_{12} \\ P_{21} & P_{22} \end{pmatrix} \begin{pmatrix} E_r & O \\ O & O \end{pmatrix} \begin{pmatrix} Q_{11} & Q_{12} \\ Q_{21} & Q_{22} \end{pmatrix}$$
$$= \begin{pmatrix} P_{11}Q_{11} & P_{11}Q_{12} \\ P_{21}Q_{11} & P_{21}Q_{12} \end{pmatrix} \tag{1.67}$$

となる．また，(1.65) の左辺は

$$F_{m,n}(r') = \begin{pmatrix} E_r & O \\ O & X \end{pmatrix} \tag{1.68}$$

の形である．ここで，$r' > r$ ならば $X \neq O$ であり，$r' = r$ ならば $X = O$ である．(1.67) と (1.68) の各ブロック同士を比較すれば

$$P_{11}Q_{11} = E_r \tag{1.69}$$
$$P_{11}Q_{12} = O \tag{1.70}$$
$$P_{21}Q_{11} = O \tag{1.71}$$
$$P_{21}Q_{12} = X \tag{1.72}$$

を得る．ここで，式 (1.69) に着目して，命題 1.12 を Q_{11} に対して適用すれば，Q_{11} は正則行列であることが分かる．さらに式 (1.71) に着目すれば，命題 1.10 により $P_{21} = O$ が得られ，これを式 (1.72) に代入することにより $X = O$ が得られる．すなわち $r' = r$ である．よって (2) が証明された． □

注意 1.5 前述の例 1.4 では，定理 1.2 (1) の証明のやり方に沿って A に変形をほどこし，標準形 $F_{3,3}(2)$ に到達した．読者はこの例をよく吟味せよ．

定義 1.9 (m, n) 型行列 A に基本変形を繰り返しほどこすことによって標準形 $F_{m,n}(r)$ に達したとする．このときの r を A の**階数** (rank) とよび，$\mathrm{rank}(A)$ と表す．

行列の階数は今後重要な役割を果たす．定理 1.2 (2) によって，A の階数は基本変形の選び方によらず定まる．また，$A \in M(m, n; \boldsymbol{C})$ ならば

$$0 \leq \mathrm{rank}(A) \leq \min\{m, n\}$$

である．ここで，$\min\{m, n\}$ は m と n の最小値を表す．

問題 1.10 次の (1), (2) が成り立つことを示せ．

(1) $\mathrm{rank}(A) = 0$ であることと $A = O$ であることは同値である．

(2) $\mathrm{rank}({}^t\!A) = \mathrm{rank}(A)$ である．

命題 1.13 行列の階数は基本変形によって変わらない．すなわち，行列 A に基本変形をほどこして行列 B を得たならば，$\mathrm{rank}(A) = \mathrm{rank}(B)$ である．

証明 $A \rightsquigarrow B$, $B \rightsquigarrow F_{m,n}(r)$ とすれば，$A \rightsquigarrow B \rightsquigarrow F_{m,n}(r)$ となるので，$\mathrm{rank}(A) = \mathrm{rank}(B) = r$ である． □

問題 1.11 次の 2 つの行列に基本変形を何度かほどこして標準形にすることによって階数を求めよ (答え：$\mathrm{rank}(A) = 3$, $\mathrm{rank}(B) = 2$)．また，基本変形のとり方をいろいろ変えても同じ標準形に到達することを確認せよ．

$$A = \begin{pmatrix} 2 & 2 & 3 & 4 & 2 \\ 1 & -1 & 0 & 2 & 1 \\ 1 & 2 & 1 & 0 & 2 \\ 2 & 5 & 4 & 2 & 3 \end{pmatrix}, \quad B = \begin{pmatrix} 3 & 1 & 0 & 5 & 2 \\ 1 & 2 & 1 & 2 & 0 \\ 2 & -1 & -1 & 3 & 2 \\ 1 & -3 & -2 & 1 & 2 \end{pmatrix}$$

1.6.6 基本変形と正則行列

階数を用いて，正方行列の正則性の判定ができる．

命題 1.14 n 次正方行列 A について，次の条件 (1)，(2) は同値である．

(1) A は正則行列である．

(2) $\mathrm{rank}(A) = n$.

証明 $\mathrm{rank}(A) = r$ とすると，ある正則行列 P, Q が存在して $F_{n,n}(r) = PAQ$ となるので，A が正則であることと $F_{n,n}(r)$ が正則であることは同値である (命題 1.9)．さらに，$F_{n,n}(r)$ が対角行列であることに注意すれば，問題 1.9 より，$F_{n,n}(r)$ が正則であることと，$F_{n,n}(r)$ のどの対角成分も 0 でないこと，すなわち $r = n$ であることは同値であることが分かる． □

注意 1.6 n 次正則行列の標準形は単位行列 $E_n \ (= F_{n,n}(n))$ である．

さて，定理 1.2 では行変形と列変形の両方が用いられているが，たとえば行変形だけを用いて $A = \begin{pmatrix} 0 & 1 & 1 \\ 0 & 0 & 0 \end{pmatrix}$ を標準形に変形することはできない．実際，A の階数は 1 であるが (確かめよ)，いかなる行変形を加えても第 1 列が零ベクトルのままであり，標準形 $F_{2,3}(1)$ には到達しない．

しかし，正則行列については次の命題が成り立つ．

命題 1.15 n 次正則行列 A について次が成り立つ．

(1) 行基本変形だけを用いて A を E_n に変形することができる．

(2) 列基本変形だけを用いて A を E_n に変形することができる．

証明 (1) のみ証明する．A に左右の基本変形をほどこせば E_n に到達するが，その過程において，左からかけた基本行列を順に $P_1, P_2, \cdots, P_k$ とし，右からかけた基本行列を順に $Q_1, Q_2, \cdots, Q_l$ とすると

$$E_n = P_k \cdots P_2 P_1 A Q_1 Q_2 \cdots Q_l \tag{1.73}$$

が成り立つ．両辺に右から $Q_l^{-1} \cdots Q_2^{-1} Q_1^{-1}$ をかければ

$$Q_l^{-1} \cdots Q_2^{-1} Q_1^{-1} = P_k \cdots P_2 P_1 A \tag{1.74}$$

が得られ，さらに両辺に左から $Q_1 Q_2 \cdots Q_l$ をかければ

$$E_n = Q_1 Q_2 \cdots Q_l P_k \cdots P_2 P_1 A \tag{1.75}$$

となる．よって，左 (行) 基本変形だけによって A は E_n に変形できる． □

命題 1.16 任意の正則行列 A は，いくつかの基本行列の積として表される．

証明 命題 1.15 の証明と同様に考えると，(1.73) より

$$A = P_1^{-1}P_2^{-1}\cdots P_k^{-1}Q_l^{-1}\cdots Q_2^{-1}Q_1^{-1}$$

となり，A は基本行列の積となる (基本行列の逆行列は基本行列である). □

問題 1.12 ある行列に左または右から正則行列をかけても，その行列の階数は変わらないことを示せ (ヒント：命題 1.13，命題 1.16).

実際に行変形だけを用いて n 次正則行列 A を単位行列に変形する方法を述べる．問題 1.7 より，A の第 1 列は零ベクトルではないので，0 でない成分が第 1 列の中にある．必要ならば行の交換により $(1,1)$ 成分が 0 でないようにしておいてから，その $(1,1)$ 成分を中心として第 1 列を掃き出す (列の掃き出しには行変形を用いるに注意せよ)．こうして得られた新しい行列を A_1 とすれば，それは次のような形をしている：

$$A_1 = \left(\begin{array}{c|c} 1 & {}^t\boldsymbol{u} \\ \hline \boldsymbol{0} & A_1' \end{array}\right). \tag{1.76}$$

このとき，A_1 は正則であるので (正則行列に基本変形をほどこしたものは正則行列である)，後述の補題 1.3 により，A_1' のいちばん左の列 (すなわち，A_1 の第 2 列の 2 行目以下の部分) は零ベクトルでない．したがって，必要ならば第 2 行以降の行の交換をして，$(2,2)$ 成分が 0 でないようにしておいてからその $(2,2)$ 成分を中心として第 2 列を掃き出すことにより，次の形の行列 A_2 が得られる (ここで，$R_1 - cR_2$ の形の行変形をほどこすことによって $(1,2)$ 成分も 0 にできることに注意せよ)：

$$A_2 = \left(\begin{array}{cc|c} 1 & 0 & \\ 0 & 1 & * \\ \hline 0 & 0 & \\ \vdots & \vdots & A_2' \\ 0 & 0 & \end{array}\right). \tag{1.77}$$

再び補題 1.3 により，A_2' のいちばん左の列は零ベクトルでないので，同様の操作をくり返して最終的に E_n に到達する.

補題 1.3 n 次正方行列 B の第 k 行と第 $k+1$ 行の間および第 k 列と第 $k+1$ 列の間に仕切りを入れて区分けしたとき，

$$B = \left(\begin{array}{c|c} E_k & * \\ \hline O & B' \end{array}\right) \tag{1.78}$$

と表せるとする．このとき，B' のいちばん左の列の成分がすべて 0 であるならば，行列 B は正則でない．

証明 B' のいちばん左の列の成分がすべて 0 であるとする．$1 \leq i \leq k$ なるすべての自然数 i について，列変形により (i, i) 成分を中心として第 i 行を掃き出す操作を順次ほどこして得られる新たな行列を C とすると，

$$C = \left(\begin{array}{c|c} E_k & O \\ \hline O & B' \end{array}\right) \tag{1.79}$$

という形になる．このとき，C の第 $k+1$ 列の成分はすべて 0 であるので，問題 1.7 より，C は正則でない．よって命題 1.9 より B も正則でない． □

例 1.5 行列 $A = \begin{pmatrix} 1 & 1 & 2 \\ 3 & 3 & 5 \\ 1 & 2 & 3 \end{pmatrix}$ に対して次のように変形すると，行変形だけで単位行列に到達する．

$$A = \begin{pmatrix} 1 & 1 & 2 \\ 3 & 3 & 5 \\ 1 & 2 & 3 \end{pmatrix} \xrightarrow[R_3 - R_1]{R_2 - 3R_1} \begin{pmatrix} 1 & 1 & 2 \\ 0 & 0 & -1 \\ 0 & 1 & 1 \end{pmatrix}$$

$$\xrightarrow{R_2 \leftrightarrow R_3} \begin{pmatrix} 1 & 1 & 2 \\ 0 & 1 & 1 \\ 0 & 0 & -1 \end{pmatrix} \xrightarrow{R_1 - R_2} \begin{pmatrix} 1 & 0 & 1 \\ 0 & 1 & 1 \\ 0 & 0 & -1 \end{pmatrix}$$

$$\xrightarrow{R_3 \times (-1)} \begin{pmatrix} 1 & 0 & 1 \\ 0 & 1 & 1 \\ 0 & 0 & 1 \end{pmatrix} \xrightarrow[R_2 - R_3]{R_1 - R_3} \begin{pmatrix} 1 & 0 & 0 \\ 0 & 1 & 0 \\ 0 & 0 & 1 \end{pmatrix}$$

問題 1.13 行変形だけを用いて次の行列 A, B を単位行列に変形せよ.

$$A = \begin{pmatrix} 2 & 5 & 4 \\ 1 & 4 & 3 \\ 1 & 3 & 2 \end{pmatrix}, \quad B = \begin{pmatrix} 2 & 3 & 2 & 2 \\ 1 & 2 & 1 & 1 \\ 2 & 2 & 3 & 2 \\ 3 & 4 & 4 & 4 \end{pmatrix}.$$

1.6.7 逆行列の計算

命題 1.15 を利用すると, n 次正則行列 A の逆行列が次のように求められる.

(1) A の右に単位行列を並べて書き, $(n, 2n)$ 型行列 $(A \mid E_n)$ を作る.

(2) $(A \mid E_n)$ に**行変形**をほどこす. このとき, 左側の部分にも右側の部分にも同じ行変形がほどこされる.

(3) 行列の左半分が E_n に変形されたとき, 右半分は A^{-1} となる.

例 1.6 例 1.5 の行列 A の逆行列を求める.

$$(A \mid E_n) = \left(\begin{array}{ccc|ccc} 1 & 1 & 2 & 1 & 0 & 0 \\ 3 & 3 & 5 & 0 & 1 & 0 \\ 1 & 2 & 3 & 0 & 0 & 1 \end{array}\right)$$

$$\xrightarrow[R_3 - R_1]{R_2 - 3R_1} \left(\begin{array}{ccc|ccc} 1 & 1 & 2 & 1 & 0 & 0 \\ 0 & 0 & -1 & -3 & 1 & 0 \\ 0 & 1 & 1 & -1 & 0 & 1 \end{array}\right)$$

$$\xrightarrow{R_2 \leftrightarrow R_3} \left(\begin{array}{ccc|ccc} 1 & 1 & 2 & 1 & 0 & 0 \\ 0 & 1 & 1 & -1 & 0 & 1 \\ 0 & 0 & -1 & -3 & 1 & 0 \end{array}\right)$$

$$\xrightarrow{R_1 - R_2} \left(\begin{array}{ccc|ccc} 1 & 0 & 1 & 2 & 0 & -1 \\ 0 & 1 & 1 & -1 & 0 & 1 \\ 0 & 0 & -1 & -3 & 1 & 0 \end{array}\right)$$

$$\xrightarrow{R_3\times(-1)} \left(\begin{array}{ccc|ccc} 1 & 0 & 1 & 2 & 0 & -1 \\ 0 & 1 & 1 & -1 & 0 & 1 \\ 0 & 0 & 1 & 3 & -1 & 0 \end{array}\right)$$

$$\xrightarrow[R_2-R_3]{R_1-R_3} \left(\begin{array}{ccc|ccc} 1 & 0 & 0 & -1 & 1 & -1 \\ 0 & 1 & 0 & -4 & 1 & 1 \\ 0 & 0 & 1 & 3 & -1 & 0 \end{array}\right)$$

したがって $\begin{pmatrix} 1 & 1 & 2 \\ 3 & 3 & 5 \\ 1 & 2 & 3 \end{pmatrix}^{-1} = \begin{pmatrix} -1 & 1 & -1 \\ -4 & 1 & 1 \\ 3 & -1 & 0 \end{pmatrix}$ である (実際に 2 つの行列をかけあわせれば単位行列になることを確かめよ).

このようにして逆行列が求められる理由を述べる．$(n, 2n)$ 型行列 $(A \mid E_n)$ に行変形をほどこして $(E_n \mid X)$ が得られたとする．この変形は基本行列をいくつか左からかけることに対応するが，それらの積を P とおけば，行列の左半分にも右半分にも同じ行列 P が左からかけられるので

$$PA = E_n, \quad PE_n = X$$

が成り立つ．これより $X = P = A^{-1}$ が得られ，逆行列が求められる．

問題 1.14　次の行列 A, B の逆行列を求めよ．

$$A = \begin{pmatrix} 2 & 5 & 4 \\ 1 & 4 & 3 \\ 1 & 3 & 2 \end{pmatrix}, \quad B = \begin{pmatrix} 2 & 3 & 2 & 2 \\ 1 & 2 & 1 & 1 \\ 2 & 2 & 3 & 2 \\ 3 & 4 & 4 & 4 \end{pmatrix}.$$

答え　$A^{-1} = \begin{pmatrix} 1 & -2 & 1 \\ -1 & 0 & 2 \\ 1 & 1 & -3 \end{pmatrix}$,　$B^{-1} = \begin{pmatrix} 4 & -4 & 0 & -1 \\ -1 & 2 & 0 & 0 \\ -2 & 2 & 1 & 0 \\ 0 & -1 & -1 & 1 \end{pmatrix}$.

注意 1.7 ここでは行変形のみを用いることがポイントである．行変形と列変形を混ぜて同様の操作をおこなっても正しい結果は得られない．

1.7 連立 1 次方程式

1.7.1 消去法と行列の変形再論

小節 1.6.1 で述べたように，連立 1 次方程式を消去法によって解く過程は行列の基本変形と深い関係がある．

n 個の未知数 $x_1, x_2, \cdots, x_n$ に関する m 本の式から成る連立 1 次方程式は

$$\begin{cases} a_{11}x_1 + a_{12}x_2 + \cdots + a_{1n}x_n = c_1 \\ a_{21}x_1 + a_{22}x_2 + \cdots + a_{2n}x_n = c_2 \\ \cdots \\ a_{m1}x_1 + a_{m2}x_2 + \cdots + a_{mn}x_n = c_m \end{cases} \tag{1.80}$$

$(a_{ij}, c_i \in \boldsymbol{C};\ 1 \leq i \leq m, 1 \leq j \leq n)$ という形である．この式 (1.80) は

$$\begin{pmatrix} a_{11} & a_{12} & \cdots & a_{1n} \\ a_{21} & a_{22} & \cdots & a_{2n} \\ \vdots & \vdots & \ddots & \vdots \\ a_{m1} & a_{m2} & \cdots & a_{mn} \end{pmatrix} \begin{pmatrix} x_1 \\ x_2 \\ \vdots \\ x_n \end{pmatrix} = \begin{pmatrix} c_1 \\ c_2 \\ \vdots \\ c_m \end{pmatrix} \tag{1.81}$$

と書き換えることができる．ここで

$$A = \begin{pmatrix} a_{11} & a_{12} & \cdots & a_{1n} \\ a_{21} & a_{22} & \cdots & a_{2n} \\ \vdots & \vdots & \ddots & \vdots \\ a_{m1} & a_{m2} & \cdots & a_{mn} \end{pmatrix}, \ \boldsymbol{x} = \begin{pmatrix} x_1 \\ x_2 \\ \vdots \\ x_n \end{pmatrix}, \ \boldsymbol{c} = \begin{pmatrix} c_1 \\ c_2 \\ \vdots \\ c_m \end{pmatrix}$$

とおき，A を**係数行列**，$\boldsymbol{x}$ を**未知数ベクトル**，$\boldsymbol{c}$ を**定数項ベクトル**とよぶ．すると，連立 1 次方程式 (1.80) は次のように表せる．

$$A\boldsymbol{x} = \boldsymbol{c} \tag{1.82}$$

(1.82) をさらに次のように変形する．まず，係数行列 A の右隣に定数項ベクトル $\boldsymbol{c}$ を並べて $(m, n+1)$ 型行列 $\tilde{A}$ を作る：

$$\tilde{A} = (A\ \boldsymbol{c}) = \begin{pmatrix} a_{11} & a_{12} & \cdots & a_{1n} & c_1 \\ a_{21} & a_{22} & \cdots & a_{2n} & c_2 \\ \vdots & \vdots & \ddots & \vdots & \vdots \\ a_{m1} & a_{m2} & \cdots & a_{mn} & c_m \end{pmatrix}$$

この $\tilde{A}$ を**拡大係数行列**とよぶ．また，未知数ベクトル $\boldsymbol{x}$ の下に -1 を加え，$(n+1)$ 次元ベクトル $\tilde{x}$ を作る：

$$\tilde{\boldsymbol{x}} = \begin{pmatrix} \boldsymbol{x} \\ -1 \end{pmatrix} = \begin{pmatrix} x_1 \\ x_2 \\ \vdots \\ x_n \\ -1 \end{pmatrix}$$

このとき，式 (1.80)，(1.81)，(1.82) は

$$\tilde{A}\tilde{\boldsymbol{x}} = \boldsymbol{0} \tag{1.83}$$

すなわち

$$\begin{pmatrix} a_{11} & a_{12} & \cdots & a_{1n} & c_1 \\ a_{21} & a_{22} & \cdots & a_{2n} & c_2 \\ \vdots & \vdots & \ddots & \vdots & \vdots \\ a_{m1} & a_{m2} & \cdots & a_{mn} & c_m \end{pmatrix} \begin{pmatrix} x_1 \\ x_2 \\ \vdots \\ x_n \\ -1 \end{pmatrix} = \begin{pmatrix} 0 \\ 0 \\ \vdots \\ 0 \end{pmatrix} \tag{1.84}$$

と同値である (確かめよ)．

たとえば小節 1.6.1 で扱った連立 1 次方程式

$$\begin{cases} x + \ \ y = 10 \\ 2x + 4y = 26 \end{cases} \tag{1.85}$$

は

$$\begin{pmatrix} 1 & 1 & 10 \\ 2 & 4 & 26 \end{pmatrix} \begin{pmatrix} x \\ y \\ -1 \end{pmatrix} = \begin{pmatrix} 0 \\ 0 \end{pmatrix} \tag{1.86}$$

と書き換えられる．この連立 1 次方程式に対応する拡大係数行列の変形の様子はすでに小節 1.6.1 において観察した．

一般に，連立方程式 (1.80) において第 i 式と第 j 式を取り替える操作は，式 (1.83) の拡大係数行列 $\tilde{A}$ の第 i 行と第 j 行を取りかえる変形 $R_i \leftrightarrow R_j$ に対応する．また，(1.80) の第 i 式を c 倍する操作は，$\tilde{A}$ の行変形 $R_i \times c$ に対応する ($c \neq 0$)．連立方程式の第 i 式に第 j 式の c 倍を加える操作は $\tilde{A}$ の行変形 $R_i + cR_j$ に対応する．したがって，消去法によって方程式を変形することは拡大係数行列の行変形に対応し，それは，ある正則行列 P を左から $\tilde{A}$ にかけて新しい拡大係数行列 $P\tilde{A}$ を得ることに対応する．

命題 1.17 P が m 次正則行列であるとき，連立方程式 $\tilde{A}\tilde{\boldsymbol{x}} = \boldsymbol{0}$ の解集合 (解全体の集合) と連立方程式 $P\tilde{A}\tilde{\boldsymbol{x}} = \boldsymbol{0}$ の解集合は一致する．

証明 $\boldsymbol{x} = \boldsymbol{a}$ が方程式 $\tilde{A}\tilde{\boldsymbol{x}} = \boldsymbol{0}$ の解であるとすると，$\tilde{\boldsymbol{a}} = \begin{pmatrix} \boldsymbol{a} \\ -1 \end{pmatrix}$ とおけば，$\tilde{A}\tilde{\boldsymbol{a}} = \boldsymbol{0}$ を満たす．このとき，両辺に左から P をかければ $P\tilde{A}\tilde{\boldsymbol{a}} = \boldsymbol{0}$ を得る．これは $\boldsymbol{x} = \boldsymbol{a}$ が方程式 $P\tilde{A}\tilde{\boldsymbol{x}} = \boldsymbol{0}$ の解であることを意味する．

逆に $\boldsymbol{x} = \boldsymbol{b}$ が方程式 $P\tilde{A}\tilde{\boldsymbol{x}} = \boldsymbol{0}$ の解であるとすると，$\tilde{\boldsymbol{b}} = \begin{pmatrix} \boldsymbol{b} \\ -1 \end{pmatrix}$ とおけば，$P\tilde{A}\tilde{\boldsymbol{b}} = \boldsymbol{0}$ を満たす．両辺に左から P^{-1} をかければ $\tilde{A}\tilde{\boldsymbol{b}} = \boldsymbol{0}$ を得る．これは $\boldsymbol{x} = \boldsymbol{b}$ が方程式 $\tilde{A}\tilde{\boldsymbol{x}} = \boldsymbol{0}$ の解であることを意味する．

よって 2 つの連立方程式の解集合は一致する． □

この命題が消去法の理論的な根拠を与える．**方程式を変形しても解集合が変化しないので**，新しい方程式を解けばもとの方程式の解が求められるというわけである．

1.7.2 連立 1 次方程式を簡単にする

実際に連立 1 次方程式を解く過程をこれから考察する．ここで，方程式を「解く」とは，**解集合を決定する**ということである．

以下，必要に応じて未知数の順序を入れかえることも許すことにする．たとえば前述の連立方程式 (1.85) において，未知数を

$$x' = y,\ y' = x$$

と変換し，順序を入れかえると，連立方程式は

$$\begin{cases} x' + \ \ y' = 10 \\ 4x' + 2y' = 26 \end{cases}$$

となり，拡大係数行列は $\begin{pmatrix} 1 & 1 & 10 \\ 4 & 2 & 26 \end{pmatrix}$ となる．これはもとの拡大係数行列の第 1 列と第 2 列を交換したものである．

一般に，**2 つの未知数を入れかえると，拡大係数行列は，最後の列以外の 2 つの列が入れかわる**：連立方程式 (1.80) において未知数 x_i と x_j の順序を入れかえると，拡大係数行列の第 i 列と第 j 列が交換される．

そこで，次のテーマを考察する．

テーマ 拡大係数行列 $\tilde{A} = (A \mid \boldsymbol{c})$ に行変形および最後の列以外の 2 つの列の交換を繰り返しほどこして，できるだけ簡単にせよ．

例 1.7 $\tilde{A} = \left(\begin{array}{ccc|c} 1 & 1 & 1 & 3 \\ 2 & 2 & 3 & 7 \\ 2 & 2 & 5 & 9 \end{array}\right)$ は，連立 1 次方程式

$$\begin{cases} x_1 + \ \ x_2 + \ \ x_3 = 3 \\ 2x_1 + 2x_2 + 3x_3 = 7 \\ 2x_1 + 2x_2 + 5x_3 = 9 \end{cases} \tag{1.87}$$

の拡大係数行列である．これに次のような変形をほどこす．

$$\tilde{A} = \left(\begin{array}{ccc|c} 1 & 1 & 1 & 3 \\ 2 & 2 & 3 & 7 \\ 2 & 2 & 5 & 9 \end{array}\right) \xrightarrow[R_3-2R_1]{R_2-2R_1} \left(\begin{array}{ccc|c} 1 & 1 & 1 & 3 \\ 0 & 0 & 1 & 1 \\ 0 & 0 & 3 & 3 \end{array}\right)$$

$$\xrightarrow{C_2 \leftrightarrow C_3} \left(\begin{array}{ccc|c} 1 & 1 & 1 & 3 \\ 0 & 1 & 0 & 1 \\ 0 & 3 & 0 & 3 \end{array}\right) \xrightarrow[R_3-3R_2]{R_1-R_2} \left(\begin{array}{cc|c|c} 1 & 0 & 1 & 2 \\ 0 & 1 & 0 & 1 \\ \hline 0 & 0 & 0 & 0 \end{array}\right)$$

後の説明の都合上，最後の行列には仕切り線をあえて余分に入れてある．途中で第 2 列と第 3 列の交換をおこなっているが，これは未知数の交換

$$x_1' = x_1,\ x_2' = x_3,\ x_3' = x_2 \tag{1.88}$$

をおこなったことに対応しており，最終的に得られた連立方程式は

$$\begin{cases} x_1' + x_3' = 2 \\ \qquad\ \ x_2' = 1 \end{cases} \tag{1.89}$$

である (第 3 式は $0 = 0$ であるが，これは省いた)．

一般に，次の定理が成り立つ (上の例 1.7 と比べてみよ)．

定理 1.4 方程式 (1.83) の拡大係数行列 $\tilde{A}$ について，次が成り立つ．

(1) $\tilde{A} = (A \mid \boldsymbol{c})$ に行基本変形および最後の列以外の 2 つの列の交換を繰り返しほどこして，次の形の行列 $\tilde{B} = (B \mid \boldsymbol{d})$ に変形できる：

$$\tilde{B} = \left(\begin{array}{c|c|c} E_s & * & * \\ \hline O & O & * \end{array}\right)$$

$$= \left(\begin{array}{cccc|ccc|c} 1 & 0 & \cdots & 0 & b_{1,s+1} & \cdots & b_{1n} & d_1 \\ 0 & 1 & \cdots & 0 & b_{2,s+1} & \cdots & b_{2n} & d_2 \\ \vdots & \vdots & \ddots & \vdots & \vdots & \ddots & \vdots & \vdots \\ 0 & 0 & \cdots & 1 & b_{s,s+1} & \cdots & b_{sn} & d_s \\ \hline 0 & 0 & \cdots & 0 & 0 & \cdots & 0 & d_{s+1} \\ \vdots & \vdots & \ddots & \vdots & \vdots & \ddots & \vdots & \vdots \\ 0 & 0 & \cdots & 0 & 0 & \cdots & 0 & d_m \end{array}\right) \tag{1.90}$$

ここで A, B は係数行列であり，$\boldsymbol{c}, \boldsymbol{d}$ は定数項ベクトルである．

（2）　s は係数行列 A の階数に等しい：$s = \mathrm{rank}(A)$.

証明の前に　(2) は,「$\tilde{B}$ の形を利用して $\mathrm{rank}(A)$ を計算してみたら s に等しかった」というように発想を転換して証明する．$\tilde{B}$ から最後の列を取り除いた係数行列 B は，A に基本変形を何度かほどこしたものであるが，列変形が十分に使えないのでまだ標準形には至っていない．そこで，制約をゆるめてさらに列変形をほどこして標準形にすれば $\mathrm{rank}(A)$ が求められる．

証明（1）　$A = O$ ならば，すでに求める形 ($s = 0$ の場合) である．$A \neq O$ とすると，A は 0 でない成分を持つので，必要ならば $\tilde{A}$ の行の交換や最後の列以外の列の交換をすることによって，$(1, 1)$ 成分が 0 でないような新しい行列が得られる．さらに $(1, 1)$ 成分を中心として行変形によって第 1 列を掃き出すと，次のような行列 $\tilde{A}_1$ が得られる：

$$\tilde{A}_1 = \left(\begin{array}{c|c|c} 1 & * & * \\ \hline \mathbf{0} & A_1' & * \end{array}\right). \tag{1.91}$$

ここで，仕切り線は第 1 行と第 2 行の間，第 1 列と第 2 列の間，第 n 列と第 $n+1$ 列の間に入っている．$A_1' = O$ ならば求める形 ($s = 1$) である．$A_1' \neq O$ ならば A_1' は 0 でない成分を持つので，必要ならば $\tilde{A}_1$ に第 2 行目以降の行の交換や，第 2 列目以降の列 (最後の列以外) の交換をすることによって，$(2, 2)$ 成分が 0 でないような新しい行列が得られる．さらに $(2, 2)$ 成分を中心として行変形によって第 2 列を掃き出すと，次のような行列 $\tilde{A}_2$ が得られる：

$$\tilde{A}_2 = \left(\begin{array}{cc|c|c} 1 & 0 & \multirow{2}{*}{$*$} & \multirow{2}{*}{$*$} \\ 0 & 1 & & \\ \hline \multicolumn{2}{c|}{O} & A_2' & * \end{array}\right). \tag{1.92}$$

ここで，仕切り線は第 2 行と第 3 行の間，第 2 列と第 3 列の間，第 n 列と第 $n+1$ 列の間に入っている．$A_2' = O$ ならば求める形 ($s = 2$) である．そうでなければ同様の操作を繰り返すことにより，最終的に $\tilde{B}$ に到達する．

（2）　$\tilde{A} = (A \mid \boldsymbol{c})$ から $\tilde{B} = (B \mid \boldsymbol{d})$ にいたる変形において，最後の列は交

換されていない．したがって，最後の列を除いた係数行列の部分に注目すると，A に基本変形が繰り返しほどこされて B に到達している．よって命題 1.13 により，$\mathrm{rank}(A) = \mathrm{rank}(B)$ である．ここでさらに B に対して，列変形により (i, i) 成分を中心として第 i 行を掃き出す操作を $i = 1, 2, \cdots, s$ について順次ほどこせば，B は標準形 $F_{m,n}(s)$ に到達する：

$$B = \left(\begin{array}{cccc|ccc} 1 & 0 & \cdots & 0 & b_{1,s+1} & \cdots & b_{1n} \\ 0 & 1 & \cdots & 0 & b_{2,s+1} & \cdots & b_{2n} \\ \vdots & \vdots & \ddots & \vdots & \vdots & \ddots & \vdots \\ 0 & 0 & \cdots & 1 & b_{s,s+1} & \cdots & b_{sn} \\ \hline 0 & 0 & \cdots & 0 & 0 & \cdots & 0 \\ \vdots & \vdots & \ddots & \vdots & \vdots & \ddots & \vdots \\ 0 & 0 & \cdots & 0 & 0 & \cdots & 0 \end{array}\right)$$

$$\xrightarrow[(i=1,2,\cdots,s)]{\text{第 } i \text{ 行の掃き出し}} F_{m,n}(s) = \left(\begin{array}{cccc|ccc} 1 & 0 & \cdots & 0 & 0 & \cdots & 0 \\ 0 & 1 & \cdots & 0 & 0 & \cdots & 0 \\ \vdots & \vdots & \ddots & \vdots & \vdots & \ddots & \vdots \\ 0 & 0 & \cdots & 1 & 0 & \cdots & 0 \\ \hline 0 & 0 & \cdots & 0 & 0 & \cdots & 0 \\ \vdots & \vdots & \ddots & \vdots & \vdots & \ddots & \vdots \\ 0 & 0 & \cdots & 0 & 0 & \cdots & 0 \end{array}\right).$$

したがって $\mathrm{rank}(A) = \mathrm{rank}(B) = s$ が得られる． □

定理 1.4 (2) において，s が $\mathrm{rank}(\tilde{A})$ と等しいとは主張していない．実際，$s \neq \mathrm{rank}(\tilde{A})$ となることがある．さらに詳しく，次のことがいえる．

命題 1.18 定理 1.4 と同じ状況，同じ記号のもとで

$$\mathrm{rank}(\tilde{A}) = \begin{cases} s \ (= \mathrm{rank}(A)) & (d_{s+1} = \cdots = d_m = 0 \text{ の場合}) \\ s + 1 \ (= \mathrm{rank}(A) + 1) & (\text{それ以外の場合}) \end{cases}$$

が成り立つ．

証明 $\tilde{B}$ にさらに列変形を含めた基本変形をほどこし，標準形にすることによって階数を求める．$\tilde{B}$ に対して，列変形により (i,i) 成分を中心として第 i 行を掃き出す操作を $i=1,2,\cdots,s$ について順次ほどこせば，$\tilde{B}$ は次のような行列に変形される：

$$\left(\begin{array}{cccc|ccc|c} 1 & 0 & \cdots & 0 & 0 & \cdots & 0 & 0 \\ 0 & 1 & \cdots & 0 & 0 & \cdots & 0 & 0 \\ \vdots & \vdots & \ddots & \vdots & \vdots & \ddots & \vdots & \vdots \\ 0 & 0 & \cdots & 1 & 0 & \cdots & 0 & 0 \\ \hline 0 & 0 & \cdots & 0 & 0 & \cdots & 0 & d_{s+1} \\ \vdots & \vdots & \ddots & \vdots & \vdots & \ddots & \vdots & \vdots \\ 0 & 0 & \cdots & 0 & 0 & \cdots & 0 & d_m \end{array}\right) \tag{1.93}$$

$d_{s+1}=\cdots=d_m=0$ ならば，これは標準形 $F_{m,n+1}(s)$ と一致するので，$\mathrm{rank}(\tilde{A})=\mathrm{rank}(\tilde{B})=s$ である．

そこで，$d_{s+1},\cdots,d_m$ の中に 0 でないものがあるとし，それを d_p とする $(s+1\leq p\leq m)$．上の行列 (1.93) に対して変形 $C_{s+1}\leftrightarrow C_{n+1}$ をほどこし，$p>s+1$ ならばさらに $R_{s+1}\leftrightarrow R_p$ をほどこせば，$(s+1,s+1)$ 成分が 0 でないような新たな行列が得られる．そこで $(s+1,s+1)$ 成分を中心としてその行列の第 $s+1$ 列を掃き出せば，標準形 $F_{m,n+1}(s+1)$ に到達する．すなわち $\mathrm{rank}(\tilde{A})=s+1$ である． □

1.7.3 連立 1 次方程式を解く

定理 1.4 の $\tilde{B}$ に対応する連立 1 次方程式は，簡単に解くことができる．

例 1.8 前述の例 1.7 の連立 1 次方程式

$$\begin{cases} x_1+\ \ x_2+\ \ x_3=3 \\ 2x_1+2x_2+3x_3=7 \\ 2x_1+2x_2+5x_3=9 \end{cases}$$

の解を求めてみよう．定理 1.4 の $\tilde{B}$ に対応する連立 1 次方程式は

$$\begin{cases} x_1' + x_3' = 2 \\ \qquad\ \ x_2' = 1 \end{cases}$$

である (第 3 式 $0 = 0$ は省いている). x_3' の値を任意に指定すれば, それに応じて x_1' の値が定まる. たとえば $x_3' = \alpha$(任意定数) とおけば, $x_1' = 2 - \alpha$ となる. ここで, 未知数の変換

$$x_1' = x_1,\ x_2' = x_3,\ x_3' = x_2$$

が行われていたことに注意すれば, この方程式の一般解として

$$\begin{cases} x_1 = 2 - \alpha \\ x_2 = \alpha \\ x_3 = 1 \end{cases}$$

が得られる.

一般に, 定理 1.4 の $\tilde{B} = (B \mid \boldsymbol{d})$ において, $d_{s+1}, \cdots, d_m$ の中に 0 でないものがあるならば, 方程式は解を持たない.

例 1.9 連立 1 次方程式

$$\begin{cases} x_1 \qquad\ + \ \ x_3 = 1 \\ \qquad x_2 + \ \ x_3 = 2 \\ x_1 + x_2 + 2x_3 = a \end{cases} \tag{1.94}$$

を考える (a は定数). 対応する拡大係数行列 $\tilde{A} = \left(\begin{array}{ccc|c} 1 & 0 & 1 & 1 \\ 0 & 1 & 1 & 2 \\ 1 & 1 & 2 & a \end{array}\right)$ に行変形 $R_3 - R_1$, $R_3 - R_2$ をほどこせば定理 1.4 の $\tilde{B}$ が得られる:

$$\tilde{B} = \left(\begin{array}{cc|c|c} 1 & 0 & 1 & 1 \\ 0 & 1 & 1 & 2 \\ \hline 0 & 0 & 0 & a-3 \end{array}\right).$$

したがって，最終的に次の方程式が得られる．

$$\begin{cases} x_1 + x_3 = 1 \\ x_2 + x_3 = 2 \\ \qquad\ \ 0 = a - 3 \end{cases}$$

たとえば $a = 4$ のときは，連立方程式 (1.94) の第 3 式から第 1 式と第 2 式の和を引いて $0 = 1$ という不合理な式が得られたことになる．これは (1.94) の解が存在しないことを意味する．すなわち，解集合は $\emptyset$ (空集合) である．

$a = 3$ の場合は，同様の操作で $0 = 0$ という自明な式が得られる．この場合，第 3 式は第 1 式と第 2 式から導かれるので，方程式は実質的に 2 本の式で十分であったことになる．このときは解が存在する — $x_1 = 1 - \alpha$, $x_2 = 2 - \alpha$, $x_3 = \alpha$ (α は任意定数) が一般解である．

以下，定理 1.4 の $\tilde{B} = (B \mid \boldsymbol{d})$ において，$d_{s+1} = \cdots = d_m = 0$ とする．このとき，最終的に得られた方程式は

$$\begin{cases} x_1 + b_{1,s+1}x_{s+1} + \cdots + b_{1n}x_n = d_1 \\ x_2 + b_{2,s+1}x_{s+1} + \cdots + b_{2n}x_n = d_2 \\ \qquad \cdots \\ x_s + b_{s,s+1}x_{s+1} + \cdots + b_{sn}x_n = d_s \end{cases} \tag{1.95}$$

である．このとき，$x_{s+1}, \cdots, x_n$ の値を任意に指定すればそれに応じて $x_1, \cdots, x_s$ の値が定まる．したがって，この方程式の一般解は

$$\begin{cases} x_1 \quad = d_1 - b_{1,s+1}\alpha_{s+1} - \cdots - b_{1n}\alpha_n \\ x_2 \quad = d_2 - b_{2,s+1}\alpha_{s+1} - \cdots - b_{2n}\alpha_n \\ \qquad\qquad \cdots \\ x_s \quad = d_s - b_{s,s+1}\alpha_{s+1} - \cdots - b_{sn}\alpha_n \\ x_{s+1} = \alpha_{s+1} \\ x_{s+2} = \alpha_{s+2} \\ \qquad\qquad \cdots \\ x_n \quad = \alpha_n \end{cases} \tag{1.96}$$

と書くことができる．ここで，$\alpha_{s+1}, \cdots, \alpha_n$ は任意定数である．

$$\boldsymbol{x}_{s+1} = \begin{pmatrix} -b_{1,s+1} \\ -b_{2,s+1} \\ \vdots \\ -b_{s,s+1} \\ 1 \\ 0 \\ \vdots \\ 0 \end{pmatrix}, \ \boldsymbol{x}_{s+2} = \begin{pmatrix} -b_{1,s+2} \\ -b_{2,s+2} \\ \vdots \\ -b_{s,s+2} \\ 0 \\ 1 \\ \vdots \\ 0 \end{pmatrix}, \cdots, \boldsymbol{x}_n = \begin{pmatrix} -b_{1n} \\ -b_{2n} \\ \vdots \\ -b_{sn} \\ 0 \\ 0 \\ \vdots \\ 1 \end{pmatrix} \tag{1.97}$$

とおけば，(1.96) は

$$\boldsymbol{x} = \boldsymbol{d} + \alpha_{s+1}\boldsymbol{x}_{s+1} + \alpha_{s+2}\boldsymbol{x}_{s+2} + \cdots + \alpha_n \boldsymbol{x}_n \tag{1.98}$$

と書き直すことができる．

こうして連立方程式 (1.80) は解くことができた．もちろん，拡大係数行列の変形の際に列の交換をおこなった場合は，それに応じて未知数の順序も変わっていることに注意しなければならない．

今までの議論と命題 1.18 から得られたことを命題としてまとめておく．

命題 1.19 連立 1 次方程式 (1.80) は，$\mathrm{rank}(\tilde{A}) = \mathrm{rank}(A)$ が成り立つときに限って解を持つ．このとき，一般解は $(n - \mathrm{rank}(A))$ 個の任意定数を含む．

$\mathrm{rank}(\tilde{A}) = \mathrm{rank}(A) = s$ の場合，連立方程式は (形式的には m 本であっても) 本質的に s 本の式から成ると考えられる．そう考えるならば，**未知数の個数から本質的な意味での方程式の本数を引いたものが任意定数の個数である**ということを上の命題は主張している — これは直感的には妥当であろう．

問題 1.15 次の連立 1 次方程式を解け．

$$(1)\quad \begin{cases} 2x_1 + 5x_2 + 4x_3 = 1 \\ \ \ x_1 + 4x_2 + 3x_3 = 0 \\ \ \ x_1 + 3x_2 + 2x_3 = 0 \end{cases}$$

$$(2)\quad \begin{cases} \ \ x_1 + \ \ x_2 + 2x_3 + 3x_4 = 4 \\ 2x_1 + \ \ x_2 + 4x_3 + \ \ x_4 = 4 \\ 2x_1 + 3x_2 + 4x_3 + 2x_4 = 3 \\ \ \ x_1 + 2x_2 + 2x_3 + 4x_4 = 4 \end{cases}$$

答え (1)　$x_1 = 1,\ x_2 = -1,\ x_3 = 1.$

(2)　$x_1 = 2 - 2\alpha,\ x_2 = -1,\ x_3 = \alpha,\ x_4 = 1$ (α は任意定数).

1.7.4　基本変形についての補足 (その 1)

小節 1.7.2 においては，行変形のほかに最後の列以外の列の交換も考えた．もちろん，列の交換 (未知数の順序の変更) をしないで連立 1 次方程式を解くことも可能であり，また，実用的でもある．ここでは一般に，行変形だけでどの程度まで行列を簡単にできるかを考える．

例 1.10 $\begin{pmatrix} 1 & 1 & 2 & 5 \\ 0 & 0 & 1 & 2 \\ 1 & 1 & 3 & 7 \end{pmatrix}$ の (1,1) 成分を中心として第 1 列を掃き出す．

すなわち基本変形 $R_3 - R_1$ をほどこすと $\begin{pmatrix} 1 & 1 & 2 & 5 \\ 0 & 0 & 1 & 2 \\ 0 & 0 & 1 & 2 \end{pmatrix}$ が得られる．この行列の第 2 列の第 2 行以降 ((2,2) 成分と (3,2) 成分) はすべて 0 である．列の交換が許されないので，第 2 列をとばして第 3 列に着目し，(2,3) 成分を中心として第 1 行および第 3 行を掃き出す．すなわち基本変形 $R_1 - 2R_2$, $R_3 - R_2$ をほどこせば $\begin{pmatrix} 1 & 1 & 0 & 1 \\ 0 & 0 & 1 & 2 \\ 0 & 0 & 0 & 0 \end{pmatrix}$ が得られる．

定義 1.10 $A=(a_{ij})$ は (m,n) 型行列であるとする．$0 \leq r \leq \min\{m,n\}$ を満たす整数 r が存在し，さらに $r \geq 1$ の場合は $1 \leq n_1 < n_2 < \cdots < n_r \leq n$ を満たす r 個の整数 $n_1, \cdots, n_r$ が存在し，次の条件をすべて満たすとき，A は**階段行列**とよばれる．

(1)「$1 \leq i \leq r$ かつ $1 \leq j < n_i$」ならば，$a_{ij}=0$ である．

(2) $i \geq r+1$ ならば，$1 \leq j \leq n$ なる任意の j に対して $a_{ij}=0$ である．

(3) $1 \leq t \leq r$ なる t に対し，$a_{tn_t}=1$ である．

(4) $1 \leq t \leq r$ なる t に対し，$i \neq t$ ならば $a_{in_t}=0$ である．

たとえば例 1.10 の最後に現れた行列は，$m=3$, $n=4$, $r=2$, $n_1=1$, $n_2=3$ の場合の階段行列である (定義に照らして確かめよ).

また，$m=5$, $n=8$, $r=3$, $n_1=2$, $n_2=4$, $n_3=6$ の場合は

$$\begin{pmatrix} 0 & 1 & a_{13} & 0 & a_{15} & 0 & a_{17} & a_{18} \\ 0 & 0 & 0 & 1 & a_{25} & 0 & a_{27} & a_{28} \\ 0 & 0 & 0 & 0 & 0 & 1 & a_{37} & a_{38} \\ 0 & 0 & 0 & 0 & 0 & 0 & 0 & 0 \\ 0 & 0 & 0 & 0 & 0 & 0 & 0 & 0 \end{pmatrix}$$

という形をしている (確かめよ)．第 1 行から第 3 行までをみると，左から 0 が並び，そのあとに 1 がある．行が下に進むにつれて 0 のあとの 1 の位置が右にずれている．また，その 1 の上下の成分はすべて 0 になっている．そして第 4 行以下の成分はすべて 0 である．

以上のように階段行列を定義すると，次の定理が成り立つ．

定理 1.5 任意の行列は，行基本変形を繰り返しほどこすことにより，階段行列にすることができる．

定理 1.6 任意の行列は，列基本変形を繰り返しほどこすことにより，階段行列を転置した形の行列にすることができる．

問題 1.16 定理 1.5 および定理 1.6 を証明せよ．

1.8 幾何学的理論へのアプローチ

1.8.1 斉次連立 1 次方程式

ここでは，連立 1 次方程式の中でも特に定数項が 0 であるようなものに注目し，それを幾何学的な理論構築の足がかりとしたい．

A は (m,n) 型行列とする．定数項が 0 であるような連立 1 次方程式

$$A\boldsymbol{x} = \mathbf{0} \tag{1.99}$$

を**斉次連立 1 次方程式**あるいは**同次連立 1 次方程式**とよぶ.「斉次」は「せいじ」と読む.（「斉」は「一斉に」などというときの「斉」であり,「そろっている」という意味である．定数項(0 次の項)のない 1 次式は，次数がすべて 1 に「そろっている」.）

$\boldsymbol{x} = \mathbf{0}$ は必ず (1.99) の解になる．これを**自明な解** とよぶ．

$\mathrm{rank}(A) = r$ とすると，$\tilde{A} = (A \mid \mathbf{0})$ の階数も r であり，定理 1.4 の $\tilde{B}$ は

$$\begin{aligned}
\tilde{B} &= (B \mid \mathbf{0}) \\
&= \left(\begin{array}{c|c|c} E_r & * & \mathbf{0} \\ \hline O & O & \mathbf{0} \end{array}\right) \\
&= \left(\begin{array}{cccc|ccc|c}
1 & 0 & \cdots & 0 & b_{1,r+1} & \cdots & b_{1n} & 0 \\
0 & 1 & \cdots & 0 & b_{2,r+1} & \cdots & b_{2n} & 0 \\
\vdots & \vdots & \ddots & \vdots & \vdots & \ddots & \vdots & \vdots \\
0 & 0 & \cdots & 1 & b_{r,r+1} & \cdots & b_{rn} & 0 \\
\hline
0 & 0 & \cdots & 0 & 0 & \cdots & 0 & 0 \\
\vdots & \vdots & \ddots & \vdots & \vdots & \ddots & \vdots & \vdots \\
0 & 0 & \cdots & 0 & 0 & \cdots & 0 & 0
\end{array}\right)
\end{aligned} \tag{1.100}$$

となる．未知数のとりかえを許せば方程式 (1.99) は

$$B\boldsymbol{x} = \mathbf{0} \tag{1.101}$$

に書き換えられる．方程式 (1.101) の一般解は

$$
\begin{cases}
x_1 &= -b_{1,r+1}\alpha_{r+1} - \cdots - b_{1n}\alpha_n \\
x_2 &= -b_{2,r+1}\alpha_{r+1} - \cdots - b_{2n}\alpha_n \\
 & \quad \cdots \\
x_r &= -b_{r,r+1}\alpha_{r+1} - \cdots - b_{rn}\alpha_n \\
x_{r+1} &= \alpha_{r+1} \\
x_{r+2} &= \alpha_{r+2} \\
 & \quad \cdots \\
x_n &= \alpha_n
\end{cases}
\tag{1.102}
$$

となる．ここで，$\alpha_{r+1}, \cdots, \alpha_n$ は任意定数である．

$$
\boldsymbol{x}_{r+1} = \begin{pmatrix} -b_{1,r+1} \\ -b_{2,r+1} \\ \vdots \\ -b_{r,r+1} \\ 1 \\ 0 \\ \vdots \\ 0 \end{pmatrix}, \ \boldsymbol{x}_{r+2} = \begin{pmatrix} -b_{1,r+2} \\ -b_{2,r+2} \\ \vdots \\ -b_{r,r+2} \\ 0 \\ 1 \\ \vdots \\ 0 \end{pmatrix}, \cdots, \boldsymbol{x}_n = \begin{pmatrix} -b_{1n} \\ -b_{2n} \\ \vdots \\ -b_{rn} \\ 0 \\ 0 \\ \vdots \\ 1 \end{pmatrix}
$$

とおけば，(1.102) は

$$
\boldsymbol{x} = \alpha_{r+1}\boldsymbol{x}_{r+1} + \alpha_{r+2}\boldsymbol{x}_{r+2} + \cdots + \alpha_n\boldsymbol{x}_n \tag{1.103}
$$

と書き直される．ここで $\boldsymbol{x}_{r+1}, \cdots, \boldsymbol{x}_n$ も解である．実際，(1.103) においてたとえば $\alpha_{r+1} = 1$, $\alpha_{r+2} = \cdots = \alpha_n = 0$ とおけば $\boldsymbol{x} = \boldsymbol{x}_{r+1}$ である．

もとの方程式 (1.99) の解については，変形の途中でほどこした未知数の順序の変更を考慮に入れる必要がある．以上より，次のことが示された．

命題 1.20　方程式 (1.99) において，$\mathrm{rank}(A) = r$ とすると，この方程式は $(n-r)$ 個の自明でない解を持ち，一般解はそれらの線形結合となる．

命題 1.20 から次の 2 つの命題が示される — これらは後で使われる．

命題 1.21 方程式 (1.99) において，$n > m$ (すなわち，未知数の数が式の数より多い) と仮定すると，この方程式は必ず自明でない解を持つ．

証明 $\mathrm{rank}(A) = r$ とすると，$r \leq \min\{m, n\} = m < n$ より $n - r \geq 1$ となるので，命題 1.20 より，この方程式は自明でない解を持つ． □

命題 1.22 方程式 (1.99) において，$n = m$ (すなわち A は n 次正方行列) と仮定する．このとき，この方程式が自明でない解を持つための必要十分条件は，A が正則でないことである．

証明 $\mathrm{rank}(A) = r$ とする．命題 1.20 より，方程式 (1.99) が自明でない解を持つための必要十分条件は，$n - r > 0$，すなわち $r < n$ であることであるが，命題 1.14 より，それは A が正則でないことと同値である． □

さて，命題 1.20 にあらわれた $n - r$ という数の意味を考えるために，方程式の解集合を「図形」としてとらえてみる．

例 1.11 斉次連立 1 次方程式

$$\begin{cases} x_1 \phantom{{}+x_2} + x_3 = 0 \\ \phantom{x_1+{}} x_2 + x_3 = 0 \\ x_1 + x_2 + 2x_3 = 0 \end{cases}$$

を考えると，$r = 2$ より，$n - r = 1$ となる．実数解全体の集合を W とおくと

$$W = \left\{ t \begin{pmatrix} -1 \\ -1 \\ 1 \end{pmatrix} \,\middle|\, t \in \boldsymbol{R} \right\}$$

である．これは**原点を通る直線**を表すと考えられる．

例 1.12 方程式 $x_1 + x_2 + x_3 = 0$ を考えると $n - r = 3 - 1 = 2$ である．この方程式の実数解全体は**原点を通る平面**とみることができる．

ここで，少し先回りして次の命題を述べておく．ここにはまだ定義されていない言葉が使われているが，その説明は後に回す．

命題 1.23　$A \in M(m, n; \boldsymbol{C})$ とし，$\mathrm{rank}(A) = r$ とする．

(1)　斉次連立 1 次方程式 $A\boldsymbol{x} = \boldsymbol{0}$ の複素数解全体の集合

$$W = \{\boldsymbol{x} \in \boldsymbol{C}^n \mid A\boldsymbol{x} = \boldsymbol{0}\}$$

は $\boldsymbol{C}^n$ の $(n-r)$ 次元線形部分空間である．

(2)　$A \in M(m, n; \boldsymbol{R})$ のとき，$A\boldsymbol{x} = \boldsymbol{0}$ の実数解全体の集合

$$W' = \{\boldsymbol{x} \in \boldsymbol{R}^n \mid A\boldsymbol{x} = \boldsymbol{0}\}$$

は $\boldsymbol{R}^n$ の $(n-r)$ 次元線形部分空間である．

1.8.2　線形部分空間

幾何学的な考察をする場合，ベクトルは，空間内の点と同一視することができる．ベクトルが与えられたとき，原点を始点としてそのベクトルを描いたときの終点を考えれば，空間内の点が対応するからである．以下，特にことわらなければ，そのような見方をする．したがって，今後我々はベクトルのなす集合を図形に見立てて考察することになる．

以後，K と書いたら，実数全体の集合 $\boldsymbol{R}$ または複素数全体の集合 $\boldsymbol{C}$ を表すことにする．$K = \boldsymbol{R}$ であっても $K = \boldsymbol{C}$ であっても同様の議論ができることが多いので，そういう場合は K という記号で一括して話を進めていく．

K の元を成分とする n 次元ベクトル全体の集合を K^n と書く：

$$K^n = \left\{ \boldsymbol{x} = \begin{pmatrix} x_1 \\ x_2 \\ \vdots \\ x_n \end{pmatrix} \;\middle|\; x_1, x_2, \cdots, x_n \in K \right\}.$$

定義 1.11　K^n の空集合でない部分集合 W が次の 2 つの条件を満たすとき，W は K^n の**線形部分空間**であるという．

(1) $\boldsymbol{x}, \boldsymbol{y} \in W$ ならば，$\boldsymbol{x}+\boldsymbol{y} \in W$ である．
(2) $c \in K, \boldsymbol{x} \in W$ ならば $c\boldsymbol{x} \in W$ である．

K^n 自身や，$\mathbf{0}$ だけからなる集合 $\{\mathbf{0}\}$ は K^n の線形部分空間である．

命題 1.24 $A \in M(m, n; K)$ とするとき，$W = \{\, \boldsymbol{x} \in K^n \mid A\boldsymbol{x} = \mathbf{0} \,\}$ は K^n の線形部分空間である．

証明 定義 1.11 の条件 (1) および (2) が成り立つことを確かめる．

(1) $\boldsymbol{x}, \boldsymbol{y} \in W$ とするとき，$A\boldsymbol{x} = \mathbf{0}$ および $A\boldsymbol{y} = \mathbf{0}$ が成り立つ．このとき，$A(\boldsymbol{x}+\boldsymbol{y}) = A\boldsymbol{x} + A\boldsymbol{y} = \mathbf{0}+\mathbf{0} = \mathbf{0}$ が得られ，$\boldsymbol{x}+\boldsymbol{y} \in W$ が示される．

(2) $c \in K, \boldsymbol{x} \in W$ ならば $A(c\boldsymbol{x}) = cA\boldsymbol{x} = c \cdot \mathbf{0} = \mathbf{0}$ より $c\boldsymbol{x} \in W$ である．

したがって W は K^n の線形部分空間である． □

命題 1.24 より，斉次連立 1 次方程式の解集合は K^n の線形部分空間であるので，解集合のことを**解空間**ともよぶ．「空間」とは，「何らかの幾何学的構造を持つ集合」であると理解しておけば，さしあたり十分である．

K^n の線形部分空間でない集合の例もあげておく．

$C = \left\{ \begin{pmatrix} x_1 \\ x_2 \end{pmatrix} \in K^2 \;\middle|\; x_2 = x_1^2 \right\}$ は K^2 の線形部分空間ではない．実際，$\boldsymbol{a} = \begin{pmatrix} 1 \\ 1 \end{pmatrix} \in C$ であるが，$2\boldsymbol{a} = \begin{pmatrix} 2 \\ 2 \end{pmatrix} \notin C$ である．直感的にいえば，曲がっている図形は K^n の線形部分空間ではない．

また，$\ell = \left\{ \begin{pmatrix} x_1 \\ x_2 \end{pmatrix} \in K^2 \;\middle|\; x_1 + 2x_2 = 4 \right\}$ は K^2 の線形部分空間ではない．一般に，次の命題により，原点を通らない図形 ($\mathbf{0}$ を含まないような K^n の部分集合) は K^n の線形部分空間ではない．

命題 1.25 K^n の線形部分空間 W は零ベクトル $\mathbf{0}$ を含む．

証明 定義 1.11 の (2) を $c = 0$ に対して適用する．W は空集合ではないので，ある $\boldsymbol{x} \in W$ を選べば，(2) より $0 \cdot \boldsymbol{x} = \boldsymbol{0} \in W$ となる． □

感覚的にいえば，K^n の線形部分空間は**原点を通るまっすぐな図形**である．

1.8.3 「次元」の定義に向けて

K^n の線形部分空間の**次元**とは何であろうか？ 我々がすでに持っている漠然としたイメージにしたがえば，例 1.11 にあらわれた原点を通る直線は 1 次元，例 1.12 の平面は 2 次元であると考えられる．例 1.11 の解集合は 1 個の任意定数を持ち，例 1.12 の解集合は 2 個の任意定数を持つ．素朴に考えれば，次元は任意定数 (媒介変数) の個数であると考えてもよいかもしれない．しかし，ここはもう少し慎重に考える必要がある．

定義 1.12 W は K^n の線形部分空間とし，$\boldsymbol{a}_1, \boldsymbol{a}_2, \cdots, \boldsymbol{a}_k \in W$ とする．W の任意の元 $\boldsymbol{x}$ が $\boldsymbol{a}_1, \boldsymbol{a}_2, \cdots, \boldsymbol{a}_k$ の線形結合として表されるとき，すなわち，任意の $\boldsymbol{x} \in W$ に対してある $c_1, c_2, \cdots, c_k \in K$ が存在して

$$\boldsymbol{x} = c_1\boldsymbol{a}_1 + c_2\boldsymbol{a}_2 + \cdots + c_k\boldsymbol{a}_k$$

と表されるとき，W は $\boldsymbol{a}_1, \boldsymbol{a}_2, \cdots, \boldsymbol{a}_k$ で**生成される (張られる)** という．あるいは，$\boldsymbol{a}_1, \boldsymbol{a}_2, \cdots, \boldsymbol{a}_k$ が W を**生成する (張る)** という．

前述の命題 1.20 は，次のようにいい換えられる．

命題 1.26 斉次連立 1 次方程式 (1.99) において，$\mathrm{rank}(A) = r$ とすると，この方程式の解空間は $(n-r)$ 個の元で張られた K^n の線形部分空間である．

k 個の元で張られた K^n の線形部分空間 W が k 次元であると考えるのは早計である．次の例を考えてみよう．

例 1.13 $W = K^2$ とする．$\boldsymbol{a}_1 = \begin{pmatrix} 1 \\ 0 \end{pmatrix}, \boldsymbol{a}_2 = \begin{pmatrix} 0 \\ 1 \end{pmatrix}, \boldsymbol{a}_3 = \begin{pmatrix} 1 \\ 1 \end{pmatrix}$ は W を張る．しかし $\boldsymbol{a}_1, \boldsymbol{a}_2$ がすでに W を張る．この場合，$\boldsymbol{a}_3 \, (= \boldsymbol{a}_1 + \boldsymbol{a}_2)$ は $\boldsymbol{a}_1$ と $\boldsymbol{a}_2$ の線形結合であるので，ある意味で「余分」である．

定義 1.13 $\boldsymbol{a}_1, \boldsymbol{a}_2, \cdots, \boldsymbol{a}_k \in K^n$ とする．

(1) $\boldsymbol{a}_1, \boldsymbol{a}_2, \cdots, \boldsymbol{a}_k$ が**線形独立** (**1 次独立**) であるとは，次の条件が成立することである：

「$c_1, c_2, \cdots, c_k \in K$ が $c_1\boldsymbol{a}_1 + c_2\boldsymbol{a}_2 + \cdots + c_k\boldsymbol{a}_k = \boldsymbol{0}$ を満たすならば $c_1 = c_2 = \cdots = c_k = 0$ が成り立つ.」

(2) $\boldsymbol{a}_1, \boldsymbol{a}_2, \cdots, \boldsymbol{a}_k$ が線形独立でないとき，**線形従属** (**1 次従属**) であるという．すなわち，$\boldsymbol{a}_1, \boldsymbol{a}_2, \cdots, \boldsymbol{a}_k$ が線形従属であるとは，次の 2 つの条件 (a)，(b) を同時に満たすような K の元 $c_1, c_2, \cdots, c_k$ が存在することである：

(a) $c_1, c_2, \cdots, c_k$ のうち少なくとも 1 つは 0 でない.

(b) $c_1\boldsymbol{a}_1 + c_2\boldsymbol{a}_2 + \cdots + c_k\boldsymbol{a}_k = \boldsymbol{0}$ が成り立つ.

例 1.14 例 1.13 における 3 個のベクトル $\boldsymbol{a}_1, \boldsymbol{a}_2, \boldsymbol{a}_3$ は線形従属である．実際，$1 \cdot \boldsymbol{a}_1 + 1 \cdot \boldsymbol{a}_2 + (-1) \cdot \boldsymbol{a}_3 = \boldsymbol{0}$ が成り立つ.

例 1.15

$$\boldsymbol{x}_{r+1} = \begin{pmatrix} -b_{1,r+1} \\ -b_{2,r+1} \\ \vdots \\ -b_{r,r+1} \\ 1 \\ 0 \\ \vdots \\ 0 \end{pmatrix}, \ \boldsymbol{x}_{r+2} = \begin{pmatrix} -b_{1,r+2} \\ -b_{2,r+2} \\ \vdots \\ -b_{r,r+2} \\ 0 \\ 1 \\ \vdots \\ 0 \end{pmatrix}, \cdots, \boldsymbol{x}_n = \begin{pmatrix} -b_{1n} \\ -b_{2n} \\ \vdots \\ -b_{rn} \\ 0 \\ 0 \\ \vdots \\ 1 \end{pmatrix}$$

は斉次連立 1 次方程式 (1.101) の解であるが，これらは線形独立である．実際，$c_{r+1}, c_{r+2}, \cdots, c_n \in K$ が $c_{r+1}\boldsymbol{x}_{r+1} + c_{r+2}\boldsymbol{x}_{r+2} + \cdots + c_n\boldsymbol{x}_n = \boldsymbol{0}$ を満たすと仮定すると，両辺の第 $(r+1)$ 成分を比較すれば $c_{r+1} = 0$ が得られる．同様に第 $(r+2)$ 成分から第 n 成分までを比較すれば $c_{r+2} = \cdots = c_n = 0$ が得られる．これは $\boldsymbol{x}_{r+1}, \boldsymbol{x}_2, \cdots, \boldsymbol{x}_n$ が線形独立であることを意味する.

以上のことをふまえると，前述の命題 1.20 は次のように精密化できる.

命題 1.27 斉次連立 1 次方程式 (1.99) において，$\mathrm{rank}(A) = r$ とすると，この方程式の解空間は $(n-r)$ 個の線形独立な元で張られた K^n の線形部分空間である．

線形独立なベクトルの例として重要なものをあげておく．

例 1.16 n 次元単位ベクトル

$$\boldsymbol{e}_1 = \begin{pmatrix} 1 \\ 0 \\ \vdots \\ 0 \end{pmatrix}, \boldsymbol{e}_2 = \begin{pmatrix} 0 \\ 1 \\ \vdots \\ 0 \end{pmatrix}, \cdots, \boldsymbol{e}_n = \begin{pmatrix} 0 \\ 0 \\ \vdots \\ 1 \end{pmatrix}$$

は線形独立である．(証明は例 1.15 と同様であるので，読者の演習問題とする．)

問題 1.17 次のベクトルは線形独立か，それとも線形従属か．

(1) $\boldsymbol{a}_1 = \begin{pmatrix} 2 \\ 1 \end{pmatrix}, \boldsymbol{a}_2 = \begin{pmatrix} -1 \\ 2 \end{pmatrix}.$

(2) $\boldsymbol{a}_1 = \begin{pmatrix} 1 \\ 2 \\ -1 \end{pmatrix}, \boldsymbol{a}_2 = \begin{pmatrix} 1 \\ 1 \\ 0 \end{pmatrix}, \boldsymbol{a}_3 = \begin{pmatrix} 1 \\ 4 \\ -3 \end{pmatrix}.$

答え (1) 線形独立．(2) 線形従属．

次の命題は，線形独立性や線形従属性の意味を理解する助けとなるであろう．

命題 1.28 $\boldsymbol{a}_1, \boldsymbol{a}_2, \cdots, \boldsymbol{a}_k \in K^n$ について，次の 2 つの条件は同値である．

(1) $\boldsymbol{a}_1, \boldsymbol{a}_2, \cdots, \boldsymbol{a}_k$ は線形従属である．

(2) ある 1 つのベクトル $\boldsymbol{a}_i$ $(1 \leq i \leq k)$ が残りの $k-1$ 個のベクトルの線形結合として表される．すなわち，K の元 $\alpha_1, \cdots, \alpha_{i-1}, \alpha_{i+1}, \cdots, \alpha_k$ が存在して $\boldsymbol{a}_i = \alpha_1\boldsymbol{a}_1 + \cdots + \alpha_{i-1}\boldsymbol{a}_{i-1} + \alpha_{i+1}\boldsymbol{a}_{i+1} + \cdots + \alpha_k\boldsymbol{a}_k$ が成り立つ．

証明 (1) が成り立つとする．すなわち $\boldsymbol{a}_1, \boldsymbol{a}_2, \cdots, \boldsymbol{a}_k$ が線形従属であるすると，少なくとも 1 つは 0 でないような K の元 $c_1, c_2, \cdots, c_k$ が存在して $c_1\boldsymbol{a}_1 + c_2\boldsymbol{a}_2 + \cdots + c_k\boldsymbol{a}_k = \boldsymbol{0}$ が成り立つ．たとえば $c_i \neq 0$ ならば

$$\boldsymbol{a}_i = \left(-\frac{c_1}{c_i}\right)\boldsymbol{a}_1 + \cdots + \left(-\frac{c_{i-1}}{c_i}\right)\boldsymbol{a}_{i-1} + \left(-\frac{c_{i+1}}{c_i}\right)\boldsymbol{a}_{i+1} + \cdots + \left(-\frac{c_k}{c_i}\right)\boldsymbol{a}_k$$

が成り立ち，$\boldsymbol{a}_i$ が残りの $k-1$ 個のベクトルの線形結合となる．

逆に (2) を仮定して (1) を示す．

$$\boldsymbol{a}_i = \alpha_1\boldsymbol{a}_1 + \cdots + \alpha_{i-1}\boldsymbol{a}_{i-1} + \alpha_{i+1}\boldsymbol{a}_{i+1} + \cdots + \alpha_k\boldsymbol{a}_k$$

とすれば

$$\alpha_1\boldsymbol{a}_1 + \cdots + \alpha_{i-1}\boldsymbol{a}_{i-1} + (-1)\cdot\boldsymbol{a}_i + \alpha_{i+1}\boldsymbol{a}_{i+1} + \cdots + \alpha_k\boldsymbol{a}_k = \boldsymbol{0}$$

が得られ，$\boldsymbol{a}_1, \boldsymbol{a}_2, \cdots, \boldsymbol{a}_k$ が線形従属であることが示される． □

命題 1.28 によれば，いくつかのベクトルについて，どのベクトルも他のベクトルの線形結合として表せないときに，それらは線形独立である．

例 1.17 $\boldsymbol{a}_1 = \begin{pmatrix} 1 \\ 0 \\ 0 \end{pmatrix}, \boldsymbol{a}_2 = \begin{pmatrix} 0 \\ 1 \\ 0 \end{pmatrix}, \boldsymbol{a}_3 = \begin{pmatrix} a \\ b \\ c \end{pmatrix} \in \boldsymbol{R}^3$ とする．$\boldsymbol{a}_3$ が $\boldsymbol{a}_1$ と $\boldsymbol{a}_2$ の線形結合として表されるための必要十分条件は，$c = 0$ が成り立つことである．$\boldsymbol{a}_1$ と $\boldsymbol{a}_2$ を含むような平面 (すなわち x_1x_2 平面) 上に $\boldsymbol{a}_3$ があるときには $\boldsymbol{a}_1, \boldsymbol{a}_2, \boldsymbol{a}_3$ は線形従属であり，そうでないときは線形独立である．

さて，K^n の線形部分空間 W が $\boldsymbol{a}_1, \boldsymbol{a}_2, \cdots, \boldsymbol{a}_k$ で張られているとする．もし $\boldsymbol{a}_1, \boldsymbol{a}_2, \cdots, \boldsymbol{a}_k$ が線形従属ならば，命題 1.28 により，あるベクトル $\boldsymbol{a}_i$ が他の $k-1$ 個のベクトルの線形結合であるので，W は $\boldsymbol{a}_i$ を除いた $k-1$ 個のベクトルですでに張られている (例 1.13 参照)．

定義 1.14 K^n の線形部分空間 W の元の組 $\langle \boldsymbol{a}_1, \boldsymbol{a}_2, \cdots, \boldsymbol{a}_k \rangle$ が次の 2 つの条件 (1), (2) を満たすとき，$\langle \boldsymbol{a}_1, \boldsymbol{a}_2, \cdots, \boldsymbol{a}_k \rangle$ は W の**基底**であるという．

(1) $\boldsymbol{a}_1, \boldsymbol{a}_2, \cdots, \boldsymbol{a}_k$ は線形独立である.

(2) $\boldsymbol{a}_1, \boldsymbol{a}_2, \cdots, \boldsymbol{a}_k$ は W を張る.

すると，前述の命題 1.27 は，さらに次のようにいい換えられる.

命題 1.29 斉次連立 1 次方程式 (1.99) において，$\mathrm{rank}(A) = r$ とすると，この方程式の解空間は $(n-r)$ 個の元からなる基底を持つ.

K^n の基底の例として重要なものをあげておく.

例 1.18 $\boldsymbol{e}_1, \boldsymbol{e}_2, \cdots, \boldsymbol{e}_n$ を n 次元単位ベクトルとするとき，$\langle \boldsymbol{e}_1, \boldsymbol{e}_2, \cdots, \boldsymbol{e}_n \rangle$ は K^n の基底である．実際，$\boldsymbol{e}_1, \boldsymbol{e}_2, \cdots, \boldsymbol{e}_n$ は線形独立であり (例 1.16)，命題 1.1 より $\boldsymbol{e}_1, \boldsymbol{e}_2, \cdots, \boldsymbol{e}_n$ は K^n を張る．この基底は**自然基底**とよばれる.

以上のことより，**K^n の線形部分空間 W が k 個の元からなる基底を持つならば，W は k 次元である**と定義したい — しかし，そこにはまだ微妙な問題が残っている．そのことは後に (より一般的な状況で) 論ずる.

1.8.4 行列と線形写像

行列はベクトルに作用する．ベクトルを空間内の点としてとらえる見方にしたがえば，行列はベクトルの集合 (空間) に作用することになる．この作用を定式化するための準備として，まず，**写像**という概念について述べる.

2 つの集合 X，Y があり，X の各元 x に Y の元 y が 1 つ対応しているとき，この対応を X から Y への**写像**という．写像を表す記号は，f, g, T, σ のように，アルファベット小文字・大文字，あるいはギリシャ文字などを用いる．f が集合 X から Y への写像であることを

$$f : X \to Y$$

と表す．また，写像 $f : X \to Y$ によって集合 X の元 x に対応する Y の元を **f による x の像**とよび，$f(x)$ と表す．$y = f(x)$ であることを

$$f : x \mapsto y \quad \text{あるいは単に} \quad x \mapsto y$$

と表し，**f によって x は y にうつされる**ということもある．ここで，2 通りの

矢印が使われていることに注意を要する．集合から集合への矢印は “$\to$”，元から元への矢印は “$\mapsto$” を使う．

集合 Y が数の集合 ($\boldsymbol{R}$ や $\boldsymbol{C}$ など) であるとき，X から Y への写像は，**関数**とよばれる．したがって，写像は関数の一般化と考えることができる．

集合 X から集合 Y への 2 つの写像 f, g が等しいとは，X の任意の元 x に対して $f(x) = g(x)$ が成り立つことである．

例 1.19 $X = \{1, 2, 3\}, Y = \{4, 5, 6\}$ とするとき，例えば $f(1) = 5, f(2) = 5, f(3) = 4$ と定めれば写像 $f : X \to Y$ が定まる． X から Y への写像は，この f を含めて，全部で $27\,(= 3^3)$ 通り考えられる．

さて，行列がベクトルに作用して新たなベクトルを生み出す様子を「写像」という言葉を用いて表現してみよう．$A \in M(m, n; K)$ とする．K^n の元 (すなわち n 次元ベクトル) $\boldsymbol{x}$ に対して K^m の元 (すなわち m 次元ベクトル) $A\boldsymbol{x}$ を対応させる写像を T_A という記号で表すことにする．

$$T_A : K^n \to K^m \tag{1.104}$$

は

$$T_A(\boldsymbol{x}) = A\boldsymbol{x} \qquad (\boldsymbol{x} \in K^n) \tag{1.105}$$

によって定まることになる．行列 A をかけるという作用に対応する写像が T_A である．今後，この T_A を，**行列 A の定める写像**とよぶことにする．

すると，小節 1.3.2 の命題 1.2 は次のようにいい換えられる．

命題 1.30 2 つの行列 $A, B \in M(m, n; K)$ の定める写像 T_A と T_B が等しいならば，$A = B$ である．

また，問題 1.2 は次のようにいい換えられる．

命題 1.31 写像 $T_A : K^n \to K^m$ は次の 2 つの性質 (1)，(2) を満たす：

(1) 任意の $\boldsymbol{x}, \boldsymbol{y} \in K^n$ に対して $T_A(\boldsymbol{x}+\boldsymbol{y}) = T_A(\boldsymbol{x})+T_A(\boldsymbol{y})$ が成り立つ．

(2) 任意の $c \in K$ および任意の $\boldsymbol{x} \in K^n$ に対して $T_A(c\boldsymbol{x}) = cT_A(\boldsymbol{x})$ が成り立つ．

一般に，命題 1.31 の性質を持つ写像を**線形写像**とよぶことにする．

定義 1.15 写像 $T : K^n \to K^m$ が次の 2 つの性質 (1)，(2) を満たすとき，T は K 上の**線形写像**であるという：

(1) 任意の $\boldsymbol{x}, \boldsymbol{y} \in K^n$ に対して $T(\boldsymbol{x}+\boldsymbol{y}) = T(\boldsymbol{x}) + T(\boldsymbol{y})$ が成り立つ．

(2) 任意の $c \in K$ および任意の $\boldsymbol{x} \in K^n$ に対して $T(c\boldsymbol{x}) = cT(\boldsymbol{x})$ が成り立つ．

行列 $A \in M(m,n;K)$ の定める写像 T_A は K 上の線形写像である．

$\boldsymbol{R}$ 上の線形写像を特に**実線形写像**とよび，$\boldsymbol{C}$ 上の線形写像を特に**複素線形写像**とよぶ．誤解のおそれのないときは単に**線形写像**とよぶ．

問題 1.18 次の写像が線形写像であるかどうかを判定せよ．

$$
\begin{array}{cccc}
T_1: & \boldsymbol{C}^2 & \to & \boldsymbol{C}^2 \\
 & \cup\!\!\!\shortmid & & \cup\!\!\!\shortmid \\
 & \begin{pmatrix} x_1 \\ x_2 \end{pmatrix} & \mapsto & \begin{pmatrix} x_1^2 - x_2 \\ 2x_1 + x_2 \end{pmatrix}
\end{array}
$$

$$
\begin{array}{cccc}
T_2: & \boldsymbol{R}^2 & \to & \boldsymbol{R}^3 \\
 & \cup\!\!\!\shortmid & & \cup\!\!\!\shortmid \\
 & \begin{pmatrix} x_1 \\ x_2 \end{pmatrix} & \mapsto & \begin{pmatrix} x_1 - x_2 + 1 \\ 2x_1 + 3x_2 - 2 \\ x_1 + x_2 \end{pmatrix}
\end{array}
$$

$$
\begin{array}{cccc}
T_3: & \boldsymbol{R}^2 & \to & \boldsymbol{R}^3 \\
 & \cup\!\!\!\shortmid & & \cup\!\!\!\shortmid \\
 & \begin{pmatrix} x_1 \\ x_2 \end{pmatrix} & \mapsto & \begin{pmatrix} x_1 - x_2 \\ 2x_1 + 3x_2 \\ x_1 + x_2 \end{pmatrix}
\end{array}
$$

答えと注釈 T_1, T_2 は線形写像ではない．T_3 は線形写像である．記号 $\cup\!\!\!\shortmid$ は，下の元が上の集合に属することを示す．

図 1.1 は線形写像のイメージ図である．単位ベクトル $\boldsymbol{e}_1$, $\boldsymbol{e}_2$ は写像 T によってそれぞれ $T(\boldsymbol{e}_1), T(\boldsymbol{e}_2)$ にうつされる．このとき，T が線形写像であるならば，$\boldsymbol{e}_1+\boldsymbol{e}_2$ は $T(\boldsymbol{e}_1+\boldsymbol{e}_2)=T(\boldsymbol{e}_1)+T(\boldsymbol{e}_2)$ にうつされる．よって，$\boldsymbol{e}_1$ と $\boldsymbol{e}_2$ の作る正方形は，$T(\boldsymbol{e}_1)$ と $T(\boldsymbol{e}_2)$ の作る平行四辺形にうつされる．

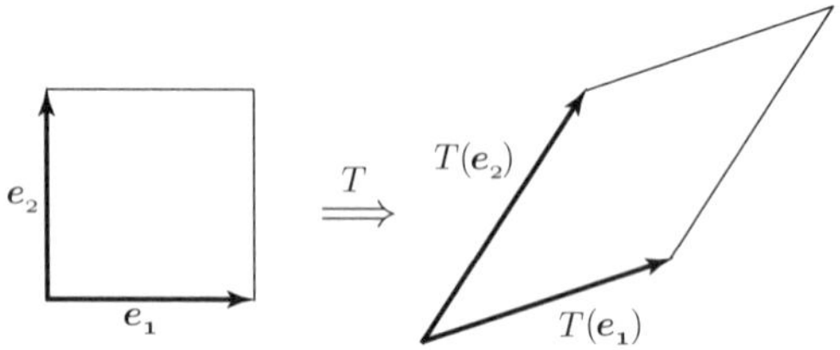

図 1.1　線形写像のイメージ

次の命題の証明は読者の演習問題とする．

命題 1.32　K 上の線形写像 $T : K^n \to K^m$ について次が成り立つ．

（1）$T(\boldsymbol{0})=\boldsymbol{0}$.

（2）$c_1, c_2, \cdots, c_k \in K$ および $\boldsymbol{a}_1, \boldsymbol{a}_2, \cdots, \boldsymbol{a}_k \in K^n$ に対して

$$T\left(\sum_{i=1}^{k} c_i \boldsymbol{a}_i\right)=\sum_{i=1}^{k} c_i T(\boldsymbol{a}_i).$$

実は K^n から K^m への線形写像はすべて行列によって定まる．

定理 1.7　K^n から K^m への任意の線形写像 T は，ある行列によって定まる．すなわち，ある $A \in M(m,n;K)$ が存在して，$T=T_A$ が成り立つ．

証明の前に　$T=T_A$ となる A **を発見する** — そのために，**もしそのような行列があるならば，それは何か**と考える．これを**発見的方法**とよぶ．鍵は命題 1.6 にある：$A\boldsymbol{e}_j$ $(j=1,2,\cdots,n)$ が分かれば A が分かる．

証明　n 次元単位ベクトル $\boldsymbol{e}_1, \boldsymbol{e}_2, \cdots, \boldsymbol{e}_n$ に対して

$$\boldsymbol{a}_j = T(\boldsymbol{e}_j)\ \ (\in K^m) \qquad (j=1,2,\cdots,n) \tag{1.106}$$

とおき，それらを並べた (m,n) 型行列を A とおく：

$$A = (\boldsymbol{a}_1\ \boldsymbol{a}_2\ \cdots\ \boldsymbol{a}_n).$$

このとき，命題 1.6 により，$A\boldsymbol{e}_j$ は A の第 j 列 $\boldsymbol{a}_j$ と一致する：

$$A\boldsymbol{e}_j = \boldsymbol{a}_j \quad (j = 1, 2, \cdots, n). \tag{1.107}$$

この A に対して $T = T_A$ であることを示す．そのために，$\boldsymbol{x} = (x_i) \in K^n$ を任意にとり，$T(\boldsymbol{x}) = T_A(\boldsymbol{x})$ が成り立つことを示す．

今，$\boldsymbol{x} = \sum_{j=1}^{n} x_j \boldsymbol{e}_j$ であることに注意し，命題 1.32 を用いれば

$$T(\boldsymbol{x}) = T(\sum_{j=1}^{n} x_j \boldsymbol{e}_j) = \sum_{j=1}^{n} x_j T(\boldsymbol{e}_j) \tag{1.108}$$

が得られる．(1.106), (1.107) および T_A の定義より

$$T(\boldsymbol{e}_j) = \boldsymbol{a}_j = A\boldsymbol{e}_j = T_A(\boldsymbol{e}_j)$$

であることに注意し，線形写像 T_A に対して再び命題 1.32 を用いれば

$$\sum_{j=1}^{n} x_j T(\boldsymbol{e}_j) = \sum_{j=1}^{n} x_j T_A(\boldsymbol{e}_j) = T_A(\sum_{j=1}^{n} x_j \boldsymbol{e}_j) = T_A(\boldsymbol{x}) \tag{1.109}$$

が成り立つ．(1.108) と (1.109) をあわせれば $T = T_A$ が示される． □

線形写像については，のちに，より一般的な状況で考察する．

1.9 ベクトルの内積

1.9.1 内積の定義と性質

まず，複素数について少し述べる．$z = x + y\sqrt{-1}$ $(x, y \in \boldsymbol{R})$ に対して，x を z の**実部** (real part) といい，$\mathrm{Re}\, z$ あるいは $\mathrm{Re}(z)$ と表す．y を z の**虚部** (imaginary part) といい，$\mathrm{Im}\, z$ あるいは $\mathrm{Im}(z)$ と表す．また，$\sqrt{x^2 + y^2}$ を z の**絶対値**とよび，$|z|$ と表す．次の命題の証明は読者の演習問題とする．

命題 1.33　複素数 $z = x + y\sqrt{-1}$ について，次のことが成り立つ．

（1）$|z|$ は 0 以上の実数である．また，$|z| = 0$ であることと $z = 0$ であることは同値である．

（2）$|z|^2 = z\bar{z}$.

（3）$\mathrm{Re}(z) = \dfrac{1}{2}(z + \bar{z})$,　$\mathrm{Im}(z) = \dfrac{1}{2\sqrt{-1}}(z - \bar{z})$.

（4）$\mathrm{Re}(z) \leq |z|$ が成り立つ．ここで等号が成立するための必要十分条件は，z が 0 以上の実数であることである．

これからベクトルの内積について論ずる．

定義 1.16　K の元を成分とする n 次元ベクトル $\boldsymbol{a} = (a_i), \boldsymbol{b} = (b_i) \in K^n$ に対して K の元 $(\boldsymbol{a}, \boldsymbol{b})$ を

$$(\boldsymbol{a}, \boldsymbol{b}) = \sum_{i=1}^{n} a_i \bar{b}_i = a_1 \bar{b}_1 + a_2 \bar{b}_2 + \cdots + a_n \bar{b}_n \tag{1.110}$$

と定め，これを $\boldsymbol{a}$ と $\boldsymbol{b}$ の**内積**とよぶ．

実数 α に対しては $\bar{\alpha} = \alpha$ であるので，$K = \boldsymbol{R}$ の場合，式 (1.110) は

$$(\boldsymbol{a}, \boldsymbol{b}) = \sum_{i=1}^{n} a_i b_i = a_1 b_1 + a_2 b_2 + \cdots + a_n b_n \tag{1.111}$$

となる．また，複素ベクトルの内積は，実ベクトルの内積と区別するために，**エルミート内積**ともよばれる．

内積の持つ性質を命題としてまとめておく．

命題 1.34 (内積の基本的性質)　$\boldsymbol{a}$, $\boldsymbol{a}'$, $\boldsymbol{b}$, $\boldsymbol{b}' \in K^n$ および $c \in K$ に対して次が成り立つ．

（1）$(\boldsymbol{a} + \boldsymbol{a}', \boldsymbol{b}) = (\boldsymbol{a}, \boldsymbol{b}) + (\boldsymbol{a}', \boldsymbol{b})$.

（2）$(c\boldsymbol{a}, \boldsymbol{b}) = c(\boldsymbol{a}, \boldsymbol{b})$.

（3）$(\boldsymbol{a}, \boldsymbol{b} + \boldsymbol{b}') = (\boldsymbol{a}, \boldsymbol{b}) + (\boldsymbol{a}, \boldsymbol{b}')$.

（4）$(\boldsymbol{a}, c\boldsymbol{b}) = \bar{c}(\boldsymbol{a}, \boldsymbol{b})$.

（5）$(\boldsymbol{b}, \boldsymbol{a}) = \overline{(\boldsymbol{a}, \boldsymbol{b})}$.

(6) $(\boldsymbol{a},\boldsymbol{a})$ は 0 以上の実数である．さらに，$(\boldsymbol{a},\boldsymbol{a})=0$ であることと，$\boldsymbol{a}=\boldsymbol{0}$ であることは同値である．

証明 (6) のみ証明し，残りは読者の演習問題とする．命題 1.33 (2) より，$\boldsymbol{a}=(a_i)$ とすれば $(\boldsymbol{a},\boldsymbol{a})=\sum_{i=1}^{n} a_i\bar{a}_i=\sum_{i=1}^{n}|a_i|^2$ となる．よって，命題 1.33 (1) より $(\boldsymbol{a},\boldsymbol{a})$ は 0 以上の実数である．また，$(\boldsymbol{a},\boldsymbol{a})=0$ であることは，任意の $i=1,\cdots,n$ に対して $a_i=0$，すなわち $\boldsymbol{a}=\boldsymbol{0}$ であることと同値である． □

命題 1.34 の (1) から (4) までの性質を**共役線形性**といい，(5) を**歪対称性**といい，(6) を**正値性**という．

ベクトル $\boldsymbol{a},\boldsymbol{b}\in K^n$ が $(\boldsymbol{a},\boldsymbol{b})=0$ を満たすとき，$\boldsymbol{a}$ と $\boldsymbol{b}$ は**直交する**という．零ベクトルは任意のベクトルと直交する．逆に，次のことが成り立つ．

命題 1.35 (1) n 次元ベクトル $\boldsymbol{x}\in K^n$ が，任意の n 次元ベクトル $\boldsymbol{y}\in K^n$ に対して $(\boldsymbol{x},\boldsymbol{y})=0$ を満たすならば，$\boldsymbol{x}=\boldsymbol{0}$ である．

(2) n 次元ベクトル $\boldsymbol{v}\in K^n$ が，任意の n 次元ベクトル $\boldsymbol{u}\in K^n$ に対して $(\boldsymbol{u},\boldsymbol{v})=0$ を満たすならば，$\boldsymbol{v}=\boldsymbol{0}$ である．

証明 (1) 任意の $\boldsymbol{y}\in K^n$ との内積が 0 であるから，特に $\boldsymbol{y}=\boldsymbol{x}$ の場合を考えれば $(\boldsymbol{x},\boldsymbol{x})=0$ が成り立つ．このとき，命題 1.34 の (6) より $\boldsymbol{x}=\boldsymbol{0}$ でなければならない．

(2) も同様である． □

定義 1.17 $\boldsymbol{a}=(a_i)\in K^n$ に対して，

$$\sqrt{(\boldsymbol{a},\boldsymbol{a})}=\sqrt{\sum_{i=1}^{n} a_i\bar{a}_i}=\sqrt{\sum_{i=1}^{n}|a_i|^2} \tag{1.112}$$

をベクトル $\boldsymbol{a}$ の**長さ**，あるいは**ノルム**といい，$\|\boldsymbol{a}\|$ という記号で表す．

命題 1.36 $\boldsymbol{a}\in K^n$, $c\in K$ に対して次のことが成り立つ．

(1) $\|\boldsymbol{a}\|^2=(\boldsymbol{a},\boldsymbol{a})$.

(2) $\|c\boldsymbol{a}\|=|c|\,\|\boldsymbol{a}\|$.

証明 (1) は定義のいい換えにすぎない．(2) については

$$\|c\boldsymbol{a}\|^2 = (c\boldsymbol{a}, c\boldsymbol{a}) = c\bar{c}(\boldsymbol{a}, \boldsymbol{a}) = |c|^2 \|\boldsymbol{a}\|^2$$

の平方根をとればよい． □

$\boldsymbol{a}, \boldsymbol{b}$ が実ベクトルならば，命題 1.34 より

$$\begin{aligned}\|\boldsymbol{a}+\boldsymbol{b}\|^2 &= (\boldsymbol{a}+\boldsymbol{b}, \boldsymbol{a}+\boldsymbol{b}) = (\boldsymbol{a}, \boldsymbol{a}) + 2(\boldsymbol{a}, \boldsymbol{b}) + (\boldsymbol{b}, \boldsymbol{b}) \\ &= \|\boldsymbol{a}\|^2 + 2(\boldsymbol{a}, \boldsymbol{b}) + \|\boldsymbol{b}\|^2\end{aligned}$$

という展開が可能である．この式から

$$(\boldsymbol{a}, \boldsymbol{b}) = \frac{1}{2}\left(\|\boldsymbol{a}+\boldsymbol{b}\|^2 - \|\boldsymbol{a}\|^2 - \|\boldsymbol{b}\|^2\right) \tag{1.113}$$

が得られる．これは，ノルムから内積が計算できることを意味する．

$\boldsymbol{a}, \boldsymbol{b}$ が複素ベクトルの場合は

$$\|\boldsymbol{a}+\boldsymbol{b}\|^2 = \|\boldsymbol{a}\|^2 + (\boldsymbol{a}, \boldsymbol{b}) + (\boldsymbol{b}, \boldsymbol{a}) + \|\boldsymbol{b}\|^2$$

であるが，命題 1.33 (3) および命題 1.34 (5) より

$$(\boldsymbol{a}, \boldsymbol{b}) + (\boldsymbol{b}, \boldsymbol{a}) = (\boldsymbol{a}, \boldsymbol{b}) + \overline{(\boldsymbol{a}, \boldsymbol{b})} = 2\mathrm{Re}\,(\boldsymbol{a}, \boldsymbol{b})$$

であるので

$$\mathrm{Re}\,(\boldsymbol{a}, \boldsymbol{b}) = \frac{1}{2}\left(\|\boldsymbol{a}+\boldsymbol{b}\|^2 - \|\boldsymbol{a}\|^2 - \|\boldsymbol{b}\|^2\right) \tag{1.114}$$

が得られる．一方，$\|\sqrt{-1}\,\boldsymbol{a}+\boldsymbol{b}\|^2$ を展開すると

$$\begin{aligned}\|\sqrt{-1}\,\boldsymbol{a}+\boldsymbol{b}\|^2 &= \|\sqrt{-1}\,\boldsymbol{a}\|^2 + (\sqrt{-1}\,\boldsymbol{a}, \boldsymbol{b}) + (\boldsymbol{b}, \sqrt{-1}\,\boldsymbol{a}) + \|\boldsymbol{b}\|^2 \\ &= \|\boldsymbol{a}\|^2 + \sqrt{-1}\,\left((\boldsymbol{a}, \boldsymbol{b}) - \overline{(\boldsymbol{a}, \boldsymbol{b})}\right) + \|\boldsymbol{b}\|^2\end{aligned}$$

となるが，$(\boldsymbol{a}, \boldsymbol{b}) - \overline{(\boldsymbol{a}, \boldsymbol{b})} = 2\sqrt{-1}\,\mathrm{Im}\,(\boldsymbol{a}, \boldsymbol{b})$ より

$$\mathrm{Im}\,(\boldsymbol{a}, \boldsymbol{b}) = \frac{1}{2}\left(\|\boldsymbol{a}\|^2 + \|\boldsymbol{b}\|^2 - \|\sqrt{-1}\,\boldsymbol{a}+\boldsymbol{b}\|^2\right) \tag{1.115}$$

が得られる．(1.113)，(1.114)，(1.115) をあわせれば次の命題が得られる．

命題 1.37 (1) $\boldsymbol{a}, \boldsymbol{b} \in \boldsymbol{R}^n$ に対して次の式が成り立つ.

$$(\boldsymbol{a}, \boldsymbol{b}) = \frac{1}{2}\left(\|\boldsymbol{a}+\boldsymbol{b}\|^2 - \|\boldsymbol{a}\|^2 - \|\boldsymbol{b}\|^2\right)$$

(2) $\boldsymbol{a}, \boldsymbol{b} \in \boldsymbol{C}^n$ に対して次の式が成り立つ.

$$\begin{aligned}(\boldsymbol{a}, \boldsymbol{b}) &= \frac{1}{2}\left(\|\boldsymbol{a}+\boldsymbol{b}\|^2 - \|\boldsymbol{a}\|^2 - \|\boldsymbol{b}\|^2\right) \\ &\quad + \frac{\sqrt{-1}}{2}\left(\|\boldsymbol{a}\|^2 + \|\boldsymbol{b}\|^2 - \|\sqrt{-1}\,\boldsymbol{a}+\boldsymbol{b}\|^2\right)\end{aligned}$$

注意 1.8 命題 1.37 は命題 1.34 から導かれる. 内積の定義そのものは証明の中に登場しない.

1.9.2 シュヴァルツの不等式と三角不等式

ベクトルの内積やノルムに関する重要な不等式を 2 つ述べる.

命題 1.38 (シュヴァルツの不等式) $\boldsymbol{a}, \boldsymbol{b} \in K^n$ について, 次が成り立つ.

(1) $|(\boldsymbol{a}, \boldsymbol{b})| \leq \|\boldsymbol{a}\| \cdot \|\boldsymbol{b}\|$.

(2) (1) において等号が成立するための必要十分条件は, $\boldsymbol{a}, \boldsymbol{b}$ が線形従属であることである.

証明 (1) $\boldsymbol{a} = \boldsymbol{0}$ のときは両辺とも 0 になるので等号が成立する. 以下, $\boldsymbol{a} \neq \boldsymbol{0}$ と仮定する. このとき $\|\boldsymbol{a}\| \neq 0$ であり, $t \in K$ に対して

$$\begin{aligned}&\|\,t\boldsymbol{a}+\boldsymbol{b}\,\|^2 \\ &= \|\boldsymbol{a}\|^2\, t\bar{t} + (\boldsymbol{a}, \boldsymbol{b})\, t + \overline{(\boldsymbol{a}, \boldsymbol{b})}\, \bar{t} + \|\boldsymbol{b}\|^2 \\ &= \|\boldsymbol{a}\|^2\left(t\bar{t} + \frac{(\boldsymbol{a}, \boldsymbol{b})}{\|\boldsymbol{a}\|^2}\, t + \frac{\overline{(\boldsymbol{a}, \boldsymbol{b})}}{\|\boldsymbol{a}\|^2}\, \bar{t}\right) + \|\boldsymbol{b}\|^2 \\ &= \|\boldsymbol{a}\|^2\left(t + \frac{\overline{(\boldsymbol{a}, \boldsymbol{b})}}{\|\boldsymbol{a}\|^2}\right)\left(\bar{t} + \frac{(\boldsymbol{a}, \boldsymbol{b})}{\|\boldsymbol{a}\|^2}\right) + \|\boldsymbol{b}\|^2 - \frac{(\boldsymbol{a}, \boldsymbol{b})\overline{(\boldsymbol{a}, \boldsymbol{b})}}{\|\boldsymbol{a}\|^2} \\ &= \|\boldsymbol{a}\|^2\left(t + \frac{\overline{(\boldsymbol{a}, \boldsymbol{b})}}{\|\boldsymbol{a}\|^2}\right)\overline{\left(t + \frac{\overline{(\boldsymbol{a}, \boldsymbol{b})}}{\|\boldsymbol{a}\|^2}\right)} + \|\boldsymbol{b}\|^2 - \frac{|(\boldsymbol{a}, \boldsymbol{b})|^2}{\|\boldsymbol{a}\|^2}\end{aligned}$$

$$= \|\boldsymbol{a}\|^2 \left| t + \frac{\overline{(\boldsymbol{a}, \boldsymbol{b})}}{\|\boldsymbol{a}\|^2} \right|^2 + \|\boldsymbol{b}\|^2 - \frac{|(\boldsymbol{a}, \boldsymbol{b})|^2}{\|\boldsymbol{a}\|^2} \tag{1.116}$$

が成り立つ．ここで $\|\boldsymbol{a}\|^2 > 0$ であり，$\left| t + \frac{\overline{(\boldsymbol{a}, \boldsymbol{b})}}{\|\boldsymbol{a}\|^2} \right|^2$ は 0 以上の実数であるので，$\| t\boldsymbol{a} + \boldsymbol{b} \|^2$ は $t = -\frac{\overline{(\boldsymbol{a}, \boldsymbol{b})}}{\|\boldsymbol{a}\|^2}$ のとき最小値 $\|\boldsymbol{b}\|^2 - \frac{|(\boldsymbol{a}, \boldsymbol{b})|^2}{\|\boldsymbol{a}\|^2}$ をとる．命題 1.34 の (6) より，任意の $t \in K$ に対して $\| t\boldsymbol{a} + \boldsymbol{b} \|^2 \geq 0$ が成り立つので，その最小値も 0 以上でなければならない．すなわち

$$\|\boldsymbol{b}\|^2 - \frac{|(\boldsymbol{a}, \boldsymbol{b})|^2}{\|\boldsymbol{a}\|^2} \geq 0 \tag{1.117}$$

が成り立つ．したがって $|(\boldsymbol{a}, \boldsymbol{b})|^2 \leq \|\boldsymbol{a}\|^2 \|\boldsymbol{b}\|^2$ となり，両辺の平方根をとれば (1) の不等式が得られる．

（2） (1) において等号が成立すると仮定する．$\boldsymbol{a} = \boldsymbol{0}$ ならば

$$1 \cdot \boldsymbol{a} + 0 \cdot \boldsymbol{b} = \boldsymbol{0}$$

となるので，$\boldsymbol{a}, \boldsymbol{b}$ は線形従属である．$\boldsymbol{a} \neq \boldsymbol{0}$ とすると，(1) の証明をみれば，$t = -\frac{\overline{(\boldsymbol{a}, \boldsymbol{b})}}{\|\boldsymbol{a}\|^2}$ に対して $\| t\boldsymbol{a} + \boldsymbol{b} \| = 0$ すなわち $t\boldsymbol{a} + \boldsymbol{b} = \boldsymbol{0}$ が成り立たなければならないことが分かる．このときやはり $\boldsymbol{a}, \boldsymbol{b}$ は線形従属である．

逆に $\boldsymbol{a}, \boldsymbol{b}$ が線形従属であると仮定すると，少なくともどちらか一方は 0 でないような K の元 c_1, c_2 が存在して

$$c_1\boldsymbol{a} + c_2\boldsymbol{b} = \boldsymbol{0}$$

を満たす．$c_2 = 0$ ならば ($c_1 \neq 0$ に注意すれば) $\boldsymbol{a} = \boldsymbol{0}$ となり，(1) において等号が成立する．そこで $c_2 \neq 0$ であるとすると，$c = -\frac{c_1}{c_2}$ とおけば $\boldsymbol{b} = c\boldsymbol{a}$ が成り立つ．このとき，命題 1.36 (2) を用いれば

$$\|\boldsymbol{a}\| \cdot \|\boldsymbol{b}\| = \|\boldsymbol{a}\| \cdot \|c\boldsymbol{a}\| = |c| \cdot \|\boldsymbol{a}\|^2$$

が成り立つ．一方

$$|(\boldsymbol{a},\boldsymbol{b})| = \sqrt{(\boldsymbol{a},c\boldsymbol{a})\,\overline{(\boldsymbol{a},c\boldsymbol{a})}} = \sqrt{\bar{c}c\|\boldsymbol{a}\|^4} = |c|\cdot\|\boldsymbol{a}\|^2$$

が成り立つので，(1) において等号が成立する． □

注意 1.9 $K = \boldsymbol{R}$ ならば，上の証明において，複素共役は不要である．この場合は 2 次式の平方完成をしており，(1.117) の左辺の本質は判別式である．

命題 1.39 (三角不等式) $\boldsymbol{a}, \boldsymbol{b} \in K^n$ について，次が成り立つ．

(1) $\|\boldsymbol{a}+\boldsymbol{b}\| \leq \|\boldsymbol{a}\| + \|\boldsymbol{b}\|$.

(2) (1) において等号が成立するための必要十分条件は，$\boldsymbol{a} = \boldsymbol{0}$ となるか，または，0 以上の実数 c が存在して $\boldsymbol{b} = c\boldsymbol{a}$ が成り立つことである．

証明 (1) 命題 1.33 (3), (4)，命題 1.34 および命題 1.38 より

$$\begin{aligned}
&\|\boldsymbol{a}+\boldsymbol{b}\|^2 \\
&= \|\boldsymbol{a}\|^2 + (\boldsymbol{a},\boldsymbol{b}) + \overline{(\boldsymbol{a},\boldsymbol{b})} + \|\boldsymbol{b}\|^2 \quad (\text{命題 } 1.34\ ) \\
&= \|\boldsymbol{a}\|^2 + 2\mathrm{Re}\,(\boldsymbol{a},\boldsymbol{b}) + \|\boldsymbol{b}\|^2 \quad (\text{命題 } 1.33\ (3)) \\
&\leq \|\boldsymbol{a}\|^2 + 2|(\boldsymbol{a},\boldsymbol{b})| + \|\boldsymbol{b}\|^2 \quad (\text{命題 } 1.33\ (4)) \\
&\leq \|\boldsymbol{a}\|^2 + 2\|\boldsymbol{a}\|\cdot\|\boldsymbol{b}\| + \|\boldsymbol{b}\|^2 \quad (\text{命題 } 1.38\ ) \\
&= (\|\boldsymbol{a}\| + \|\boldsymbol{b}\|)^2
\end{aligned}$$

が得られ，平方根をとれば求める不等式が導かれる．

(2) $\boldsymbol{a} = \boldsymbol{0}$ ならば (1) において等号が成立する．次に，0 以上の実数 c に対して $\boldsymbol{b} = c\boldsymbol{a}$ が成り立つと仮定する．命題 1.36 (2) を用いれば，

$$\|\boldsymbol{b}\| = \|c\boldsymbol{a}\| = |c|\,\|\boldsymbol{a}\| = c\,\|\boldsymbol{a}\|$$
$$\|\boldsymbol{a}+\boldsymbol{b}\| = \|(1+c)\boldsymbol{a}\| = |1+c|\,\|\boldsymbol{a}\| = (1+c)\,\|\boldsymbol{a}\|$$

が成り立つので，(1) において等号が成立する．

逆に，(1) において等号が成立すると仮定し，さらに $\boldsymbol{a} \neq \boldsymbol{0}$ と仮定する．このとき，式 (1.9.2) の中の 2 か所の不等式において等号が成立する．命題 1.38 および命題 1.33 (4) の等号成立条件によれば，$\boldsymbol{a}, \boldsymbol{b}$ は線形従属であり，かつ，$(\boldsymbol{a},\boldsymbol{b})$ は 0 以上の実数であることが分かる．したがって，少なくともどちらか

一方は 0 でないような K の元 c_1, c_2 が存在して

$$c_1\boldsymbol{a} + c_2\boldsymbol{b} = \boldsymbol{0}$$

が成り立つ．$\boldsymbol{a} \neq \boldsymbol{0}$ と仮定しているので $c_2 \neq 0$ である．そこで $c = -\dfrac{c_1}{c_2}$ とおけば $\boldsymbol{b} = c\boldsymbol{a}$ が成り立つ．このとき

$$(\boldsymbol{a}, \boldsymbol{b}) = (\boldsymbol{a}, c\boldsymbol{a}) = \bar{c}\,\|\boldsymbol{a}\|^2$$

となるが，これが 0 以上の実数である．$\boldsymbol{a} \neq \boldsymbol{0}$ より $\|\boldsymbol{a}\|$ が正の実数であるので，$\bar{c}$ は 0 以上の実数である．したがって c も 0 以上の実数である．□

注意 1.10　命題 1.38 や命題 1.39 も命題 1.34 から導かれる．内積の定義そのものは使わずに証明されている．

1.10　ベクトルの内積と行列

1.10.1　随伴行列

ベクトル $\boldsymbol{x} = (x_i)$, $\boldsymbol{y} = (y_i) \in K^n$ に対して，その内積 $(\boldsymbol{x}, \boldsymbol{y})$ は

$$(\boldsymbol{x}, \boldsymbol{y}) = {}^t\boldsymbol{x}\bar{\boldsymbol{y}} = (x_1\, x_2\, \cdots\, x_n)\begin{pmatrix} \bar{y}_1 \\ \bar{y}_2 \\ \vdots \\ \bar{y}_n \end{pmatrix} \tag{1.118}$$

と表せる．ただし，ここでは $\boldsymbol{x}$, $\boldsymbol{y}$ を $(n, 1)$ 型行列として取り扱い，$(1, 1)$ 型行列 ${}^t\boldsymbol{x}\bar{\boldsymbol{y}}$ は単なる数とみなす．

この表記を用いれば，$A \in M(m, n; K)$, $\boldsymbol{x} \in K^n$, $\boldsymbol{y} \in K^m$ に対して

$$(A\boldsymbol{x}, \boldsymbol{y}) = {}^t(A\boldsymbol{x})\bar{\boldsymbol{y}} = {}^t\boldsymbol{x}\,{}^tA\bar{\boldsymbol{y}} = {}^t\boldsymbol{x}\,\overline{({}^t\bar{A}\boldsymbol{y})} = (\boldsymbol{x}, {}^t\bar{A}\boldsymbol{y}) \tag{1.119}$$

が成り立つ．

定義 1.18　行列 $A \in M(m, n; K)$ に対して ${}^t\bar{A} \in M(n, m; K)$ を A の随伴行列とよび，A^* と表す．

命題 1.40 $A \in M(l, m; K)$, $B \in M(m, n; K)$ に対して，次が成り立つ.
(1) A が実行列ならば，$A^* = {}^t A$ である.
(2) $(A^*)^* = A$ である.
(3) $(AB)^* = B^* A^*$ である.

証明 (1) A が実行列ならば $\bar{A} = A$ であることよりしたがう.
(2) $(A^*)^* = \overline{{}^t({}^t\bar{A})} = A$.
(3) $(AB)^* = \overline{{}^t(AB)} = {}^t(\bar{A}\bar{B}) = {}^t\bar{B}\,{}^t\bar{A} = B^* A^*$. □

命題 1.41 $A \in M(m, n; K)$, $B \in M(n, m; K)$ とする.
(1) 任意の n 次元ベクトル $\boldsymbol{x} \in K^n$ および任意の m 次元ベクトル $\boldsymbol{y} \in K^m$ に対して $(A\boldsymbol{x}, \boldsymbol{y}) = (\boldsymbol{x}, A^*\boldsymbol{y})$ が成り立つ.
(2) 任意の n 次元ベクトル $\boldsymbol{x} \in K^n$ および任意の m 次元ベクトル $\boldsymbol{y} \in K^m$ に対して $(A\boldsymbol{x}, \boldsymbol{y}) = (\boldsymbol{x}, B\boldsymbol{y})$ が成り立つならば，$B = A^*$ である.

証明 (1) はすでに証明済みである．(2) を示す．(1) の結論を用いれば，仮定より，任意の $\boldsymbol{x} \in K^n$, $\boldsymbol{y} \in K^m$ に対して

$$(\boldsymbol{x}, (B - A^*)\boldsymbol{y}) = (\boldsymbol{x}, B\boldsymbol{y}) - (\boldsymbol{x}, A^*\boldsymbol{y}) = (\boldsymbol{x}, B\boldsymbol{y}) - (A\boldsymbol{x}, \boldsymbol{y}) = 0$$

が得られる．$(B - A^*)\boldsymbol{y}$ に対して命題 1.35 を適用すれば $(B - A^*)\boldsymbol{y} = \mathbf{0}$ が得られ，さらに $B - A^*$ に対して命題 1.2 を適用すれば $B - A^* = O$，すなわち $B = A^*$ が得られる. □

1.10.2 内積と正方行列

定義 1.19 複素正方行列 A が

$$A^* = A \tag{1.120}$$

を満たすとき，A は**エルミート行列**であるという．実正方行列 A が条件 (1.120)(この場合は ${}^t A = A$) を満たすとき，A は **(実) 対称行列**であるという.

問題 1.19 行列 $\begin{pmatrix} 1 & 3 + 2\sqrt{-1} \\ a & b \end{pmatrix}$ がエルミート行列となるような複素数 a, b をすべて求めよ．(答え：$a = 3 - 2\sqrt{-1}$, b は任意の**実数**)

エルミート行列 $A = (a_{ij})$ については $a_{ji} = \bar{a}_{ij}$ が成り立つ．特に $\bar{a}_{ii} = a_{ii}$ であるので，エルミート行列の対角成分は実数である．

次の命題の証明は読者の演習問題とする．

命題 1.42 A は n 次複素正方行列とし，B は n 次実正方行列とする．

(1) A がエルミート行列であるための必要十分条件は，任意の $\boldsymbol{x}, \boldsymbol{y} \in \boldsymbol{C}^n$ に対して $(A\boldsymbol{x}, \boldsymbol{y}) = (\boldsymbol{x}, A\boldsymbol{y})$ が成り立つことである．

(2) B が実対称行列であるための必要十分条件は，任意の $\boldsymbol{x}, \boldsymbol{y} \in \boldsymbol{R}^n$ に対して $(B\boldsymbol{x}, \boldsymbol{y}) = (\boldsymbol{x}, B\boldsymbol{y})$ が成り立つことである．

定義 1.20 n 次複素正方行列 A が

$$A^* A = E_n \tag{1.121}$$

を満たすとき，A は**ユニタリ行列**であるという．n 次実正方行列 A が条件 (1.121)(この場合は ${}^tAA = E_n$) を満たすとき，A は**(実) 直交行列**であるという．

命題 1.12 により，条件 (1.121) は，次のようにもいい換えられる：

$$A \text{ は正則であり，かつ，} A^{-1} = A^* \text{ である．} \tag{1.122}$$

また，(1.121) の両辺の複素共役をとれば，次のようにもいい換えられる：

$${}^tA\bar{A} = E_n \tag{1.123}$$

A が実行列ならば，上の条件において複素共役は不要であり，A^* は ${}^tA$ で置き換えてよい．

ユニタリ行列や直交行列については次の定理が成り立つ．ユニタリ行列と直交行列どちらについても同様の事柄が成立するので，まとめて述べてある．

定理 1.8 n 次正方行列 $A \in M(n, n; K)$ について，次の 4 つの条件 (a), (b), (c), (d) は同値である．

(a) A はユニタリ行列 ($K = \boldsymbol{C}$ の場合) あるいは直交行列 ($K = \boldsymbol{R}$ の場合) である．

(b) 任意の $\boldsymbol{x} \in K^n$ に対して $\|A\boldsymbol{x}\| = \|\boldsymbol{x}\|$ が成り立つ.

(c) 任意の $\boldsymbol{x}, \boldsymbol{y} \in K^n$ に対して $(A\boldsymbol{x}, A\boldsymbol{y}) = (\boldsymbol{x}, \boldsymbol{y})$ が成り立つ.

(d) $A = (\boldsymbol{a}_1\ \boldsymbol{a}_2 \cdots \boldsymbol{a}_n)$ とするとき, $(\boldsymbol{a}_i, \boldsymbol{a}_j) = \delta_{ij}\ (i, j = 1, 2, \cdots, n)$ が成り立つ. ここで δ_{ij} はクロネッカーの記号を表す.

証明の前に この定理は, ユニタリ (直交) 行列の判定法を与えている. 条件 (b) は, 行列 A をかけてもベクトルのノルムが不変に保たれることを意味し, (c) は, 内積が不変に保たれることを意味する. 条件 (d) は行列の形そのものにかかわる — 直交行列の列ベクトルの長さはすべて 1 であり, かつ, 異なる列ベクトル同士は直交する.

たとえば小節 1.1.1 で述べた回転行列 $A = \begin{pmatrix} \cos\theta & -\sin\theta \\ \sin\theta & \cos\theta \end{pmatrix}$ は直交行列である. 実際に 4 つの条件 (a), (b), (c), (d) を満たすことを確認せよ.

以下の証明においては, まず, (a) ⇒ (b), (b) ⇒ (c), (c) ⇒ (a) を順に示す. これによって 3 つの条件 (a), (b), (c) がすべて同値であることが分かる. それから (a) ⇔ (d) を示す. (b) ⇒ (c) を示すところで, ノルムに関する情報から内積に関する情報を引き出すために, 命題 1.37 が役立つ.

証明 $K = \boldsymbol{C}$ の場合のみ証明する.

まず, (a) ⇒ (b) を示す. A がユニタリ行列, すなわち $A^*A = E_n$ を満たすと仮定する. この仮定および命題 1.41 (1) を用いれば

$$\|A\boldsymbol{x}\|^2 = (A\boldsymbol{x}, A\boldsymbol{x}) = (\boldsymbol{x}, A^*(A\boldsymbol{x})) = (\boldsymbol{x}, E_n\boldsymbol{x}) = \|\boldsymbol{x}\|^2$$

より (b) が成り立つ.

(b) ⇒ (c): $\boldsymbol{x}, \boldsymbol{y} \in \boldsymbol{C}^n$ を任意にとり, 命題 1.37 を適用すれば

$$\begin{aligned} (\boldsymbol{x}, \boldsymbol{y}) &= \frac{1}{2}\left(\|\boldsymbol{x}+\boldsymbol{y}\|^2 - \|\boldsymbol{x}\|^2 - \|\boldsymbol{y}\|^2\right) \\ &\quad + \frac{\sqrt{-1}}{2}\left(\|\boldsymbol{x}\|^2 + \|\boldsymbol{y}\|^2 - \|\sqrt{-1}\,\boldsymbol{x}+\boldsymbol{y}\|^2\right) \end{aligned} \tag{1.124}$$

が成り立つ. 同様に $A\boldsymbol{x}$, $A\boldsymbol{y}$ に対して命題 1.37 を適用すれば

$$
\begin{aligned}
(A\boldsymbol{x}, A\boldsymbol{y}) &= \frac{1}{2}\left(\|A\boldsymbol{x}+A\boldsymbol{y}\|^2 - \|A\boldsymbol{x}\|^2 - \|A\boldsymbol{y}\|^2\right) \\
&\quad + \frac{\sqrt{-1}}{2}\left(\|A\boldsymbol{x}\|^2 + \|A\boldsymbol{y}\|^2 - \|\sqrt{-1}\,A\boldsymbol{x}+A\boldsymbol{y}\|^2\right) \\
&= \frac{1}{2}\left(\|A(\boldsymbol{x}+\boldsymbol{y})\|^2 - \|A\boldsymbol{x}\|^2 - \|A\boldsymbol{y}\|^2\right) \\
&\quad + \frac{\sqrt{-1}}{2}\left(\|A\boldsymbol{x}\|^2 + \|A\boldsymbol{y}\|^2 - \|A(\sqrt{-1}\,\boldsymbol{x}+\boldsymbol{y})\|^2\right)
\end{aligned}
\tag{1.125}
$$

が成り立つ．ここで，仮定 (b) を用いれば

$$
\begin{aligned}
&\|A\boldsymbol{x}\| = \|\boldsymbol{x}\|, \quad \|A\boldsymbol{y}\| = \|\boldsymbol{y}\|, \\
&\|A(\boldsymbol{x}+\boldsymbol{y})\| = \|\boldsymbol{x}+\boldsymbol{y}\|, \quad \|A(\sqrt{-1}\,\boldsymbol{x}+\boldsymbol{y})\| = \|\sqrt{-1}\,\boldsymbol{x}+\boldsymbol{y}\|
\end{aligned}
$$

が成り立つので，(1.124) と (1.125) の右辺は等しく，(c) が示される．

(c) ⇒ (a)：仮定 (c) および命題 1.41 (1) より，任意の $\boldsymbol{x}$, $\boldsymbol{y} \in \boldsymbol{C}^n$ に対して

$$
(\boldsymbol{x}, (A^*A - E_n)\boldsymbol{y}) = (\boldsymbol{x}, A^*A\boldsymbol{y}) - (\boldsymbol{x}, \boldsymbol{y}) = (A\boldsymbol{x}, A\boldsymbol{y}) - (\boldsymbol{x}, \boldsymbol{y}) = 0
$$

が成り立つ．命題 1.35 より $(A^*A - E_n)\boldsymbol{y} = \boldsymbol{0}$ が得られ，さらに命題 1.2 より $A^*A - E_n = O$，すなわち $A^*A = E_n$ が得られ，(a) が示される．

(a) ⇔ (d)：$A = (a_{ij}) = (\boldsymbol{a}_1\,\boldsymbol{a}_2 \cdots \boldsymbol{a}_n)$ とすれば

$$
\begin{aligned}
&{}^t\!A\bar{A} \text{ の } (i,j) \text{ 成分} \\
&\quad = \sum_{k=1}^{n} (\,{}^t\!A \text{ の } (i,k) \text{ 成分}\,) \cdot (\,\bar{A} \text{ の } (k,j) \text{ 成分}\,) \\
&\quad = \sum_{k=1}^{n} a_{ki}\bar{a}_{kj} \\
&\quad = \sum_{k=1}^{n} (\,\boldsymbol{a}_i \text{ の第 } k \text{ 成分}\,) \cdot (\,\bar{\boldsymbol{a}}_j \text{ の第 } k \text{ 成分}\,) \\
&\quad = (\boldsymbol{a}_i, \boldsymbol{a}_j)
\end{aligned}
$$

が成り立つ．(1.123) および $E_n = (\delta_{ij})$ を用いれば

$$
\text{(a)} \Leftrightarrow {}^t\!A\bar{A} = E_n \Big(= (\delta_{ij}) \Big) \Leftrightarrow \text{(d)}
$$

が示される． □

問題 1.20　$A = \begin{pmatrix} \frac{1}{2} & a \\ \frac{\sqrt{3}}{2} & b \end{pmatrix}$, $B = \begin{pmatrix} \frac{1}{\sqrt{3}} & \frac{1}{\sqrt{2}} & c \\ \frac{1}{\sqrt{3}} & -\frac{1}{\sqrt{2}} & d \\ \frac{1}{\sqrt{3}} & 0 & e \end{pmatrix}$ が直交行列となるように実数 a, b, c, d, e を定めよ.

ヒントと答え　定理 1.8 の条件 (d) を使うのが便利である. $a = \pm\frac{\sqrt{3}}{2}$, $b = \mp\frac{1}{2}$ (複号同順); $c = \pm\frac{1}{\sqrt{6}}$, $d = \pm\frac{1}{\sqrt{6}}$, $e = \mp\frac{2}{\sqrt{6}}$(複号同順).

問題 1.21　2 次直交行列は $\begin{pmatrix} \cos\theta & -\sin\theta \\ \sin\theta & \cos\theta \end{pmatrix}$ または $\begin{pmatrix} \cos\theta & \sin\theta \\ \sin\theta & -\cos\theta \end{pmatrix}$ のどちらかの形であることを示せ. (すなわち, 2 次直交行列は**回転行列**か**鏡映行列**のどちらかである. 小節 1.1.1 参照.)

ヒント　$A = \begin{pmatrix} a_{11} & a_{12} \\ a_{21} & a_{22} \end{pmatrix}$ が直交行列であるとする. $a_{11}^2 + a_{21}^2 = 1$ より $a_{11} = \cos\theta$, $a_{21} = \sin\theta$ と表せる. また, $a_{12}^2 + a_{22}^2 = 1$ より $a_{12} = \sin\varphi$, $a_{22} = \cos\varphi$ と表せる. 次に, $a_{11}a_{12} + a_{21}a_{22} = 0$ より $\sin(\theta + \varphi) = 0$ が得られ, θ と φ の関係が導かれる.

問題 1.22　n 次正方行列 A, B について, 次が成り立つことを示せ.

(1)　A, B がユニタリ行列ならば, AB, A^{-1} もユニタリ行列である.

(2)　A, B が直交行列ならば, AB, A^{-1} も直交行列である.

ヒント

$$(AB)^{-1} = B^{-1}A^{-1} = B^*A^* = (AB)^*,$$

$$(A^{-1})^{-1} = A = (A^*)^* = (A^{-1})^*.$$

第 2 章

行列式

2.1 行列式の定義に向けて

2.1.1 行列式の感覚的な理解（その 1）

引き続き $K = \boldsymbol{R}$ または $\boldsymbol{C}$ とする．正方行列 $A \in M(n, n; K)$ に対して，A の**行列式**とよばれる K の元が定まる．行列式とは何か — 感覚的に説明するならば，**A をかけたときの図形の面積 (体積) の拡大率が A の行列式である．ただし，図形が裏返った場合は，行列式 $=$ 拡大率 $\times (-1)$ と考える．**

まず，2 次の実正方行列の行列式の幾何学的な意味を説明する．

$A = \begin{pmatrix} a_{11} & a_{12} \\ a_{21} & a_{22} \end{pmatrix} = (\boldsymbol{a}_1\, \boldsymbol{a}_2) \in M(2, 2; \boldsymbol{R})$ とする．2 次元実ベクトルに A をかける作用は線形写像 $T_A : \boldsymbol{R}^2 \to \boldsymbol{R}^2$ を引き起こす．

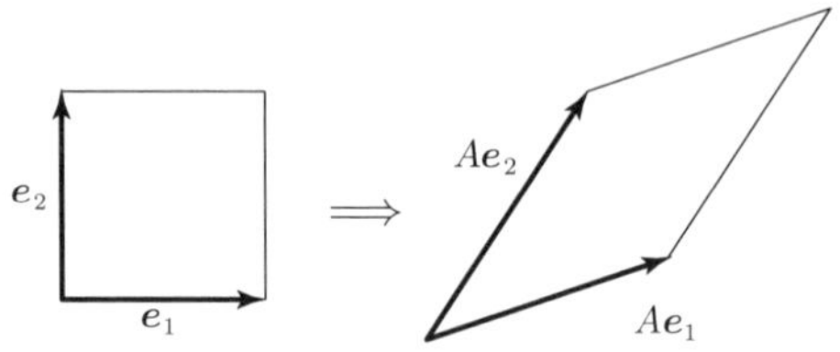

図 **2.1**

行列 A をかけると，単位ベクトル $\boldsymbol{e}_1$，$\boldsymbol{e}_2$ の作る正方形が，$A\boldsymbol{e}_1$ と $A\boldsymbol{e}_2$ の作る平行四辺形にうつされる (図 2.1)．命題 1.6 より，$A\boldsymbol{e}_1 = \boldsymbol{a}_1$, $A\boldsymbol{e}_2 = \boldsymbol{a}_2$ である．$\boldsymbol{a}_1$ と $\boldsymbol{a}_2$ の作る平行四辺形の面積を S とすると，A をかけることによる面積の拡大率は S である．そこで $D(\boldsymbol{a}_1, \boldsymbol{a}_2) \in \boldsymbol{R}$ を次のように定める：

$$D(\boldsymbol{a}_1, \boldsymbol{a}_2) = \begin{cases} S & \text{図 2.2 の左側のような位置関係のとき} \\ -S & \text{図 2.2 の右側のような位置関係のとき} \end{cases} \tag{2.1}$$

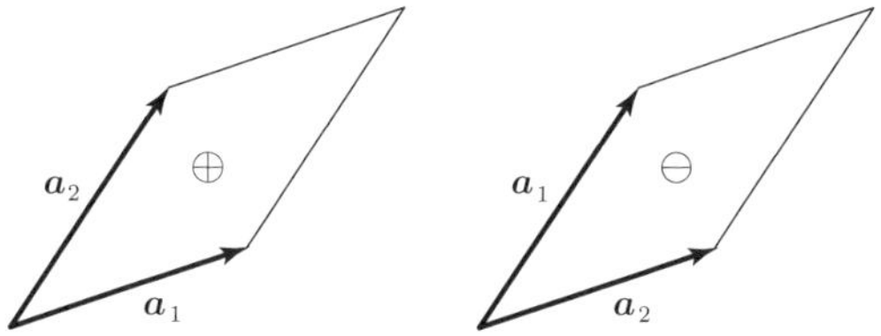

図 2.2

$D(\boldsymbol{a}_1, \boldsymbol{a}_2)$ は，2 つのベクトル $\boldsymbol{a}_1$, $\boldsymbol{a}_2$ に対して数 $D(\boldsymbol{a}_1, \boldsymbol{a}_2)$ を対応させる「関数」とみることができる — 次のような性質を持つ関数である．

(1) $D(\boldsymbol{a}_1 + \boldsymbol{a}'_1, \boldsymbol{a}_2) = D(\boldsymbol{a}_1, \boldsymbol{a}_2) + D(\boldsymbol{a}'_1, \boldsymbol{a}_2)$,

(2) $D(c\boldsymbol{a}_1, \boldsymbol{a}_2) = cD(\boldsymbol{a}_1, \boldsymbol{a}_2) \quad (c \in \boldsymbol{R})$.

(3) $D(\boldsymbol{a}_1, \boldsymbol{a}_2 + \boldsymbol{a}'_2) = D(\boldsymbol{a}_1, \boldsymbol{a}_2) + D(\boldsymbol{a}_1, \boldsymbol{a}'_2)$.

(4) $D(\boldsymbol{a}_1, c\boldsymbol{a}_2) = cD(\boldsymbol{a}_1, \boldsymbol{a}_2) \quad (c \in \boldsymbol{R})$.

(5) $D(\boldsymbol{a}_2, \boldsymbol{a}_1) = -D(\boldsymbol{a}_1, \boldsymbol{a}_2)$.

(6) $D(\boldsymbol{a}, \boldsymbol{a}) = 0$.

(7) $D(\boldsymbol{e}_1, \boldsymbol{e}_2) = 1$.

(5) は，図形が裏返れば $D(\boldsymbol{a}_1, \boldsymbol{a}_2)$ の符号が反転することを示す．(6) は (5) から導くこともできる．実際，$\boldsymbol{a}_1 = \boldsymbol{a}_2 = \boldsymbol{a}$ ならば，(5) より

$$D(\boldsymbol{a}, \boldsymbol{a}) = D(\boldsymbol{a}_1, \boldsymbol{a}_2) = -D(\boldsymbol{a}_2, \boldsymbol{a}_1) = -D(\boldsymbol{a}, \boldsymbol{a})$$

となり，$D(\boldsymbol{a}, \boldsymbol{a}) = 0$ が得られる．(3), (4) は，図 2.3 のように，ベクトル $\boldsymbol{a}_1$ に沿って X 軸をとり，それに直交するように Y 軸をとって考えれば

$$\begin{aligned} &D(\boldsymbol{a}_1, \boldsymbol{a}_2) = (\boldsymbol{a}_1 \text{ の } X \text{ 座標}) \times (\boldsymbol{a}_2 \text{ の } Y \text{ 座標}), \\ &(\boldsymbol{a}_2 + \boldsymbol{a}'_2 \text{ の } Y \text{ 座標}) = (\boldsymbol{a}_2 \text{ の } Y \text{ 座標}) + (\boldsymbol{a}'_2 \text{ の } Y \text{ 座標}), \\ &(c\boldsymbol{a}_2 \text{ の } Y \text{ 座標}) = c \cdot (\boldsymbol{a}_2 \text{ の } Y \text{ 座標}) \end{aligned}$$

より導かれる．(1), (2) も同様に示される．(2), (4) において，$c < 0$ ならば

$D(\boldsymbol{a}_1, \boldsymbol{a}_2)$ の符号が反転するが，$\boldsymbol{a}_1$ もしくは $\boldsymbol{a}_2$ を c 倍すれば，$\boldsymbol{a}_1$ と $\boldsymbol{a}_2$ の作る図形も反転するので，(5) と矛盾しない．

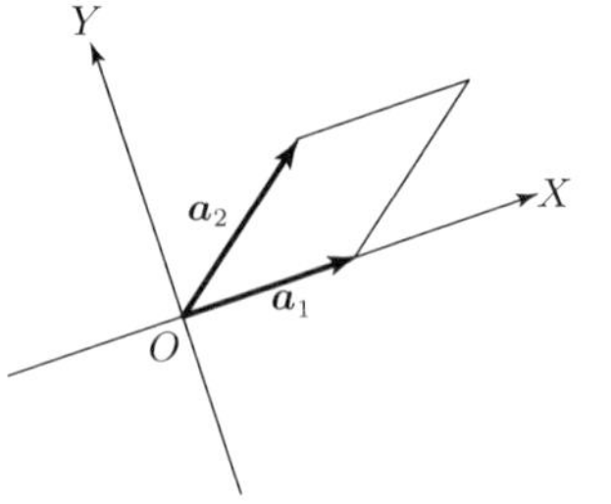

図 **2.3**

$D(\boldsymbol{a}_1, \boldsymbol{a}_2)$ の性質 (1) から (4) までを **2 重線形性**とよび，性質 (5) (および それから導かれる性質 (6)) を**交代性**とよぶ．

これらの性質を用いて $D(\boldsymbol{a}_1, \boldsymbol{a}_2)$ を次のように計算することができる．

$$\boldsymbol{a}_1 = \begin{pmatrix} a_{11} \\ a_{21} \end{pmatrix} = a_{11}\boldsymbol{e}_1 + a_{21}\boldsymbol{e}_2, \quad \boldsymbol{a}_2 = \begin{pmatrix} a_{12} \\ a_{22} \end{pmatrix} = a_{12}\boldsymbol{e}_1 + a_{22}\boldsymbol{e}_2$$

であることに注意し ($A = (\boldsymbol{a}_1\ \boldsymbol{a}_2)$)，2 重線形性を用いて「展開」すれば

$$\begin{aligned} & D(\boldsymbol{a}_1, \boldsymbol{a}_2) \\ &= D(a_{11}\boldsymbol{e}_1 + a_{21}\boldsymbol{e}_2, a_{12}\boldsymbol{e}_1 + a_{22}\boldsymbol{e}_2) \\ &= a_{11}a_{12}D(\boldsymbol{e}_1, \boldsymbol{e}_1) + a_{11}a_{22}D(\boldsymbol{e}_1, \boldsymbol{e}_2) \\ &\quad + a_{21}a_{12}D(\boldsymbol{e}_2, \boldsymbol{e}_1) + a_{21}a_{22}D(\boldsymbol{e}_2, \boldsymbol{e}_2) \end{aligned}$$

となる．ここにあらわれる 4 つの項は

$$a_{\boxed{i}1}a_{\boxed{j}2}D(\boldsymbol{e}_{\boxed{i}}, \boldsymbol{e}_{\boxed{j}}) \qquad (1 \leq i \leq 2,\ 1 \leq j \leq 2)$$

という形である．さらに，ここで交代性 (性質 (6)) により

$$D(\boldsymbol{e}_1, \boldsymbol{e}_1) = D(\boldsymbol{e}_2, \boldsymbol{e}_2) = 0$$

である．また，性質 (7) および交代性 (性質 (5)) により

$$D(\boldsymbol{e}_1, \boldsymbol{e}_2) = 1, \quad D(\boldsymbol{e}_2, \boldsymbol{e}_1) = -D(\boldsymbol{e}_1, \boldsymbol{e}_2) = -1$$

である．したがって

$$D(\boldsymbol{a}_1, \boldsymbol{a}_2) = a_{11}a_{22} - a_{21}a_{12} \tag{2.2}$$

が得られた．この $D(\boldsymbol{a}_1, \boldsymbol{a}_2)$ は **2 次正方行列** A **の行列式** (determinant) (あるいは単に **2 次の行列式**) とよばれ，$|A|$, $\det A$, $\det(\boldsymbol{a}_1, \boldsymbol{a}_2)$ ，あるいは $\begin{vmatrix} a_{11} & a_{12} \\ a_{21} & a_{22} \end{vmatrix}$ などと表される．(2.2) の右辺の項は

$$\pm\, a_{\boxed{i}1} a_{\boxed{j}2} \quad (\,(i,j) = (1,2),\, (2,1)\,)$$

である．符号は $(i,j) = (1,2)$ のとき '+', $(i,j) = (2,1)$ のとき '−' である．

2.1.2　行列式の感覚的な理解（その 2）

次に $A = \begin{pmatrix} a_{11} & a_{12} & a_{13} \\ a_{21} & a_{22} & a_{23} \\ a_{31} & a_{32} & a_{33} \end{pmatrix} = (\boldsymbol{a}_1\ \boldsymbol{a}_2\ \boldsymbol{a}_3) \in M(3,3;\boldsymbol{R})$ を考える．3 次元実ベクトルに A をかける作用により，3 個の単位ベクトル $\boldsymbol{e}_1$, $\boldsymbol{e}_2$, $\boldsymbol{e}_3$ の作る立方体が $A\boldsymbol{e}_1 = \boldsymbol{a}_1$, $A\boldsymbol{e}_2 = \boldsymbol{a}_2$, $A\boldsymbol{e}_3 = \boldsymbol{a}_3$ の作る**平行六面体**にうつされる．この平行六面体の体積を V とし，$D(\boldsymbol{a}_1, \boldsymbol{a}_2, \boldsymbol{a}_3)$ を次のように定義する：

$$D(\boldsymbol{a}_1, \boldsymbol{a}_2, \boldsymbol{a}_3) = \begin{cases} V & (\boldsymbol{a}_1,\, \boldsymbol{a}_2,\, \boldsymbol{a}_3 \text{ が右手系をなすとき}) \\ -V & (\boldsymbol{a}_1,\, \boldsymbol{a}_2,\, \boldsymbol{a}_3 \text{ が左手系をなすとき}) \end{cases} \tag{2.3}$$

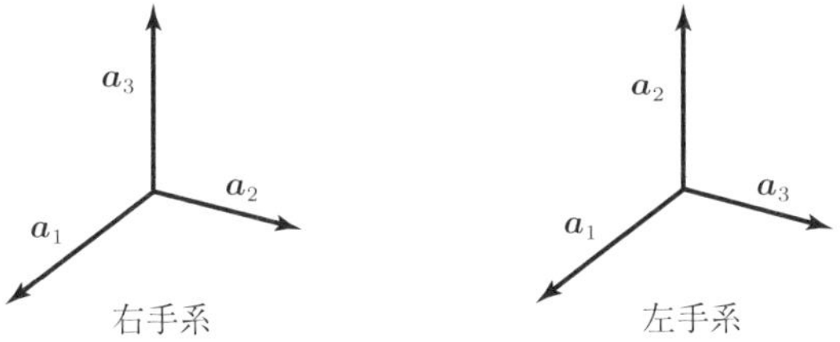

図 **2.4**

右手の親指に $\boldsymbol{a}_1$, 人差し指に $\boldsymbol{a}_2$, 中指に $\boldsymbol{a}_3$ を割り当てて，3 本の指を自然に 3 方向に伸ばしたときと同じ位置関係にあるとき，$\boldsymbol{a}_1$, $\boldsymbol{a}_2$, $\boldsymbol{a}_3$ は**右手系**をなすという．左手の指と同じ位置関係にあるとき，**左手系**をなすという (ここで，3 つの単位ベクトル $\boldsymbol{e}_1$, $\boldsymbol{e}_2$, $\boldsymbol{e}_3$ は右手系をなすものとする).

$D(\boldsymbol{a}_1, \boldsymbol{a}_2, \boldsymbol{a}_3)$ は次のような性質を持つ.

(1) $D(\boldsymbol{a}_1 + \boldsymbol{a}'_1, \boldsymbol{a}_2, \boldsymbol{a}_3) = D(\boldsymbol{a}_1, \boldsymbol{a}_2, \boldsymbol{a}_3) + D(\boldsymbol{a}'_1, \boldsymbol{a}_2, \boldsymbol{a}_3)$,

(2) $D(c\boldsymbol{a}_1, \boldsymbol{a}_2, \boldsymbol{a}_3) = cD(\boldsymbol{a}_1, \boldsymbol{a}_2, \boldsymbol{a}_3) \quad (c \in \boldsymbol{R})$.

(3) $D(\boldsymbol{a}_1, \boldsymbol{a}_2 + \boldsymbol{a}'_2, \boldsymbol{a}_3) = D(\boldsymbol{a}_1, \boldsymbol{a}_2, \boldsymbol{a}_3) + D(\boldsymbol{a}_1, \boldsymbol{a}'_2, \boldsymbol{a}_3)$.

(4) $D(\boldsymbol{a}_1, c\boldsymbol{a}_2, \boldsymbol{a}_3) = cD(\boldsymbol{a}_1, \boldsymbol{a}_2, \boldsymbol{a}_3) \quad (c \in \boldsymbol{R})$.

(5) $D(\boldsymbol{a}_1, \boldsymbol{a}_2, \boldsymbol{a}_3 + \boldsymbol{a}'_3) = D(\boldsymbol{a}_1, \boldsymbol{a}_2, \boldsymbol{a}_3) + D(\boldsymbol{a}_1, \boldsymbol{a}_2, \boldsymbol{a}'_3)$,

(6) $D(\boldsymbol{a}_1, \boldsymbol{a}_2, c\boldsymbol{a}_3) = cD(\boldsymbol{a}_1, \boldsymbol{a}_2, \boldsymbol{a}_3) \quad (c \in \boldsymbol{R})$.

(7) $D(\boldsymbol{a}_2, \boldsymbol{a}_1, \boldsymbol{a}_3) = D(\boldsymbol{a}_3, \boldsymbol{a}_2, \boldsymbol{a}_1) = D(\boldsymbol{a}_1, \boldsymbol{a}_3, \boldsymbol{a}_2) = -D(\boldsymbol{a}_1, \boldsymbol{a}_2, \boldsymbol{a}_3)$,

(8) $D(\boldsymbol{a}, \boldsymbol{a}, \boldsymbol{b}) = D(\boldsymbol{a}, \boldsymbol{b}, \boldsymbol{a}) = D(\boldsymbol{b}, \boldsymbol{a}, \boldsymbol{a}) = 0$.

(9) $D(\boldsymbol{e}_1, \boldsymbol{e}_2, \boldsymbol{e}_3) = 1$.

(7) は，2 つのベクトルを取り替えれば図形が反転することによる．(8) は (7) から導かれる．(5), (6) は，ベクトル $\boldsymbol{a}_1$, $\boldsymbol{a}_2$ を含む平面を XY 平面とし，それに直交するように Z 軸をとれば，$D(\boldsymbol{a}_1, \boldsymbol{a}_2, \boldsymbol{a}_3)$ が $\boldsymbol{a}_3$ の Z 座標に比例することより示される．(1) から (4) も同様である．

性質 (1) から (6) までを **3 重線形性**とよぶ．2 重線形性や 3 重線形性などを総称して**多重線形性**とよぶ．性質 (7)(および (8)) を**交代性**とよぶ．今，

$$
\begin{aligned}
\boldsymbol{a}_1 &= a_{11}\boldsymbol{e}_1 + a_{21}\boldsymbol{e}_2 + a_{31}\boldsymbol{e}_3, \\
\boldsymbol{a}_2 &= a_{12}\boldsymbol{e}_1 + a_{22}\boldsymbol{e}_2 + a_{32}\boldsymbol{e}_3, \\
\boldsymbol{a}_3 &= a_{13}\boldsymbol{e}_1 + a_{23}\boldsymbol{e}_2 + a_{33}\boldsymbol{e}_3
\end{aligned}
$$

を $D(\boldsymbol{a}_1, \boldsymbol{a}_2, \boldsymbol{a}_3)$ に代入し，多重線形性を用いて展開すると

$$
a_{i1}a_{j2}a_{k3}D(\boldsymbol{e}_i, \boldsymbol{e}_j, \boldsymbol{e}_k) \qquad (1 \leq i \leq 3,\ 1 \leq j \leq 3,\ 1 \leq k \leq 3)
$$

なる $27\,(=3^3)$ 個の項があらわれる．ところが，i, j, k の中に等しいものがあるならば，交代性によって $D(\boldsymbol{e}_i, \boldsymbol{e}_j, \boldsymbol{e}_k) = 0$ である．したがって，i, j, k

が 1, 2, 3 の並べかえになっている 6 $(=3!)$ 通りの組み合わせのみを考えればよい．この 6 通りの $D(\boldsymbol{e}_i,\boldsymbol{e}_j,\boldsymbol{e}_k)$ を求めると，**2 つのベクトルを交換すれば符号は反転し，2 度交換すればもとに戻る**ことに注意すれば

$$
\begin{aligned}
&D(\boldsymbol{e}_1,\boldsymbol{e}_2,\boldsymbol{e}_3)=1,\\
&D(\boldsymbol{e}_1,\boldsymbol{e}_3,\boldsymbol{e}_2)=-D(\boldsymbol{e}_1,\boldsymbol{e}_2,\boldsymbol{e}_3)=-1,\\
&D(\boldsymbol{e}_2,\boldsymbol{e}_1,\boldsymbol{e}_3)=-D(\boldsymbol{e}_1,\boldsymbol{e}_2,\boldsymbol{e}_3)=-1,\\
&D(\boldsymbol{e}_2,\boldsymbol{e}_3,\boldsymbol{e}_1)=-D(\boldsymbol{e}_1,\boldsymbol{e}_3,\boldsymbol{e}_2)=D(\boldsymbol{e}_1,\boldsymbol{e}_2,\boldsymbol{e}_3)=1,\\
&D(\boldsymbol{e}_3,\boldsymbol{e}_1,\boldsymbol{e}_2)=-D(\boldsymbol{e}_1,\boldsymbol{e}_3,\boldsymbol{e}_2)=D(\boldsymbol{e}_1,\boldsymbol{e}_2,\boldsymbol{e}_3)=1,\\
&D(\boldsymbol{e}_3,\boldsymbol{e}_2,\boldsymbol{e}_1)=-D(\boldsymbol{e}_1,\boldsymbol{e}_2,\boldsymbol{e}_3)=-1
\end{aligned}
$$

となる．結局，次の式が得られる．

$$
\begin{aligned}
D(\boldsymbol{a}_1,\boldsymbol{a}_2,\boldsymbol{a}_3)=\ &a_{11}a_{22}a_{33}+a_{21}a_{32}a_{13}+a_{31}a_{12}a_{23}\\
&-a_{11}a_{32}a_{23}-a_{21}a_{12}a_{33}-a_{31}a_{22}a_{13}
\end{aligned}
\tag{2.4}
$$

この $D(\boldsymbol{a}_1,\boldsymbol{a}_2,\boldsymbol{a}_3)$ は **3 次正方行列** A **の行列式** (あるいは単に **3 次の行列式**) とよばれ，$|A|$, $\det A$, $\det(\boldsymbol{a}_1,\boldsymbol{a}_2,\boldsymbol{a}_3)$ ，あるいは $\begin{vmatrix} a_{11} & a_{12} & a_{13}\\ a_{21} & a_{22} & a_{23}\\ a_{31} & a_{32} & a_{33}\end{vmatrix}$ などと表される．(2.4) にあらわれる項は

$$\pm\, a_{\boxed{i}1}a_{\boxed{j}2}a_{\boxed{k}3}$$

という形である．ただし，i, j, k は 1, 2, 3 の並べかえになっており，2 つの文字の交換を 1 回おこなったときは符号が ‘$-$’ となり，2 回おこなったとき，または並べかえをおこなわなかったときは，符号は ‘$+$’ となる．

2 次と 3 次の行列式には，**たすきがけ (サラスの方法)** という計算法がある．図 2.5 の左の図の $(1,1)$ 成分と $(2,2)$ 成分を貫く斜線は,「$(1,1)$ 成分と $(2,2)$ 成分の積に符号 ‘$+$’ をつける」ことを表す．一方，右の図の斜線は「$(2,1)$ 成分と $(1,2)$ 成分の積に符号 ‘$-$’ をつける」ことを意味する．行列式はそれらの和，すなわち $a_{11}a_{22}-a_{21}a_{12}$ となる．

図 2.6 も同様である．左の図の 3 本の折れ線の貫く 3 個の成分の積に符号

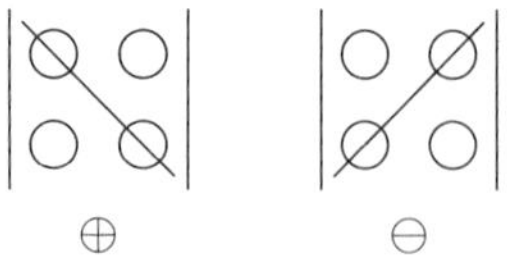

図 **2.5**　2 次の行列式のたすきがけ

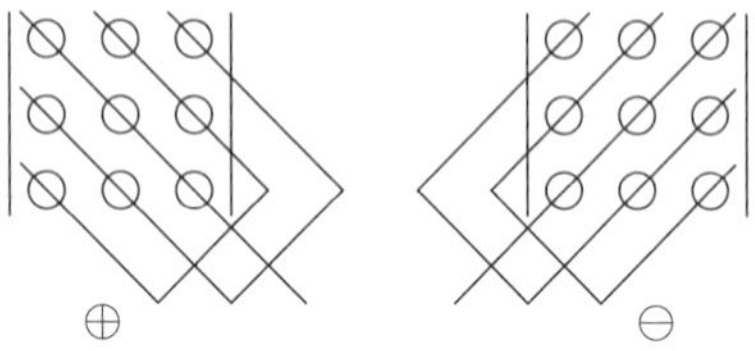

図 **2.6**　3 次の行列式のたすきがけ

'+' をつける．一方，右の図の折れ線の貫く 3 個の成分の積には符号 '−' をつける．そうして得られた 6 個の項を足し合わせたものが 3 次の行列式である．

問題 2.1　次の行列式を求めよ．

(1)　$\begin{vmatrix} 2 & 4 \\ 1 & 3 \end{vmatrix}$　　(2)　$\begin{vmatrix} 4 & 2 & 5 \\ 1 & 2 & 4 \\ 2 & 1 & 3 \end{vmatrix}$

答え　(1) 2　　(2) 3

注意 2.1　4 次以上の行列式 (後述) には,「たすきがけ」は通用しない．

2.1.3　写像の合成と単射・全射

行列式を定義するための準備として，写像について述べる．以下，X, Y, Z などは集合を表すものとする．

定義 2.1　$f : X \to Y$, $g : Y \to Z$ は写像とする．$x \in X$ に対して $g(f(x)) \in Z$ を対応させる写像を f と g の**合成写像**とよび，記号 $g \circ f$ で表す：

$$g \circ f(x) = g(f(x)) \qquad (x \in X). \tag{2.5}$$

例 2.1 $X = \{1, 2, 3\}$, $Y = \{4, 5, 6\}$, $Z = \{7, 8, 9, 10\}$ とする．

写像 $f : X \to Y$ が $f(1) = 5$, $f(2) = 6$, $f(3) = 5$ によって定めれているとし，写像 $g : Y \to Z$ は $g(4) = 10$, $g(5) = 8$, $g(6) = 7$ によって定められているとする．このとき，合成写像 $g \circ f$ は，

$$
\begin{aligned}
g \circ f(1) &= g(f(1)) = g(5) = 8 \\
g \circ f(2) &= g(f(2)) = g(6) = 7 \\
g \circ f(3) &= g(f(3)) = g(5) = 8
\end{aligned}
$$

によって定まる X から Z への写像である．感覚的にいえば，$g \circ f$ は，f に引き続いて g をほどこした写像である．

定義 2.2 $f : X \to Y$ は写像とする．

(1) f が**単射**であるとは,「$x_1, x_2 \in X$ が $f(x_1) = f(x_2)$ を満たすならば $x_1 = x_2$ である」ことである．いい換えれば,「$x_1, x_2 \in X$ が $x_1 \neq x_2$ を満たすならば $f(x_1) \neq f(x_2)$ である」ことである．

(2) f が**全射**であるとは,「任意の $y \in Y$ に対して，ある $x \in X$ が存在して，$f(x) = y$ となる」ことである．

(3) f が単射かつ全射であるとき，f は**全単射**であるという．

例 2.2 $X = \{1, 2, 3\}$, $Y = \{4, 5, 6\}$ とする．$f(1) = 5$, $f(2) = 6$, $f(3) = 5$ で定まる写像 $f : X \to Y$ は単射でも全射でもない (確かめよ)．

命題 2.1 $f : X \to Y$, $g : Y \to Z$ について，次のことが成り立つ．

(1) f が単射かつ g が単射ならば，合成写像 $g \circ f$ も単射である．

(2) f が全射かつ g が全射ならば，$g \circ f$ も全射である．

(3) f が全単射かつ g が全単射ならば，$g \circ f$ も全単射である．

証明 (1) $x_1, x_2 \in X$ が $g \circ f(x_1) = g \circ f(x_2)$ を満たすと仮定し，$x_1 = x_2$ を示す．仮定より $g(f(x_1)) = g(f(x_2))$ であるが，写像 g が単射であることより，$f(x_1) = f(x_2)$ である (写像 g が単射であることの定義の条件を，Y の元 $f(x_1)$, $f(x_2)$ に対して適用せよ)．さらに写像 f が単射であることより

$x_1 = x_2$ である．よって($g \circ f(x_1) = g \circ f(x_2)$ を仮定して $x_1 = x_2$ が示されたので)，$g \circ f$ は単射である．

（2） Z の元 z を任意にとる．g が全射であることより，$g(y) = z$ を満たすような Y の元 y が存在する．f が全射であることより，$f(x) = y$ を満たすような X の元 x が存在する．このとき

$$g \circ f(x) = g(f(x)) = g(y) = z \tag{2.6}$$

となる．よって (Z の任意の元 z に対して $g \circ f(x) = z$ となるような $x \in X$ が存在することが示されたので)，$g \circ f$ は全射である．

（3） (1) および (2) よりしたがう． □

いま，$f : X \to Y$ は全単射であるとする．y は Y の任意の元とする．f は全射であるので，$f(x) = y$ を満たすような X の元 x が存在する．さらに f が単射であることより，そのような x はただ 1 つしか存在しない．

定義 2.3 写像 $f : X \to Y$ は**全単射**であるとする．Y の元 y に対して，$f(x) = y$ を満たすような X のただ 1 つの元 x を対応させる写像を f の**逆写像**とよび，記号 f^{-1} で表す：$f^{-1}(y) = x \Leftrightarrow f(x) = y$.

注意 2.2 全単射でない写像の逆写像は定義されない．$f : X \to Y$ が全単射ならば f^{-1} も全単射であり，$(f^{-1})^{-1} = f$ が成り立つ．

定義 2.4 集合 X の元 x に対して x 自身を対応させる X から X への写像を**恒等写像** (identity map) あるいは**恒等変換**とよび，記号 id_X(あるいは単に id) で表す ($\mathrm{id}_X(x) = x, \forall x \in X$).

2.1.4 置換の定義と積

行列式の定義には，添え字 $i, j, k, \cdots$ の並べ替えが重要な役割を果たす．

定義 2.5 n 個の元からなる集合 X から X 自身への全単射 $\sigma : X \to X$ を n 文字の**置換**とよぶ．

置換は σ, τ, ρ などのギリシャ文字の小文字で表すことが多い．また，n 個の元からなる集合 X としては，$\{1,2,\cdots,n\}$ を考えるのが通例である．以下，特にことわらない限り，$X=\{1,2,\cdots,n\}$ とする．

n 文字の置換 $\sigma:\{1,2,\cdots,n\}\to\{1,2,\cdots,n\}$ の表記法について述べる．$\sigma(1)=i_1$, $\sigma(2)=i_2,\cdots,\sigma(n)=i_n$ であるとき，

$$\sigma=\begin{pmatrix}1 & 2 & \cdots & n\\ i_1 & i_2 & \cdots & i_n\end{pmatrix} \tag{2.7}$$

と表す．$i_1, i_2,\cdots,i_n$ は $1,2,\cdots,n$ を並べかえたものになっている．ここで，上の段の並びは必ずしも $1,2,\cdots,n$ という順番でなくてもよい．たとえば

$$\begin{pmatrix}1&2&3\\3&1&2\end{pmatrix}=\begin{pmatrix}1&3&2\\3&2&1\end{pmatrix}=\begin{pmatrix}2&1&3\\1&3&2\end{pmatrix}=\begin{pmatrix}2&3&1\\1&2&3\end{pmatrix}$$

などのように，いろいろな表記ができる．

前の小節で示したように，全単射の合成は全単射であり (命題 2.1 (3))，全単射の逆写像も全単射である (注意 2.2)．

定義 2.6 σ, τ は n 文字の置換とする．

(1) 合成写像 $\sigma\circ\tau$ を置換 σ と置換 τ の**積**とよび，記号 $\sigma\tau$ で表す．

(2) σ の逆写像 σ^{-1} を置換 σ の**逆置換**とよび，同じ記号 σ^{-1} で表す．

(3) 恒等写像 id を**恒等置換**とよぶ．id は 1_n あるいは単に 1 とも表す．

定義 2.7 n 文字の置換全体の集合を n **次対称群** (symmetric group) とよび，記号 S_n で表す．

S_n は $n!$ 個の元からなる集合である．次に，置換の積を実際に計算してみる．

例 2.3 $\sigma=\begin{pmatrix}1&2&3\\2&1&3\end{pmatrix}, \tau=\begin{pmatrix}1&2&3\\3&2&1\end{pmatrix}$ とすると

$$\sigma\tau(1)=\sigma(\tau(1))=\sigma(3)=3,$$
$$\sigma\tau(2)=\sigma(\tau(2))=\sigma(2)=1,$$

$$\sigma\tau(3) = \sigma(\tau(3)) = \sigma(1) = 2$$

より $\sigma\tau = \begin{pmatrix} 1 & 2 & 3 \\ 3 & 1 & 2 \end{pmatrix}$ が得られる.

次のように考えることもできる.

$$\begin{pmatrix} 1 & 2 & 3 \\ 2 & 1 & 3 \end{pmatrix}\begin{pmatrix} 1 & 2 & 3 \\ 3 & 2 & 1 \end{pmatrix}$$

において，右側の置換 τ に着目すると，上の段の 1 の下には 3 がある (これは $\tau(1) = 3$ を意味する). その 3 を左の置換 σ の上の段から探し，その下にある文字をみれば 3 であるので (これは $\sigma(\tau(1)) = \sigma(3) = 3$ を意味する)

$$\begin{pmatrix} 1 & 2 & 3 \\ 2 & 1 & 3 \end{pmatrix}\begin{pmatrix} 1 & 2 & 3 \\ 3 & 2 & 1 \end{pmatrix} = \begin{pmatrix} 1 & 2 & 3 \\ 3 & & \end{pmatrix}$$

と書き入れる. 同様にして，右の置換 τ の上の段の 2 の下は 2 であり，左の置換 σ の 2 の下は 1 であるので

$$\begin{pmatrix} 1 & 2 & 3 \\ 2 & 1 & 3 \end{pmatrix}\begin{pmatrix} 1 & 2 & 3 \\ 3 & 2 & 1 \end{pmatrix} = \begin{pmatrix} 1 & 2 & 3 \\ 3 & 1 & \end{pmatrix}$$

と書き入れる — という具合にして $\sigma\tau$ が計算できる.

また，次のように考えることもできる.

まず右側の置換 $\tau = \begin{pmatrix} 1 & 2 & 3 \\ 3 & 2 & 1 \end{pmatrix}$ の下の段をみれば，それは 3 2 1 の順に並んでいる. そこで，左側の置換 σ の上の段の並びも 3 2 1 に合わせる：

$$\sigma = \begin{pmatrix} 1 & 2 & 3 \\ 2 & 1 & 3 \end{pmatrix} = \begin{pmatrix} 3 & 2 & 1 \\ 3 & 1 & 2 \end{pmatrix}.$$

すると下の段の並びは 3 1 2 となる. これを 1 2 3 の下にそのまま書けばよい：

$$\sigma\tau = \begin{pmatrix} 1 & 2 & 3 \\ 2 & 1 & 3 \end{pmatrix}\begin{pmatrix} 1 & 2 & 3 \\ 3 & 2 & 1 \end{pmatrix}$$

$$= \begin{pmatrix} 3 & 2 & 1 \\ 3 & 1 & 2 \end{pmatrix} \begin{pmatrix} 1 & 2 & 3 \\ 3 & 2 & 1 \end{pmatrix} = \begin{pmatrix} 1 & 2 & 3 \\ 3 & 1 & 2 \end{pmatrix}.$$

$\sigma\tau$ と $\tau\sigma$ とは必ずしも一致しない (上の例で $\tau\sigma$ を計算してみよ). また, $\sigma = \begin{pmatrix} 1 & 2 & \cdots & n \\ i_1 & 2_2 & \cdots & i_n \end{pmatrix}$ の逆置換は $\sigma^{-1} = \begin{pmatrix} i_1 & i_2 & \cdots & i_n \\ 1 & 2 & \cdots & n \end{pmatrix}$ である.

問題 2.2 $\sigma = \begin{pmatrix} 1 & 2 & 3 & 4 & 5 \\ 3 & 4 & 5 & 2 & 1 \end{pmatrix}$, $\tau = \begin{pmatrix} 1 & 2 & 3 & 4 & 5 \\ 4 & 1 & 2 & 5 & 3 \end{pmatrix}$ に対して $\sigma\tau$, $\tau\sigma$, σ^{-1}, τ^{-1} をそれぞれ求めよ.

答え $\sigma\tau = \begin{pmatrix} 1 & 2 & 3 & 4 & 5 \\ 2 & 3 & 4 & 1 & 5 \end{pmatrix}$, $\tau\sigma = \begin{pmatrix} 1 & 2 & 3 & 4 & 5 \\ 2 & 5 & 3 & 1 & 4 \end{pmatrix}$,

$\sigma^{-1} = \begin{pmatrix} 1 & 2 & 3 & 4 & 5 \\ 5 & 4 & 1 & 2 & 3 \end{pmatrix}$, $\tau^{-1} = \begin{pmatrix} 1 & 2 & 3 & 4 & 5 \\ 2 & 3 & 5 & 1 & 4 \end{pmatrix}$.

命題 2.2 n 文字の置換 $\sigma, \sigma_1, \sigma_2 \in S_n$ について, 次が成り立つ.

(1) $\sigma_1 \neq \sigma_2$ ならば $\sigma\sigma_1 \neq \sigma\sigma_2$ である.

(2) $\sigma_1 \neq \sigma_2$ ならば $\sigma_1\sigma \neq \sigma_2\sigma$ である.

(3) $\sigma_1 \neq \sigma_2$ ならば $\sigma_1^{-1} \neq \sigma_2^{-1}$ である.

証明 (1) 対偶を示す. $\sigma\sigma_1 = \sigma\sigma_2$ とすると, σ^{-1} を左からかけることにより $\sigma_1 = \sigma_2$ が得られる.

(2) も同様に示される.

(3) やはり対偶を示す. $\sigma_1^{-1} = \sigma_2^{-1}$ とすると, 両辺の逆置換をとることにより $\sigma_1 = (\sigma_1^{-1})^{-1} = (\sigma_2^{-1})^{-1} = \sigma_2$ が示される. □

命題 2.3 n 文字の置換全体の集合 S_n は $n!$ 個の元からなるが, それをすべて列挙して $S_n = \{\sigma_1, \sigma_2, \cdots, \sigma_N\}$ と書くとする. ここで $N = n!$ である. また, $\sigma \in S_n$ とする. このとき次のことが成り立つ.

(1) 集合 $\{\sigma\sigma_1, \sigma\sigma_2, \cdots, \sigma\sigma_N\}$ は S_n と一致する.

(2) 集合 $\{\sigma_1\sigma, \sigma_2\sigma, \cdots, \sigma_N\sigma\}$ は S_n と一致する.

(3) 集合 $\{\sigma_1^{-1}, \sigma_2^{-1}, \cdots, \sigma_N^{-1}\}$ は S_n と一致する.

証明 (1) 命題 2.2 より $\sigma\sigma_1, \sigma\sigma_2, \cdots, \sigma\sigma_N$ はすべて異なる置換である. S_n は $N\,(=n!)$ 個の元からなり, $\{\sigma\sigma_1, \sigma\sigma_2, \cdots, \sigma\sigma_N\}$ もまた N 個の元からなるので, 両者は一致する.

(2), (3) も同様に示される. □

2.1.5 互換

置換 $\sigma = \begin{pmatrix} 1 & 2 & 3 & 4 & 5 \\ 1 & 5 & 3 & 4 & 2 \end{pmatrix}$ は文字 2 と 5 を交換し, 他の文字 1, 3, 4 を固定する. このような置換を**互換**とよび, 記号 (2 5) で表す. 一般に, 置換 σ が**互換**であるとは, ある $k, l\ (k \neq l)$ に対して $\sigma(k) = l, \sigma(l) = k$ を満たし, それ以外の i については $\sigma(i) = i$ を満たすことをいう. このような σ を記号 $(k\,l)$ で表す. σ が互換ならば $\sigma\sigma = \mathrm{id}$ となり, よって $\sigma^{-1} = \sigma$ である.

のちに示すように, 任意の置換は, いくつかの互換の積として表すことができる (命題 2.4). まず具体例をみてみよう.

例 2.4 $\sigma = \begin{pmatrix} 1 & 2 & 3 & 4 \\ 4 & 3 & 1 & 2 \end{pmatrix}$ とする. σ にいくつかの互換をかけて恒等置換にすることを考える. $\sigma(4) = 2$ より, σ に左から互換 $\tau_1 = (2\,4)$ をかければ, $\tau_1\sigma(4) = \tau_1(\sigma(4)) = \tau_1(2) = 4$ となる. 実際

$$\tau_1\sigma = \begin{pmatrix} 1 & 2 & 3 & 4 \\ 1 & 4 & 3 & 2 \end{pmatrix}\begin{pmatrix} 1 & 2 & 3 & 4 \\ 4 & 3 & 1 & 2 \end{pmatrix} = \begin{pmatrix} 1 & 2 & 3 & 4 \\ 2 & 3 & 1 & 4 \end{pmatrix}$$

である. この置換を σ_1 とおくと, σ_1 は 4 を固定するので, 実質的に 3 文字の置換と考えられる. さらに, $\sigma_1(3) = 1$ であるので, 互換 $\tau_2 = (1\,3)$ を左からかければ $\tau_2\sigma_1$ は 3 を固定する. 実際

$$\tau_2\sigma_1 = \begin{pmatrix} 1 & 2 & 3 & 4 \\ 3 & 2 & 1 & 4 \end{pmatrix}\begin{pmatrix} 1 & 2 & 3 & 4 \\ 2 & 3 & 1 & 4 \end{pmatrix} = \begin{pmatrix} 1 & 2 & 3 & 4 \\ 2 & 1 & 3 & 4 \end{pmatrix}$$

である．この置換を σ_2 とおけば $\sigma_2 = (1\,2)$ である．ここでさらに $\tau_3 = \sigma_2$ とおき，σ_2 に左から τ_3 をかければ恒等置換 id に到達する．すなわち

$$\tau_3\tau_2\tau_1\sigma = \mathrm{id}$$

が得られる．この式に左から $\tau_1\tau_2\tau_3$ をかければ，

$$\sigma = \tau_1\tau_2\tau_3 = (2\,4)\,(1\,3)\,(1\,2)$$

が得られる (τ が互換ならば $\tau\tau = \mathrm{id}$ であることに注意せよ).

命題 2.4 任意の置換 $\sigma \in S_n$ は，いくつかの互換の積として表される．

証明 n に関する数学的帰納法により証明する．

$n = 2$ のとき，置換は恒等置換と $(1\,2)$ のみであるので，それらは互換の積として表すことができる (恒等置換は 0 個の互換の積と考える).

$n \geq 3$ とし，$(n-1)$ 文字の任意の置換は互換の積として表されると仮定し，n 文字の置換 σ を考える．$\sigma(n) = k$ とおく．$k = n$ ならば，σ は文字 n を固定するので，$(n-1)$ 個の文字の置換とみなせる．したがって，帰納法の仮定より，σ はいくつかの互換の積として表される．次に $k \neq n$ とする．このとき，$\tau = (k\,n)$ とおき，これを左から σ にかけると $\tau\sigma(n) = \tau(k) = n$ となり，$\tau\sigma$ は n を固定するので $(n-1)$ 文字の置換と考えることができる．このとき，帰納法の仮定より，$\tau\sigma$ はいくつかの互換の積として表される．

$$\tau\sigma = \tau_1\tau_2\cdots\tau_m \qquad (\tau_1,\,\tau_2,\cdots,\tau_m \text{ は互換})$$

とすれば，この式の両辺に左から τ をかけることにより

$$\sigma = \tau\tau_1\tau_2\cdots\tau_m$$

が得られ，σ が互換の積として表されることが示される． □

置換が与えられたとき，それを互換の積として表す仕方は一意的ではない．たとえば例 2.4 の置換 $\sigma = \begin{pmatrix} 1 & 2 & 3 & 4 \\ 4 & 3 & 1 & 2 \end{pmatrix}$ は

$$\sigma = (2\,3)\,(3\,4)\,(1\,2)\,(2\,3)\,(1\,2) \tag{2.8}$$

とも表すことができる (確かめよ).

問題 2.3 次の置換を互換の積として表せ.

(1) $\begin{pmatrix} 1 & 2 & 3 & 4 \\ 2 & 3 & 4 & 1 \end{pmatrix}$ (2) $\begin{pmatrix} 1 & 2 & 3 & 4 & 5 \\ 3 & 4 & 1 & 5 & 2 \end{pmatrix}$

解答例 (1) $(1\,4)(1\,3)(1\,2)$ (2) $(2\,5)(2\,4)(1\,3)$

2.1.6 置換の符号

この小節で置換の**符号**について述べ, 行列式の定義のための準備を終える.

定義 2.8 n 文字の置換 $\sigma \in S_n$ に対して, $\mathrm{sgn}(\sigma)$ を

$$\mathrm{sgn}(\sigma) = \prod_{1 \leq i < j \leq n} \left(\frac{\sigma(j) - \sigma(i)}{j - i} \right) \tag{2.9}$$

と定め, 置換 σ の**符号** (signature) とよぶ.

$\mathrm{sgn}(\sigma)$ は $\mathrm{sgn}\,\sigma$ とも表す. 'sgn' は 'signature' に由来する. 記号 $\prod$ は,「すべてかけ合わせる」ことを意味する. (2.9) では $1 \leq i < j \leq n$ なるすべての自然数 i, j の組み合わせにわたって積をとる.

例 2.5 $\sigma = \begin{pmatrix} 1 & 2 & 3 \\ 2 & 1 & 3 \end{pmatrix}$ については, $1 \leq i < j \leq 3$ を満たす i, j の組は $(i, j) = (1, 2), (1, 3), (2, 3)$ の 3 通りであるので,

$$\begin{aligned} \mathrm{sgn}(\sigma) &= \frac{\sigma(2) - \sigma(1)}{2 - 1} \cdot \frac{\sigma(3) - \sigma(1)}{3 - 1} \cdot \frac{\sigma(3) - \sigma(2)}{3 - 2} \\ &= \frac{1 - 2}{2 - 1} \cdot \frac{3 - 2}{3 - 1} \cdot \frac{3 - 1}{3 - 2} \\ &= \frac{-(2 - 1)(3 - 2)(3 - 1)}{(2 - 1)(3 - 1)(3 - 2)} = -1 \end{aligned}$$

となる.

一般に，式 (2.9) は

$$\mathrm{sgn}(\sigma) = \frac{\displaystyle\prod_{1 \leq i < j \leq n} \Big(\sigma(j) - \sigma(i)\Big)}{\displaystyle\prod_{1 \leq i < j \leq n} (j - i)} \tag{2.10}$$

と書き直すことができる．$\sigma(1), \sigma(2), \cdots, \sigma(n)$ は $1, 2, \cdots, n$ の並べかえであるので，式 (2.10) の分母と分子は絶対値が等しく，$\mathrm{sgn}(\sigma) = \pm 1$ である．したがって，$\mathrm{sgn}(\sigma)$ を考える際は，その正負のみが問題になる．いい換えれば，i と j **の大小関係が** σ **によって何回逆転したか**が問題になる．

定義 2.9 $\sigma \in S_n$ とする．$1 \leq i < j \leq n$ かつ $\sigma(i) > \sigma(j)$ を満たす自然数の組 (i, j) の個数を σ の**逆転数**とよぶ．

命題 2.5 置換 σ の逆転数を t とするとき，$\mathrm{sgn}(\sigma) = (-1)^t$ である．すなわち，t が偶数ならば $\mathrm{sgn}(\sigma) = 1$，t が奇数ならば $\mathrm{sgn}(\sigma) = -1$ である．

例 2.6 前述の例 2.4 の $\sigma = \begin{pmatrix} 1 & 2 & 3 & 4 \\ 4 & 3 & 1 & 2 \end{pmatrix}$ については，$i < j$ かつ $\sigma(i) > \sigma(j)$ を満たす (i, j) は $(1, 2)$, $(1, 3)$, $(1, 4)$, $(2, 3)$, $(2, 4)$ の 5 通りであるので，σ の逆転数は 5 であり，$\mathrm{sgn}(\sigma) = (-1)^5 = -1$ である．

例 2.7 2 次対称群 S_2 は $2\,(=2!)$ 個の置換から成り，S_3 は $6\,(=3!)$ 個の置換から成る．それぞれの逆転数と符号は下の表の通りである (確かめよ)．

S_2 の元	逆転数	符号
$\begin{pmatrix} 1 & 2 \\ 1 & 2 \end{pmatrix}$	0	$+1$
$\begin{pmatrix} 1 & 2 \\ 2 & 1 \end{pmatrix}$	1	-1

S_3 の元	逆転数	符号
$\begin{pmatrix} 1 & 2 & 3 \\ 1 & 2 & 3 \end{pmatrix}$	0	$+1$
$\begin{pmatrix} 1 & 2 & 3 \\ 1 & 3 & 2 \end{pmatrix}$	1	-1
$\begin{pmatrix} 1 & 2 & 3 \\ 2 & 1 & 3 \end{pmatrix}$	1	-1
$\begin{pmatrix} 1 & 2 & 3 \\ 2 & 3 & 1 \end{pmatrix}$	2	$+1$
$\begin{pmatrix} 1 & 2 & 3 \\ 3 & 1 & 2 \end{pmatrix}$	2	$+1$
$\begin{pmatrix} 1 & 2 & 3 \\ 3 & 2 & 1 \end{pmatrix}$	3	-1

さて，小節 2.1.1 および 2.1.2 において，2 次，3 次の行列式について述べた．

$$\begin{vmatrix} a_{11} & a_{12} \\ a_{21} & a_{22} \end{vmatrix} = a_{11}a_{22} - a_{21}a_{12}$$

であったが，ここにあらわれる項は $\mathrm{sgn}(\sigma)a_{\sigma(1)1}a_{\sigma(2)2}$ $(\sigma \in S_2)$ の形である．実際，たとえば $\sigma = (1\,2)$ については $\sigma(1) = 2,\ \sigma(2) = 1,\ \mathrm{sgn}(\sigma) = -1$ であり，これに対応する項は $\mathrm{sgn}(\sigma)a_{\sigma(1)1}a_{\sigma(2)2} = -a_{21}a_{12}$ である．

問題 2.4 3 次正方行列 $A = (a_{ij})$ の行列式を表す式 (2.4) にあらわれる 6 個の項は $\mathrm{sgn}(\sigma)a_{\sigma(1)1}a_{\sigma(2)2}a_{\sigma(3)3}$ $(\sigma \in S_3)$ の形であることを確認せよ．

置換の符号については，次の命題が重要である．

命題 2.6 $\sigma, \tau \in S_n$ とするとき，次のことが成り立つ．

(1) $\mathrm{sgn}(\mathrm{id}) = 1$.

(2) $\mathrm{sgn}(\sigma\tau) = \mathrm{sgn}(\sigma)\mathrm{sgn}(\tau)$.

(3) $\mathrm{sgn}(\sigma^{-1}) = \mathrm{sgn}(\sigma)$.

(4)　σ が互換ならば $\mathrm{sgn}(\sigma) = -1$.

証明 (1)　恒等置換の逆転数が 0 であることよりしたがう.

(2)
$$\begin{aligned}\mathrm{sgn}(\sigma\tau) &= \prod_{1\le i<j\le n}\left(\frac{\sigma(\tau(j))-\sigma(\tau(i))}{j-i}\right)\\ &= \prod_{1\le i<j\le n}\left(\frac{\sigma(\tau(j))-\sigma(\tau(i))}{\tau(j)-\tau(i)}\cdot\frac{\tau(j)-\tau(i)}{j-i}\right)\\ &= \prod_{1\le i<j\le n}\left(\frac{\sigma(\tau(j))-\sigma(\tau(i))}{\tau(j)-\tau(i)}\right)\cdot\prod_{1\le i<j\le n}\left(\frac{\tau(j)-\tau(i)}{j-i}\right)\\ &= \prod_{1\le i<j\le n}\left(\frac{\sigma(\tau(j))-\sigma(\tau(i))}{\tau(j)-\tau(i)}\right)\cdot\mathrm{sgn}(\tau)\end{aligned}$$

であるが,

$$\frac{\sigma(\tau(j))-\sigma(\tau(i))}{\tau(j)-\tau(i)} = \frac{-(\,\sigma(\tau(j))-\sigma(\tau(i))\,)}{-(\,\tau(j)-\tau(i)\,)} = \frac{\sigma(\tau(i))-\sigma(\tau(j))}{\tau(i)-\tau(j)}$$

に注意し, $\tau(i)$ と $\tau(j)$ のうち小さいほうを k, 大きいほうを l とおき直せば

$$\frac{\sigma(\tau(j))-\sigma(\tau(i))}{\tau(j)-\tau(i)} = \frac{\sigma(l)-\sigma(k)}{l-k}$$

が成り立つ. (i,j) が $1\le i<j\le n$ なるすべての組み合わせを尽くすならば, (k,l) も $1\le k<l\le n$ なるすべての組み合わせを尽くすので

$$\prod_{1\le i<j\le n}\left(\frac{\sigma(\tau(j))-\sigma(\tau(i))}{\tau(j)-\tau(i)}\right) = \prod_{1\le k<l\le n}\left(\frac{\sigma(l)-\sigma(k)}{l-k}\right) = \mathrm{sgn}(\sigma)$$

が成り立ち, (2) が示される.

(3)　(1) および (2) を用いれば

$$\mathrm{sgn}(\sigma)\mathrm{sgn}(\sigma^{-1}) = \mathrm{sgn}(\sigma\sigma^{-1}) = \mathrm{sgn}(\mathrm{id}) = 1$$

が成り立つ. $\mathrm{sgn}(\sigma)$ は 1 または -1 であることに注意すれば,

$$\mathrm{sgn}(\sigma^{-1}) = \frac{1}{\mathrm{sgn}(\sigma)} = \mathrm{sgn}(\sigma)$$

が得られる.

(4) $\sigma = (pq)$ とする $(1 \leq p < q \leq n)$. σ の逆転数を求めることにより符号を計算する. σ は p と q を交換し, その他の文字は固定するので, $1 \leq i < j \leq n$ かつ $\sigma(i) > \sigma(j)$ を満たす (i, j) の組み合わせとしては, 次の 3 つの場合が考えられる：

(ア) $i = p$ かつ $j = q$.

(イ) $i = p$ かつ $p + 1 \leq j \leq q - 1$.

(ウ) $p + 1 \leq i \leq q - 1$ かつ $j = q$.

これより σ の逆転数は $1 + 2(q - p - 1)$ となり, これが奇数であることから $\mathrm{sgn}(\sigma) = -1$ が示される. □

命題 2.4 と命題 2.6 より次の定理が導かれる.

定理 2.1 $\sigma \in S_n$ とする.

(1) $\sigma = \tau_1 \tau_2 \cdots \tau_k$ (各 τ_i は互換) ならば $\mathrm{sgn}(\sigma) = (-1)^k$ である.

(2) σ を互換の積に分解するときに要する互換の個数が偶数であるか奇数であるかは, 分解の仕方によらない.

証明 (1) 命題 2.6 (2), (4) より導かれる.

(2) $\sigma = \tau_1 \tau_2 \cdots \tau_k = \rho_1 \rho_2 \cdots \rho_l$ (各 τ_i, ρ_j は互換) ならば, (1) より $\mathrm{sgn}(\sigma) = (-1)^k = (-1)^l$ となり, k と l の偶奇は一致する. □

定義 2.10 置換 σ が偶数個の互換の積で表されるとき, σ は**偶置換**であるという. σ が奇数個の互換の積で表されるとき, σ は**奇置換**であるという.

σ が偶置換ならば $\mathrm{sgn}(\sigma) = 1$ であり, 奇置換ならば $\mathrm{sgn}(\sigma) = -1$ である. 前述の例 2.4 の置換 $\sigma = \begin{pmatrix} 1 & 2 & 3 & 4 \\ 4 & 3 & 1 & 2 \end{pmatrix}$ は奇置換であり, $\mathrm{sgn}(\sigma) = -1$ である. これは逆転数を用いて求めたものと一致する (例 2.6 参照).

さて, 3 次の行列式にあらわれる項 $a_{\sigma(1)1} a_{\sigma(2)2} a_{\sigma(3)3}$ の係数はなぜ $\mathrm{sgn}(\sigma)$ であるのか? この係数は $D(\boldsymbol{e}_{\sigma(1)}, \boldsymbol{e}_{\sigma(2)}, \boldsymbol{e}_{\sigma(3)})$ の符号に由来するが, **交代性**により, 2 つのベクトルを交換すれば $D(\boldsymbol{a}_1, \boldsymbol{a}_2, \boldsymbol{a}_3)$ の符号は反転する. ベクトルの交換は互換に対応するので, まさしくここに $\mathrm{sgn}(\sigma)$ が登場するのである.

2.2 行列式の基本性質と代数的理論

2.2.1 行列式の定義と基本性質

定義 2.11 n 次正方行列 $A = (a_{ij}) = (\boldsymbol{a}_1\,\boldsymbol{a}_2\,\cdots\,\boldsymbol{a}_n) \in M(n, n; K)$ に対して，A の**行列式** (determinant) とよばれ，$\det A$ と書かれる K の元を

$$\det A = \sum_{\sigma \in S_n} \mathrm{sgn}(\sigma) a_{\sigma(1)1} a_{\sigma(2)2} \cdots a_{\sigma(n)n} \tag{2.11}$$

と定める．$\det A$ は $\det(\boldsymbol{a}_1, \boldsymbol{a}_2, \cdots, \boldsymbol{a}_n)$ とも $|A|$ とも書かれる．あるいは

$$\begin{vmatrix} a_{11} & a_{12} & \cdots & a_{1n} \\ a_{21} & a_{22} & \cdots & a_{2n} \\ \vdots & \vdots & \ddots & \vdots \\ a_{n1} & a_{n2} & \cdots & a_{nn} \end{vmatrix}$$

とも書かれる．

記号 $\sum_{\sigma \in S_n}$ は，σ が n 次対称群 S_n 全体にわたって動いた $n!$ 個の項の総和をとることを表す．$n = 2, 3$ のときは，小節 2.1.1 および小節 2.1.2 のものと一致する．また，1 次の正方行列 $A = (a)$ については $\det A = a$ である．

定義式 (2.11) に現れる項 $a_{\sigma(1)1} a_{\sigma(2)2} \cdots a_{\sigma(n)n}$ をみると，$a_{\sigma(1)1}$ は第 1 列の上から $\sigma(1)$ 番目の成分である．同様に $a_{\sigma(2)2}$ は第 2 列の上から $\sigma(2)$ 番目，$a_{\sigma(n)n}$ は第 n 列の上から $\sigma(n)$ 番目の成分である．$\sigma(1), \sigma(2), \cdots, \sigma(n)$ はすべて異なっている．つまり，**各列から 1 つずつ成分が選び出されており，かつ，それらはすべて異なる行にある**．そのように選んだ成分をすべてかけ合わせ，符号をつけて総和をとったものが行列式である．

たとえば，4 次の行列式において，置換 $\sigma = \begin{pmatrix} 1 & 2 & 3 & 4 \\ 4 & 3 & 1 & 2 \end{pmatrix}$ に対応する項 $\mathrm{sgn}(\sigma) a_{\sigma(1)1} a_{\sigma(2)2} a_{\sigma(3)3} a_{\sigma(4)4}$ は次の 4 個の成分 (四角で囲んだもの) をすべてをかけあわせ，さらに符号 $\mathrm{sgn}(\sigma)$ をかけたものである．

$$\begin{vmatrix} a_{11} & a_{12} & \boxed{a_{13}} & a_{14} \\ a_{21} & a_{22} & a_{23} & \boxed{a_{24}} \\ a_{31} & \boxed{a_{32}} & a_{33} & a_{34} \\ \boxed{a_{41}} & a_{42} & a_{43} & a_{44} \end{vmatrix}$$

ところで，n が大きいとき，定義式 (2.11) は非常に多くの項を含み，実際の計算には向かない．行列式の計算方法については後に述べることにして，ここではまず行列式の基本的な性質を述べる．

命題 2.7 $A = (a_{ij}) \in M(n, n; K)$ に対して $|A| = |{}^tA|$ が成り立つ．

証明 ${}^tA = B = (b_{ij})$ とおくと，$b_{ij} = a_{ji}$ を満たす．よって

$$\begin{aligned} |{}^tA| &= \sum_{\sigma \in S_n} \mathrm{sgn}(\sigma) b_{\sigma(1)1} b_{\sigma(2)2} \cdots b_{\sigma(n)n} \\ &= \sum_{\sigma \in S_n} \mathrm{sgn}(\sigma) a_{1\sigma(1)} a_{2\sigma(2)} \cdots a_{n\sigma(n)} \end{aligned} \tag{2.12}$$

である．ここで $\tau = \sigma^{-1}$ とおくと，

$$1 = \tau(\sigma(1)),\ 2 = \tau(\sigma(2)),\ \cdots,\ n = \tau(\sigma(n))$$

であるので，(2.12) はさらに

$$|{}^tA| = \sum_{\sigma \in S_n} \mathrm{sgn}(\sigma) a_{\tau(\sigma(1))\,\sigma(1)}\, a_{\tau(\sigma(2))\,\sigma(2)} \cdots a_{\tau(\sigma(n))\,\sigma(n)}$$

と変形できる．ここで $\sigma(1), \sigma(2), \cdots \sigma(n)$ は $1, 2, \cdots, n$ の並べ替えであるので，

$$a_{\tau(\sigma(1))\,\sigma(1)},\ a_{\tau(\sigma(2))\,\sigma(2)},\ \cdots,\ a_{\tau(\sigma(n))\,\sigma(n)}$$

の順序を入れかえて，

$$a_{\tau(1)1},\ a_{\tau(2)2},\ \cdots,\ a_{\tau(n)n}$$

とすることができることに注意する．すると

$$\mathrm{sgn}(\sigma) a_{1\sigma(1)} a_{2\sigma(2)} \cdots a_{n\sigma(n)} = \mathrm{sgn}(\sigma) a_{\tau(1)1} a_{\tau(2)2} \cdots a_{\tau(n)n}$$

となる．命題 2.6 (3) より $\mathrm{sgn}(\tau) = \mathrm{sgn}(\sigma^{-1}) = \mathrm{sgn}(\sigma)$ が成り立ち，また，

命題 2.3 (3) より，σ が S_n 全体を動けば $\tau\,(=\sigma^{-1})$ も S_n 全体を動くので

$$|\,{}^tA\,| = \sum_{\tau\in S_n} \mathrm{sgn}(\tau) a_{\tau(1)1} a_{\tau(2)2} \cdots a_{\tau(n)n} \tag{2.13}$$

が得られる．(2.13) の右辺は $|\,A\,|$ にほかならない． □

注意 2.3　この命題によれば，転置しても行列式が変わらないので，**行列式に関する性質で，列について成り立つことは，行についても成り立つ**．また，次の式も成り立つことが分かる．

$$\det A = \sum_{\sigma\in S_n} \mathrm{sgn}(\sigma) a_{1\sigma(1)} a_{2\sigma(2)} \cdots a_{n\sigma(n)} \tag{2.14}$$

命題 2.8　n 次の行列式 $\det(\boldsymbol{a}_1, \boldsymbol{a}_2, \cdots, \boldsymbol{a}_n)$ は列に関して n 重線形性を持つ．すなわち次が成り立つ．

(1)　$1 \leq j \leq n$ なる自然数 j に対して

$$\begin{aligned}&\det(\boldsymbol{a}_1, \cdots, \boldsymbol{a}_j + \boldsymbol{a}'_j, \cdots, \boldsymbol{a}_n)\\ &= \det(\boldsymbol{a}_1, \cdots, \boldsymbol{a}_j, \cdots, \boldsymbol{a}_n) + \det(\boldsymbol{a}_1, \cdots, \boldsymbol{a}'_j, \cdots, \boldsymbol{a}_n).\end{aligned}$$

(2)　$1 \leq j \leq n$ なる自然数 j および $c \in K$ に対して

$$\det(\boldsymbol{a}_1, \cdots, c\boldsymbol{a}_j, \cdots, \boldsymbol{a}_n) = c\det(\boldsymbol{a}_1, \cdots, \boldsymbol{a}_j, \cdots, \boldsymbol{a}_n).$$

証明の前に　行列式の定義式 (2.11) の各項には，各列の成分が 1 回ずつあらわれる．つまり，**ある列の成分を変数とみて，ほかの列の成分を定数とみなしたとき，行列式は斉次 1 次式である**．このような式は多重線形性を持つ．

証明　$\boldsymbol{a}_l$ の第 k 成分を a_{kl} とし，$\boldsymbol{a}'_j$ の第 k 成分を a'_{kj} とする ($1 \leq l \leq n$, $1 \leq k \leq n$)．このとき

$$\begin{aligned}&\det(\boldsymbol{a}_1, \cdots, \boldsymbol{a}_j + \boldsymbol{a}'_j, \cdots, \boldsymbol{a}_n)\\ &= \sum_{\sigma\in S_n} \mathrm{sgn}(\sigma) a_{\sigma(1)1} \cdots (a_{\sigma(j)j} + a'_{\sigma(j)j}) \cdots a_{\sigma(n)n}\\ &= \sum_{\sigma\in S_n} \mathrm{sgn}(\sigma) a_{\sigma(1)1} \cdots a_{\sigma(j)j} \cdots a_{\sigma(n)n}\end{aligned}$$

$$
\begin{aligned}
&+ \sum_{\sigma \in S_n} \operatorname{sgn}(\sigma) a_{\sigma(1)1} \cdots a'_{\sigma(j)j} \cdots a_{\sigma(n)n} \\
&= \det(\boldsymbol{a}_1, \cdots, \boldsymbol{a}_j, \cdots, \boldsymbol{a}_n) + \det(\boldsymbol{a}_1, \cdots, \boldsymbol{a}'_j, \cdots, \boldsymbol{a}_n)
\end{aligned}
$$

より (1) が示される．(2) の証明は読者の演習問題とする． □

命題 2.7，命題 2.8 より，行列式は行に関しても多重線形性を持つ．

命題 2.9 n 次の行列式 $\det(\boldsymbol{a}_1, \boldsymbol{a}_2, \cdots, \boldsymbol{a}_n)$ は列に関して交代性を持つ．すなわち，$\tau \in S_n$ に対して，次のことが成り立つ．

$$
\det(\boldsymbol{a}_{\tau(1)}, \boldsymbol{a}_{\tau(2)}, \cdots, \boldsymbol{a}_{\tau(n)}) = \operatorname{sgn}(\tau) \det(\boldsymbol{a}_1, \boldsymbol{a}_2, \cdots, \boldsymbol{a}_n)
$$

特に，τ が互換 $(j\,l)$ $(1 \leq j < l \leq n)$ のときに上の式を適用すれば

$$
\det(\boldsymbol{a}_1, \cdots, \boldsymbol{a}_l, \cdots, \boldsymbol{a}_j, \cdots, \boldsymbol{a}_n) = -\det(\boldsymbol{a}_1, \cdots, \boldsymbol{a}_j, \cdots, \boldsymbol{a}_l, \cdots, \boldsymbol{a}_n)
$$

が成り立つ．

証明の前に 命題の後半部分のみを交代性とよぶことも多い．これは，**2 つの列を交換すれば行列式は (−1) 倍になる**ことを意味する．ここでの証明には定義式 (2.11) ではなく，注意 2.3 の式 (2.14) を使う．下の証明を読む際には，式 (2.16) の成分の添え字に十分に注意を払っていただきたい．

証明 前半部分のみ証明すればよい．

$$
\begin{aligned}
A &= (\boldsymbol{a}_1\, \boldsymbol{a}_2\, \cdots\, \boldsymbol{a}_n) = (a_{ij}), \\
B &= (\boldsymbol{a}_{\tau(1)}\, \boldsymbol{a}_{\tau(2)}\, \cdots\, \boldsymbol{a}_{\tau(n)}) = (\boldsymbol{b}_1\, \boldsymbol{b}_2\, \cdots\, \boldsymbol{b}_n) = (b_{ij})
\end{aligned}
$$

とする．このとき，$\boldsymbol{a}_l$ の第 i 成分は a_{il} であり，$\boldsymbol{b}_j$ の第 i 成分は b_{ij} である．さらに $\boldsymbol{b}_j = \boldsymbol{a}_{\tau(j)}$ であるので，

$$
b_{ij} = a_{i\,\tau(j)} \tag{2.15}
$$

が成り立つことに注意し，注意 2.3 の式 (2.14) を用いれば

$$
\det B = \sum_{\sigma \in S_n} \operatorname{sgn}(\sigma) b_{1\sigma(1)} b_{2\sigma(2)} \cdots b_{n\sigma(n)}
$$

$$= \sum_{\sigma \in S_n} \operatorname{sgn}(\sigma) a_{1\,\tau(\sigma(1))}\, a_{2\,\tau(\sigma(2))} \cdots a_{n\,\tau(\sigma(n))} \tag{2.16}$$

が得られる (関係式 (2.15) を $j = \sigma(1), \cdots, \sigma(n)$ に対して適用せよ). ここで $\rho = \tau\sigma$ とおくと, 命題 2.3 (1) より, σ が S_n 全体にわたって動けば ρ も S_n 全体にわたって動く. また, $\sigma = \tau^{-1}\rho$ より, 命題 2.6 (2), (3) を用いれば

$$\operatorname{sgn}(\sigma) = \operatorname{sgn}(\tau^{-1}\rho) = \operatorname{sgn}(\tau^{-1})\operatorname{sgn}(\rho) = \operatorname{sgn}(\tau)\operatorname{sgn}(\rho)$$

が得られる. これを (2.16) に代入すれば

$$\begin{aligned}
\det B &= \sum_{\rho \in S_n} \operatorname{sgn}(\tau)\operatorname{sgn}(\rho) a_{1\rho(1)} a_{2\rho(2)} \cdots a_{n\rho(n)} \\
&= \operatorname{sgn}(\tau) \sum_{\rho \in S_n} \operatorname{sgn}(\rho) a_{1\rho(1)} a_{2\rho(2)} \cdots a_{n\rho(n)} \\
&= \operatorname{sgn}(\tau) \det A
\end{aligned}$$

が示される (ここで再び (2.14) を用いている). □

命題 2.7, 命題 2.9 より, 行列式は行に関しても交代性を持つ.

命題 2.10 同一の列を 2 つ含む行列式は 0 である. すなわち相異なる j, l $(1 \leq j \leq n,\ 1 \leq l \leq n)$ に対して $\boldsymbol{a}_j = \boldsymbol{a}_l$ が成り立つならば,

$$\det(\boldsymbol{a}_1, \boldsymbol{a}_2, \cdots, \boldsymbol{a}_n) = 0$$

である. 同様に, 同一の行を 2 つ含む行列式は 0 である.

証明 $1 \leq j < l \leq n$ とし, $\boldsymbol{a}_j = \boldsymbol{a}_l = \boldsymbol{a}$ とおく. 命題 2.9 により

$$\det(\boldsymbol{a}_1, \cdots, \boldsymbol{a}_l, \cdots, \boldsymbol{a}_j, \cdots, \boldsymbol{a}_n) = -\det(\boldsymbol{a}_1, \cdots, \boldsymbol{a}_j, \cdots, \boldsymbol{a}_l, \cdots, \boldsymbol{a}_n)$$

が成り立つが, これに $\boldsymbol{a}_j = \boldsymbol{a}_l = \boldsymbol{a}$ を代入すれば

$$\det(\boldsymbol{a}_1, \cdots, \boldsymbol{a}, \cdots, \boldsymbol{a}, \cdots, \boldsymbol{a}_n) = -\det(\boldsymbol{a}_1, \cdots, \boldsymbol{a}, \cdots, \boldsymbol{a}, \cdots, \boldsymbol{a}_n)$$

が得られ, これより $\det(\boldsymbol{a}_1, \cdots, \boldsymbol{a}, \cdots, \boldsymbol{a}, \cdots, \boldsymbol{a}_n) = 0$ が示される. □

命題 2.11 n 次正方行列 $A \in M(n,n;K)$ の第 j 列に第 l 列の c 倍を加えた行列を A' とすると，$\det A' = \det A$ である．また，A の第 i 行に第 k 行の c 倍を加えた行列を A'' とすると，$\det A'' = \det A$ である．ただし，$c \in K$ とし，$j \neq l, i \neq k$ とする．

証明 前半部分のみ証明すればよい．命題 2.8 より

$$\begin{aligned}&\det(\boldsymbol{a}_1, \cdots, \boldsymbol{a}_j + c\boldsymbol{a}_l, \cdots, \boldsymbol{a}_l, \cdots, \boldsymbol{a}_n)\\ &= \det(\boldsymbol{a}_1, \cdots, \boldsymbol{a}_j, \cdots, \boldsymbol{a}_l, \cdots, \boldsymbol{a}_n) + c\det(\boldsymbol{a}_1, \cdots, \boldsymbol{a}_l, \cdots, \boldsymbol{a}_l, \cdots, \boldsymbol{a}_n)\end{aligned}$$

であるが，命題 2.10 より $\det(\boldsymbol{a}_1, \cdots, \boldsymbol{a}_l, \cdots, \boldsymbol{a}_l, \cdots, \boldsymbol{a}_n) = 0$ であることに注意すれば $\det A' = \det A$ が示される． □

以上の命題を使えば，正方行列 A に基本変形をほどこしたときに $\det A$ がどのように変化するかが分かる．

(1) ある列 (行) と別の列 (行) を交換すると，行列式は (-1) 倍になる．
(2) ある列 (行) を c 倍すると，行列式は c 倍になる．
(3) ある列 (行) に別の列 (行) の何倍かを加えても行列式は変わらない．

問題 2.5 $\det(cA) = c^n \det A$ $(A \in M(n,n;K),\ c \in K)$ を示せ．

次の命題も重要である．

命題 2.12 n 次正方行列 $A = (a_{ij})$ の第 1 行と第 2 行の間および第 1 列と第 2 列の間に仕切りを入れて区分けしたとき，次のような形であるとする：

$$A = \left(\begin{array}{c|c} a_{11} & {}^t\boldsymbol{b} \\ \hline \boldsymbol{0} & A' \end{array}\right).$$

このとき，$\det A = a_{11} \det A'$ が成り立つ．

同様に，$A = \left(\begin{array}{c|c} a_{11} & {}^t\boldsymbol{0} \\ \hline \boldsymbol{c} & A'' \end{array}\right)$ の場合も $\det A = a_{11} \det A''$ となる．

証明 前半のみ証明する．$\det A = \sum_{\sigma \in S_n} \mathrm{sgn}(\sigma) a_{\sigma(1)1} a_{\sigma(2)2} \cdots a_{\sigma(n)n}$ にお

いて，$\sigma(1) \neq 1$ ならば $a_{\sigma(1)1} = 0$ であるので，$\sigma(1) = 1$ となる σ のみについて総和をとればよい．そのような σ は 2 から n までの $(n-1)$ 文字の置換とみなすことができる．そのような置換全体の集合を S'_{n-1} と書けば

$$\begin{aligned}\det A &= \sum_{\sigma \in S'_{n-1}} \operatorname{sgn}(\sigma) a_{11} a_{\sigma(2)2} \cdots a_{\sigma(n)n} \\ &= a_{11} \sum_{\sigma \in S'_{n-1}} \operatorname{sgn}(\sigma) a_{\sigma(2)2} \cdots a_{\sigma(n)n}\end{aligned}$$

となるが，$\displaystyle\sum_{\sigma \in S'_{n-1}} \operatorname{sgn}(\sigma) a_{\sigma(2)2} \cdots a_{\sigma(n)n}$ は $\det A'$ にほかならない． □

問題 2.6 $\begin{vmatrix} \alpha_1 & & \text{\huge 0} \\ & \alpha_2 & \\ \text{\huge 0} & & \ddots & \\ & & & \alpha_n \end{vmatrix} = \alpha_1 \alpha_2 \cdots \alpha_n$ を示せ (特に $\det E_n = 1$ も分かる).

問題 2.7 n 次正方行列 $A = (a_{ij})$ が「$i > j$ ならば $a_{ij} = 0$」を満たすとき，**上三角行列**とよばれる．n 次の上三角行列 $A = (a_{ij})$ の行列式は

$$\det A = a_{11} a_{22} \cdots a_{nn}$$

であることを証明せよ．

ヒント 命題 2.12 および n に関する数学的帰納法を用いる．

命題 2.12 は次のように一般化できる．

命題 2.13 $1 \leq p < n$ とする．n 次正方行列 $A = (a_{ij}) \in M(n, n; K)$ の第 p 行と第 $(p+1)$ 行の間および第 p 列と第 $(p+1)$ 列の間に仕切りを入れて区分けしたとき，次のような形であるとする：

$$A = \left(\begin{array}{c|c} A' & B \\ \hline O & A'' \end{array}\right).$$

このとき，$\det A = \det A' \det A''$ が成り立つ．

同様に，$A = \left(\begin{array}{c|c} A' & O \\ \hline C & A'' \end{array}\right)$ の場合も $\det A = \det A' \det A''$ となる．

証明の前に 理解を助けるために，まず

$$\begin{vmatrix} a_{11} & a_{12} & a_{13} & a_{14} \\ a_{21} & a_{22} & a_{23} & a_{24} \\ 0 & 0 & a_{33} & a_{34} \\ 0 & 0 & a_{43} & a_{44} \end{vmatrix} = \begin{vmatrix} a_{11} & a_{12} \\ a_{21} & a_{22} \end{vmatrix} \cdot \begin{vmatrix} a_{33} & a_{34} \\ a_{43} & a_{44} \end{vmatrix} \tag{2.17}$$

を，のちの一般的な証明に沿った形で示しておく．今の場合，

$$\det A = \sum_{\sigma \in S_4} \operatorname{sgn}(\sigma) a_{\sigma(1)1} a_{\sigma(2)2} a_{\sigma(3)3} a_{\sigma(4)4}$$

であるが，$j \leq 2$, $\sigma(j) \geq 3$ のとき $a_{\sigma(j)j} = 0$ となるので，$\{\sigma(1), \sigma(2)\} = \{1, 2\}$ であるような σ についてのみ総和をとればよい．このような σ は $\{\sigma(3), \sigma(4)\} = \{3, 4\}$ をも満たす．このとき，σ は $\{1, 2\}$ の置換と $\{3, 4\}$ の置換の積として表される．そこで，$\sigma'_1 = \mathrm{id}$, $\sigma'_2 = (1\,2)$ とおき，$\sigma''_1 = \mathrm{id}$, $\sigma''_2 = (3\,4)$ とおいて，$\sigma'_1\sigma''_1 = \begin{pmatrix} 1 & 2 & 3 & 4 \\ 1 & 2 & 3 & 4 \end{pmatrix}$, $\sigma'_1\sigma''_2 = \begin{pmatrix} 1 & 2 & 3 & 4 \\ 1 & 2 & 4 & 3 \end{pmatrix}$, $\sigma'_2\sigma''_1 = \begin{pmatrix} 1 & 2 & 3 & 4 \\ 2 & 1 & 3 & 4 \end{pmatrix}$, $\sigma'_2\sigma''_2 = \begin{pmatrix} 1 & 2 & 3 & 4 \\ 2 & 1 & 4 & 3 \end{pmatrix}$ の 4 個の置換について考える．このとき，$\sigma'_2\sigma''_2(1) = \sigma'_2(1)$, $\sigma'_2\sigma''_2(4) = \sigma''_2(4)$ などに注意すれば

$$\begin{aligned}
\det A = {} & \operatorname{sgn}(\sigma'_1\sigma''_1)\, a_{\sigma'_1\sigma''_1(1)\,1}\, a_{\sigma'_1\sigma''_1(2)\,2}\, a_{\sigma'_1\sigma''_1(3)\,3}\, a_{\sigma'_1\sigma''_1(4)\,4} \\
& + \operatorname{sgn}(\sigma'_1\sigma''_2)\, a_{\sigma'_1\sigma''_2(1)\,1}\, a_{\sigma'_1\sigma''_2(2)\,2}\, a_{\sigma'_1\sigma''_2(3)\,3}\, a_{\sigma'_1\sigma''_2(4)\,4} \\
& + \operatorname{sgn}(\sigma'_2\sigma''_1)\, a_{\sigma'_2\sigma''_1(1)\,1}\, a_{\sigma'_2\sigma''_1(2)\,2}\, a_{\sigma'_2\sigma''_1(3)\,3}\, a_{\sigma'_2\sigma''_1(4)\,4} \\
& + \operatorname{sgn}(\sigma'_2\sigma''_2)\, a_{\sigma'_2\sigma''_2(1)\,1}\, a_{\sigma'_2\sigma''_2(2)\,2}\, a_{\sigma'_2\sigma''_2(3)\,3}\, a_{\sigma'_2\sigma''_2(4)\,4} \\
= {} & \operatorname{sgn}(\sigma'_1)\operatorname{sgn}(\sigma''_1)\, a_{\sigma'_1(1)\,1}\, a_{\sigma'_1(2)\,2}\, a_{\sigma''_1(3)\,3}\, a_{\sigma''_1(4)\,4} \\
& + \operatorname{sgn}(\sigma'_1)\operatorname{sgn}(\sigma''_2)\, a_{\sigma'_1(1)\,1}\, a_{\sigma'_1(2)\,2}\, a_{\sigma''_2(3)\,3}\, a_{\sigma''_2(4)\,4} \\
& + \operatorname{sgn}(\sigma'_2)\operatorname{sgn}(\sigma''_1)\, a_{\sigma'_2(1)\,1}\, a_{\sigma'_2(2)\,2}\, a_{\sigma''_1(3)\,3}\, a_{\sigma''_1(4)\,4}
\end{aligned}$$

$$
\begin{aligned}
&+ \operatorname{sgn}(\sigma_2')\operatorname{sgn}(\sigma_2'')\, a_{\sigma_2'(1)\,1}\, a_{\sigma_2'(2)\,2}\, a_{\sigma_2''(3)\,3}\, a_{\sigma_2''(4)\,4} \\
&= \Big(\operatorname{sgn}(\sigma_1')\, a_{\sigma_1'(1)\,1}\, a_{\sigma_1'(2)\,2} + \operatorname{sgn}(\sigma_2')\, a_{\sigma_2'(1)\,1}\, a_{\sigma_2'(2)\,2} \Big) \\
&\quad \times \Big(\operatorname{sgn}(\sigma_1'')\, a_{\sigma_1''(3)\,3}\, a_{\sigma_1''(4)\,4} + \operatorname{sgn}(\sigma_2'')\, a_{\sigma_2''(3)\,3}\, a_{\sigma_2''(4)\,4} \Big) \\
&= (a_{11}a_{22} - a_{21}a_{12})(a_{33}a_{44} - a_{43}a_{34})
\end{aligned}
$$

が成り立ち，(2.17) が示される．

証明　前半のみ証明する．行列式の定義式 (2.11) において

$$\Big\{ \sigma(1), \cdots, \sigma(p) \Big\} = \Big\{ 1, \cdots, p \Big\}$$

を満たすもののみを考えればよい．このような σ は

$$\Big\{ \sigma(p+1), \cdots, \sigma(n) \Big\} = \Big\{ p+1, \cdots, n \Big\}$$

も満たす．1 から p までの p 文字の置換全体の集合を S_p' とおき，$p+1$ から n までの $(n-p)$ 文字の置換全体の集合を S_{n-p}'' とおけば，

$$\sigma = \sigma'\sigma'' \quad (\sigma' \in S_p',\ \sigma'' \in S_{n-p}'')$$

の形の置換全体にわたって総和を求めればよいことになる．よって

$$
\begin{aligned}
&\det A \\
&= \sum_{\substack{\sigma' \in S_p', \\ \sigma'' \in S_{n-p}''}} \operatorname{sgn}(\sigma'\sigma'')\, a_{\sigma'\sigma''(1)\,1} \cdots a_{\sigma'\sigma''(p)\,p}\, a_{\sigma'\sigma''(p+1)\,p+1} \cdots a_{\sigma'\sigma''(n)\,n} \\
&= \sum_{\substack{\sigma' \in S_p', \\ \sigma'' \in S_{n-p}''}} \operatorname{sgn}(\sigma')\operatorname{sgn}(\sigma'')\, a_{\sigma'(1)\,1} \cdots a_{\sigma'(p)\,p}\, a_{\sigma''(p+1)\,p+1} \cdots a_{\sigma''(n)\,n} \\
&= \left(\sum_{\sigma' \in S_p'} \operatorname{sgn}(\sigma')\, a_{\sigma'(1)\,1} \cdots a_{\sigma'(p)\,p} \right) \\
&\quad \times \left(\sum_{\sigma'' \in S_{n-p}''} \operatorname{sgn}(\sigma'')\, a_{\sigma''(p+1)\,p+1} \cdots a_{\sigma''(n)\,n} \right) \\
&= \det A' \det A''
\end{aligned}
$$

が示される．　□

基本変形と命題 2.12 を組み合わせると，行列式の計算ができる．

例 2.8 (第 1 列を掃き出し，3 次の行列式の計算に帰着させる．)

$$\begin{vmatrix} 0 & 1 & 2 & 4 \\ 2 & -1 & 1 & -2 \\ 2 & 3 & 3 & 3 \\ 4 & 0 & 3 & 1 \end{vmatrix} \underset{R_1 \leftrightarrow R_2}{=} -\begin{vmatrix} 2 & -1 & 1 & -2 \\ 0 & 1 & 2 & 4 \\ 2 & 3 & 3 & 3 \\ 4 & 0 & 3 & 1 \end{vmatrix}$$

$$\underset{\substack{R_3-R_1 \\ R_4-2R_1}}{=} -\begin{vmatrix} 2 & -1 & 1 & -2 \\ 0 & 1 & 2 & 4 \\ 0 & 4 & 2 & 5 \\ 0 & 2 & 1 & 5 \end{vmatrix} \underset{\text{命題 2.12}}{=} -2\begin{vmatrix} 1 & 2 & 4 \\ 4 & 2 & 5 \\ 2 & 1 & 5 \end{vmatrix} = 30$$

問題 2.8　例 2.8 にならって次を計算せよ．(答え：(1)　15　(2)　−70)

(1) $\begin{vmatrix} 2 & 1 & 3 & 1 \\ 3 & 2 & 1 & 5 \\ 1 & 0 & 3 & 2 \\ -1 & -2 & 0 & 4 \end{vmatrix}$　　(2) $\begin{vmatrix} 0 & 3 & 2 & 1 \\ 2 & 1 & 4 & 3 \\ 2 & 2 & 1 & 3 \\ 3 & 2 & 1 & 1 \end{vmatrix}$

例 2.9

$$\begin{vmatrix} 1 & 1 & 1 \\ x_1 & x_2 & x_3 \\ x_1^2 & x_2^2 & x_3^2 \end{vmatrix} \underset{R_3-x_1R_2}{=} \begin{vmatrix} 1 & 1 & 1 \\ x_1 & x_2 & x_3 \\ 0 & x_2(x_2-x_1) & x_3(x_3-x_1) \end{vmatrix}$$

$$\underset{R_2-x_1R_1}{=} \begin{vmatrix} 1 & 1 & 1 \\ 0 & x_2-x_1 & x_3-x_1 \\ 0 & x_2(x_2-x_1) & x_3(x_3-x_1) \end{vmatrix}$$

$$= \begin{vmatrix} x_2-x_1 & x_3-x_1 \\ x_2(x_2-x_1) & x_3(x_3-x_1) \end{vmatrix}$$

$$
\begin{aligned}
&= (x_2 - x_1)(x_3 - x_1)\begin{vmatrix} 1 & 1 \\ x_2 & x_3 \end{vmatrix} \\
&= (x_2 - x_1)(x_3 - x_1)(x_3 - x_2)
\end{aligned}
$$

最後から 2 番目の式変形は，第 1 列の共通因子 $x_2 - x_1$ と第 2 列の共通因子 $x_3 - x_1$ をくくり出している (行列式の多重線形性).

問題 2.9
$$
\begin{vmatrix}
1 & 1 & 1 & \cdots & 1 \\
x_1 & x_2 & x_3 & \cdots & x_n \\
x_1^2 & x_2^2 & x_3^2 & \cdots & x_n^2 \\
\vdots & \vdots & \vdots & \ddots & \vdots \\
x_1^{n-1} & x_2^{n-1} & x_3^{n-1} & \cdots & x_n^{n-1}
\end{vmatrix}
= \prod_{1 \leq i < j \leq n} (x_j - x_i)
$$
が成り立つことを示せ (この行列式は**ヴァンデルモンドの行列式**とよばれる).

2.2.2 行列式の展開と余因子行列

この小節では，**行列式の展開**について説明する．まず，次の例を考える．

例 2.10 問題 2.1 (2) の行列式 $\begin{vmatrix} 4 & 2 & 5 \\ 1 & 2 & 4 \\ 2 & 1 & 3 \end{vmatrix}$ を考える．第 1 列ベクトルは

$$
\begin{pmatrix} 4 \\ 1 \\ 2 \end{pmatrix} = \begin{pmatrix} 4 \\ 0 \\ 0 \end{pmatrix} + \begin{pmatrix} 0 \\ 1 \\ 0 \end{pmatrix} + \begin{pmatrix} 0 \\ 0 \\ 2 \end{pmatrix}
$$

と分解されるので，行列式の多重線形性 (命題 2.8) により

$$
\begin{vmatrix} 4 & 2 & 5 \\ 1 & 2 & 4 \\ 2 & 1 & 3 \end{vmatrix} = \begin{vmatrix} 4 & 2 & 5 \\ 0 & 2 & 4 \\ 0 & 1 & 3 \end{vmatrix} + \begin{vmatrix} 0 & 2 & 5 \\ 1 & 2 & 4 \\ 0 & 1 & 3 \end{vmatrix} + \begin{vmatrix} 0 & 2 & 5 \\ 0 & 2 & 4 \\ 2 & 1 & 3 \end{vmatrix} \tag{2.18}
$$

が成り立つ．さらに行列式の交代性 (命題 2.9) および命題 2.12 を用いれば

$$\begin{vmatrix} 4 & 2 & 5 \\ 0 & 2 & 4 \\ 0 & 1 & 3 \end{vmatrix} = 4\begin{vmatrix} 2 & 4 \\ 1 & 3 \end{vmatrix},$$

$$\begin{vmatrix} 0 & 2 & 5 \\ 1 & 2 & 4 \\ 0 & 1 & 3 \end{vmatrix} \overset{R_1 \leftrightarrow R_2}{=} -\begin{vmatrix} 1 & 2 & 4 \\ 0 & 2 & 5 \\ 0 & 1 & 3 \end{vmatrix} = -\begin{vmatrix} 2 & 5 \\ 1 & 3 \end{vmatrix},$$

$$\begin{vmatrix} 0 & 2 & 5 \\ 0 & 2 & 4 \\ 2 & 1 & 3 \end{vmatrix} \overset{R_2 \leftrightarrow R_3}{=} -\begin{vmatrix} 0 & 2 & 5 \\ 2 & 1 & 3 \\ 0 & 2 & 4 \end{vmatrix} \overset{R_1 \leftrightarrow R_2}{=} \begin{vmatrix} 2 & 1 & 3 \\ 0 & 2 & 5 \\ 0 & 2 & 4 \end{vmatrix} = 2\begin{vmatrix} 2 & 5 \\ 2 & 4 \end{vmatrix}$$

が得られるので，この 3 つを (2.18) に代入すれば

$$\begin{vmatrix} 4 & 2 & 5 \\ 1 & 2 & 4 \\ 2 & 1 & 3 \end{vmatrix} = 4\begin{vmatrix} 2 & 4 \\ 1 & 3 \end{vmatrix} - \begin{vmatrix} 2 & 5 \\ 1 & 3 \end{vmatrix} + 2\begin{vmatrix} 2 & 5 \\ 2 & 4 \end{vmatrix} \tag{2.19}$$

となり，3 次の行列式の計算が 2 次の行列式の計算に帰する．

上の例の考え方は，次のように一般化することができる．いま，n 次正方行列 $A = (a_{ij})$ から第 k 行と第 l 列を取り除いてできる $(n-1)$ 次正方行列を $A_{(k,l)}$ と表し，$\Delta_{(k,l)} = \det A_{(k,l)}$ とおく $(1 \leq k \leq n,\ 1 \leq l \leq n)$.

定義 2.12 $(-1)^{k+l}\Delta_{(k,l)}$ を A の第 (k,l) **余因子**とよび，記号 $\tilde{a}_{kl}$ で表す．

例 2.10 において $A = (a_{ij}) = \begin{pmatrix} 4 & 2 & 5 \\ 1 & 2 & 4 \\ 2 & 1 & 3 \end{pmatrix}$ とおく．3 次正方行列 A から第 2 行と第 1 列を取り除くと，2 次正方行列 $\begin{pmatrix} 2 & 5 \\ 1 & 3 \end{pmatrix}$ が得られるので，第 $(2,1)$ 余因子は

$$\tilde{a}_{21} = (-1)^{2+1} \begin{vmatrix} 2 & 5 \\ 1 & 3 \end{vmatrix} = - \begin{vmatrix} 2 & 5 \\ 1 & 3 \end{vmatrix}$$

である．他の余因子も同様に求めると，式 (2.19) は

$$\det A = a_{11}\tilde{a}_{11} + a_{21}\tilde{a}_{21} + a_{31}\tilde{a}_{31} \tag{2.20}$$

と書き直すことができる (確かめよ).

一般に次の命題が成り立つ．

命題 2.14 n, k, l は自然数とし，$1 \leq k \leq n, 1 \leq l \leq n$ を満たすとする．n 次正方行列 $A = (a_{ij})$ について次のことが成り立つ．

(1) $\det A = \sum_{i=1}^{n} a_{il}\tilde{a}_{il} = a_{1l}\tilde{a}_{1l} + a_{2l}\tilde{a}_{2l} + \cdots + a_{nl}\tilde{a}_{nl}.$

(2) $\det A = \sum_{j=1}^{n} a_{kj}\tilde{a}_{kj} = a_{k1}\tilde{a}_{k1} + a_{k2}\tilde{a}_{k2} + \cdots + a_{kn}\tilde{a}_{kn}.$

$a_{1l}, a_{2l}, \cdots, a_{nl}$ は A の第 l 列の成分であるので，(1) を**第 l 列に関する行列式 $\det A$ の展開**とよぶ．同様に (2) を**第 k 行に関する行列式 $\det A$ の展開**とよぶ．例 2.10 は第 1 列に関する行列式の展開である．

証明 (1) のみ証明する．A の第 l 列ベクトルを次のように分解する．

$$\begin{pmatrix} a_{1l} \\ \vdots \\ a_{il} \\ \vdots \\ a_{nl} \end{pmatrix} = \begin{pmatrix} a_{1l} \\ \vdots \\ 0 \\ \vdots \\ 0 \end{pmatrix} + \cdots + \begin{pmatrix} 0 \\ \vdots \\ a_{il} \\ \vdots \\ 0 \end{pmatrix} + \cdots + \begin{pmatrix} 0 \\ \vdots \\ 0 \\ \vdots \\ a_{nl} \end{pmatrix}$$

すると，行列式の多重線形性 (命題 2.8) より次の式が成り立つ．

$$\begin{vmatrix} a_{11} & \cdots & a_{1l} & \cdots & a_{1n} \\ \vdots & & \vdots & & \vdots \\ a_{i1} & \cdots & a_{il} & \cdots & a_{in} \\ \vdots & & \vdots & & \vdots \\ a_{n1} & \cdots & a_{nl} & \cdots & a_{nn} \end{vmatrix}$$

$$= \begin{vmatrix} a_{11} & \cdots & a_{1l} & \cdots & a_{1n} \\ \vdots & & \vdots & & \vdots \\ a_{i1} & \cdots & 0 & \cdots & a_{in} \\ \vdots & & \vdots & & \vdots \\ a_{n1} & \cdots & 0 & \cdots & a_{nn} \end{vmatrix} + \cdots + \begin{vmatrix} a_{11} & \cdots & 0 & \cdots & a_{1n} \\ \vdots & & \vdots & & \vdots \\ a_{i1} & \cdots & a_{il} & \cdots & a_{in} \\ \vdots & & \vdots & & \vdots \\ a_{n1} & \cdots & 0 & \cdots & a_{nn} \end{vmatrix}$$

$$+ \cdots + \begin{vmatrix} a_{11} & \cdots & 0 & \cdots & a_{1n} \\ \vdots & & \vdots & & \vdots \\ a_{i1} & \cdots & 0 & \cdots & a_{in} \\ \vdots & & \vdots & & \vdots \\ a_{n1} & \cdots & a_{nl} & \cdots & a_{nn} \end{vmatrix} \tag{2.21}$$

(2.21) の右辺にあらわれる i 番目の行列式 $(1 \leq i \leq n)$ に対して $(i-1)$ 回の基本変形 $R_{i-1} \leftrightarrow R_i$, $R_{i-2} \leftrightarrow R_{i-1}, \cdots, R_1 \leftrightarrow R_2$ を順次ほどこし，引き続いて $(l-1)$ 回の基本変形 $C_{l-1} \leftrightarrow C_l$, $C_{l-2} \leftrightarrow C_{l-1}, \cdots, C_1 \leftrightarrow C_2$ を順次ほどこすと，第 i 行が第 1 行に移動し，第 l 列が第 1 列に移動する．行または列を交換するたびに行列式が (-1) 倍になること，および命題 2.12 より

$$\begin{vmatrix} a_{11} & \cdots & 0 & \cdots & a_{1n} \\ \vdots & & \vdots & & \vdots \\ a_{i1} & \cdots & a_{il} & \cdots & a_{in} \\ \vdots & & \vdots & & \vdots \\ a_{n1} & \cdots & 0 & \cdots & a_{nn} \end{vmatrix}$$

$$= (-1)^{i+l-2} \left| \begin{array}{c|ccc} a_{il} & a_{i1} & \cdots & a_{in} \\ \hline 0 & a_{11} & \cdots & a_{1n} \\ \vdots & \vdots & & \vdots \\ 0 & a_{n1} & \cdots & a_{nn} \end{array} \right| \tag{2.22}$$

$$= (-1)^{i+l} \left| \begin{array}{c|c} a_{il} & a_{i1} \cdots a_{in} \\ \hline \mathbf{0} & A_{(i,l)} \end{array} \right| \tag{2.23}$$

$$= (-1)^{i+l} a_{il} \det A_{(i,l)} = a_{il} \cdot (-1)^{i+l} \varDelta_{(i,l)} = a_{il} \tilde{a}_{il} \tag{2.24}$$

が得られる．ここで $(-1)^{i+l-2} = (-1)^{i+l}$ である．また，(2.22) の右下の部分は，もとの行列 A の第 i 行と第 l 列を除いた部分が，行同士，列同士の順序を変えずに集まっているので，これは上で定義した $A_{(i,l)}$ にほかならない．そこで (2.24) を (2.21) に代入すれば証明すべき式が得られる． □

問題 2.10 問題 2.8 の 2 つの行列式を，第 2 列に関する展開および第 3 行に関する展開を用いて計算せよ．

命題 2.14 から次の命題も得られる．

命題 2.15 n 次正方行列 $A = (a_{ij})$ について次が成り立つ．ただし，k, l, p, q は 1 以上 n 以下の自然数であり，δ_{ql}, δ_{pk} はクロネッカーの記号である．

(1) $\displaystyle\sum_{i=1}^{n} a_{iq}\tilde{a}_{il} = a_{1q}\tilde{a}_{1l} + a_{2q}\tilde{a}_{2l} + \cdots + a_{nq}\tilde{a}_{nl} = \delta_{ql} \det A.$

(2) $\displaystyle\sum_{j=1}^{n} a_{pj}\tilde{a}_{kj} = a_{p1}\tilde{a}_{k1} + a_{p2}\tilde{a}_{k2} + \cdots + a_{pn}\tilde{a}_{kn} = \delta_{pk} \det A.$

証明 (1) のみ証明する．$q = l$ のときは (1) は右辺が $\det A$ であり，すでに命題 2.14 で証明済みである．そこで $q \neq l$ とする．A の第 l 列を第 q 列で置き換えた行列を $A' = (a'_{ij})$ とする．$A = (\boldsymbol{a}_1 \cdots \boldsymbol{a}_q \cdots \boldsymbol{a}_l \cdots \boldsymbol{a}_n)$ とすれば $A' = (\boldsymbol{a}_1 \cdots \boldsymbol{a}_q \cdots \boldsymbol{a}_q \cdots \boldsymbol{a}_n)$ である．（ここでは $q < l$ の場合を書いているが，$q > l$ であっても以下の議論に影響はない．）このとき，A' の第 q 列と第 l 列は同一であるので，命題 2.10 により $\det A' = 0$ であるが，これを第 l 列に関して展開すれば

$$a'_{1l}\tilde{a}'_{1l} + a'_{2l}\tilde{a}'_{2l} + \cdots + a'_{nl}\tilde{a}'_{nl} = \det A' = 0 \tag{2.25}$$

が得られる．ここで，$\tilde{a}'_{ij}$ は A' の第 (i,j) 余因子を表す．A' の第 l 列は A の第 q 列と等しいので，$a'_{il} = a_{iq}$ $(1 \leq i \leq n)$ である．また，第 l 列を除けば A' の成分は A の成分と一致するので，$\tilde{a}'_{il} = \tilde{a}_{il}$ である．よって (2.25) は

$$a_{iq}\tilde{a}_{1l} + a_{2q}\tilde{a}_{2l} + \cdots + a_{nq}\tilde{a}_{nl} = 0 \tag{2.26}$$

と書き直すことができ，(1) が証明される． □

定義 2.13 n 次正方行列 A の第 (k,l) 余因子を (l,k) 成分とする n 次正方行列を A の**余因子行列**とよび，記号 $\tilde{A}$ で表す (添え字の並び方に注意せよ)：

$$\tilde{A} = \begin{pmatrix} \tilde{a}_{11} & \tilde{a}_{21} & \cdots & \tilde{a}_{n1} \\ \tilde{a}_{12} & \tilde{a}_{22} & \cdots & \tilde{a}_{n2} \\ \vdots & \vdots & \ddots & \vdots \\ \tilde{a}_{1n} & \tilde{a}_{2n} & \cdots & \tilde{a}_{nn} \end{pmatrix}. \tag{2.27}$$

命題 2.16 A は n 次正方行列とし，$\tilde{A}$ をその余因子行列とするとき

$$\tilde{A}A = A\tilde{A} = (\det A) \cdot E_n \tag{2.28}$$

が成り立つ．

問題 2.11 命題 2.16 を証明せよ．(ヒント：命題 2.15 より，たとえば $\tilde{A}A$ の第 (l,q) 成分は，$\sum_{i=1}^{n} \tilde{a}_{il}a_{iq} = \delta_{ql} \det A$ となり，$(\det A) \cdot E_n$ の第 (l,q) 成分と等しい．命題 2.15 と命題 2.16 は，同じ内容を別のいい方で述べている．)

命題 2.16 より次の定理が導かれる．

定理 2.2 n 次正方行列 $A \in M(n,n;K)$ に対して次のことが成り立つ．

(1) $\det A \neq 0$ であるとき，

$$A^{-1} = \frac{1}{\det A} \cdot \tilde{A} \tag{2.29}$$

が成り立つ．ここで $\tilde{A}$ は A の余因子行列を表す．

(2) A が正則であることと，$\det A \neq 0$ であることは同値である．

証明 (1) $\det A \neq 0$ とする．$B = \dfrac{1}{\det A}\tilde{A}$ とおくと，命題 2.16 より $AB = BA = E_n$ が成り立つ．これは $B = A^{-1}$ であることを意味する．

(2) 上で示した (1) より，$\det A \neq 0$ ならば A は正則である．逆に A が正則であると仮定する．このとき，命題 1.14 より，$\mathrm{rank}(A) = n$ であるので，A に基本変形を何回かほどこして単位行列 E_n に変形できる．基本変形をほどこすと，行列式は (-1) 倍になるか，0 でない定数倍となるか，変わらないかのいずれかであるが，$\det E_n = 1 \neq 0$ であるので，$\det A$ もまた 0 でない．□

2 次正方行列 $A = \begin{pmatrix} a_{11} & a_{12} \\ a_{21} & a_{22} \end{pmatrix}$ が $a_{11}a_{22} - a_{21}a_{12} \neq 0$ を満たすとき

$$A^{-1} = \frac{1}{a_{11}a_{22} - a_{21}a_{12}} \begin{pmatrix} a_{22} & -a_{12} \\ -a_{21} & a_{11} \end{pmatrix} \tag{2.30}$$

が成り立つが，この式は定理 2.2 (1) の式 (2.29) にほかならない (確認せよ)．

2.2.3 クラメールの公式

定理 2.2 を用いて，クラメールの公式とよばれる次の命題を証明する．

命題 2.17 (クラメールの公式) $\boldsymbol{x}$ を未知数ベクトルとする連立 1 次方程式

$$A\boldsymbol{x} = \boldsymbol{b} \tag{2.31}$$

を考える．ここで，$A = (a_{ij})$ は n 次正則行列，$\boldsymbol{x} = (x_i)$ および $\boldsymbol{b} = (b_i)$ は n 次元ベクトルとする．このとき，方程式 (2.31) の解は

$$x_j = \frac{\det A_j}{\det A} \qquad (j = 1, 2, \cdots, n) \tag{2.32}$$

で与えられる．ここで A_j は A の第 j 列を $\boldsymbol{b}$ で置き換えた行列である：

$$A_j = \begin{pmatrix} a_{11} & \cdots & a_{1,j-1} & b_1 & a_{1,j+1} & \cdots & a_{1n} \\ a_{21} & \cdots & a_{2,j-1} & b_2 & a_{2,j+1} & \cdots & a_{2n} \\ \vdots & \ddots & \vdots & \vdots & \vdots & \ddots & \vdots \\ a_{n1} & \cdots & a_{n,j-1} & b_n & a_{n,j+1} & \cdots & a_{nn} \end{pmatrix}.$$

証明 A が正則であるので，方程式 (2.31) の解は $\boldsymbol{x} = A^{-1}\boldsymbol{b}$ であるが，定理 2.2 (1) より，解は

$$\boldsymbol{x} = \frac{1}{\det A}\tilde{A}\boldsymbol{b} \tag{2.33}$$

となる．このとき，(2.33) の右辺のベクトル $\tilde{A}\boldsymbol{b}$ の第 j 成分 $(1 \leq j \leq n)$ は

$$\sum_{k=1}^{n} \tilde{a}_{kj} b_k = b_1\tilde{a}_{1j} + b_2\tilde{a}_{2j} + \cdots + b_n\tilde{a}_{nj} \tag{2.34}$$

である (余因子行列 $\tilde{A}$ の第 (j,k) 成分が $\tilde{a}_{kj}$ であることに注意せよ)．ところで，(2.34) は，$\det A_j$ の第 j 列に関する展開にほかならない (実際，A_j の第 j 列は $\boldsymbol{b}$ であり，第 j 列を除けば A と A_j の成分は一致する)．したがって

$$x_j = \frac{1}{\det A}(b_1\tilde{a}_{1j} + b_2\tilde{a}_{2j} + \cdots + b_n\tilde{a}_{nj}) = \frac{1}{\det A} \cdot \det A_j$$

が得られる． □

たとえば 2 変数の連立 1 次方程式

$$\begin{cases} a_{11}x_1 + a_{12}x_2 = b_1 \\ a_{21}x_1 + a_{22}x_2 = b_2 \end{cases} \tag{2.35}$$

において，$a_{11}a_{22} - a_{21}a_{12} \neq 0$ と仮定すると，この方程式の解は

$$x_1 = \frac{a_{22}b_1 - a_{12}b_2}{a_{11}a_{22} - a_{21}a_{12}}, \quad x_2 = \frac{a_{11}b_2 - a_{21}b_1}{a_{11}a_{22} - a_{21}a_{12}} \tag{2.36}$$

であることがクラメールの公式より分かる．

2.2.4　積に関する性質

A の行列式とは，直感的にいえば，A をかけたときの図形の面積 (体積) の (符号付きの) 拡大率であった．

では，2 つの n 次正方行列 A, B に対して，AB の行列式はどうなるであろうか?　AB をかけることは，まず B をかけ，引き続いて A をかけることと同等である．そのとき，図形の面積 (体積) は，まず $\det B$ 倍され，引き続き $\det A$ 倍される．したがって

$$\det(AB) = \det A \cdot \det B \tag{2.37}$$

が成り立つと考えられる．

問題 2.12　$A = \begin{pmatrix} a_{11} & a_{12} \\ a_{21} & a_{22} \end{pmatrix}$, $B = \begin{pmatrix} b_{11} & b_{12} \\ b_{21} & b_{22} \end{pmatrix}$ に対して (2.37) が成り立つことを計算によって確かめよ．

命題 2.18　n 次正方行列 A, B に対し

$$\det(AB) = \det A \cdot \det B \tag{2.38}$$

が成り立つ．

証明　$A = (\boldsymbol{a}_1\, \boldsymbol{a}_2 \cdots \boldsymbol{a}_n) = (a_{ij})$, $B = (\boldsymbol{b}_1\, \boldsymbol{b}_2 \cdots \boldsymbol{b}_n) = (b_{ij})$ とおき，さらに $AB = C = (\boldsymbol{c}_1\, \boldsymbol{c}_2 \cdots \boldsymbol{c}_n) = (c_{ij})$ とおくと

$$\begin{aligned}\boldsymbol{c}_j = A\boldsymbol{b}_j &= (\boldsymbol{a}_1\, \boldsymbol{a}_2 \cdots \boldsymbol{a}_n)\begin{pmatrix} b_{1j} \\ b_{2j} \\ \vdots \\ b_{nj} \end{pmatrix} \\ &= \sum_{i_j=1}^{n} b_{i_j j}\, \boldsymbol{a}_{i_j} \quad (j = 1, 2, \cdots, n)\end{aligned}$$

が成り立つ．ここで，後の計算のために，シグマ記号の内部の変数には，単なる i ではなく，各 j ごとに別々の変数 i_j ($j = 1, \cdots, n$) を用いる．すると，

行列式の多重線形性より

$$\begin{aligned}\det C &= \det(\boldsymbol{c}_1, \boldsymbol{c}_2, \cdots, \boldsymbol{c}_n) \\ &= \det\left(\sum_{i_1=1}^{n} b_{i_1 1}\,\boldsymbol{a}_{i_1}, \sum_{i_2=1}^{n} b_{i_2 2}\,\boldsymbol{a}_{i_2}, \cdots, \sum_{i_n=1}^{n} b_{i_n n}\,\boldsymbol{a}_{i_n}\right) \\ &= \sum_{i_1=1}^{n}\sum_{i_2=1}^{n}\cdots\sum_{i_n=1}^{n} b_{i_1 1}\,b_{i_2 2}\cdots b_{i_n n}\,\det(\boldsymbol{a}_{i_1}, \boldsymbol{a}_{i_2}, \cdots, \boldsymbol{a}_{i_n})\end{aligned}$$

が成り立つ．最後の式は，n 個の変数 $i_1, \cdots, i_n$ がそれぞれ 1 から n までを動く総和を意味するが，命題 2.10 より，$i_1, \cdots, i_n$ の中に同一のものがあれば $\det(\boldsymbol{a}_{i_1}, \boldsymbol{a}_{i_2}, \cdots, \boldsymbol{a}_{i_n}) = 0$ である．したがって，ある置換 $\sigma \in S_n$ を用いて

$$i_1 = \sigma(1),\ i_2 = \sigma(2), \cdots, i_n = \sigma(n)$$

と表される場合のみを考えればよい．このとき，命題 2.9 を用いて

$$\begin{aligned}\det C &= \sum_{\sigma \in S_n} b_{\sigma(1)1} b_{\sigma(2)2} \cdots b_{\sigma(n)n} \det(\boldsymbol{a}_{\sigma(1)}, \boldsymbol{a}_{\sigma(2)}, \cdots, \boldsymbol{a}_{\sigma(n)}) \\ &= \sum_{\sigma \in S_n} b_{\sigma(1)1} b_{\sigma(2)2} \cdots b_{\sigma(n)n} \mathrm{sgn}(\sigma) \det(\boldsymbol{a}_1, \boldsymbol{a}_2, \cdots, \boldsymbol{a}_n) \\ &= \det(\boldsymbol{a}_1, \boldsymbol{a}_2, \cdots, \boldsymbol{a}_n) \sum_{\sigma \in S_n} \mathrm{sgn}(\sigma) b_{\sigma(1)1} b_{\sigma(2)2} \cdots b_{\sigma(n)n} \\ &= \det A \cdot \det B\end{aligned}$$

が示される． □

命題 2.18 を用いれば，定理 2.2 (2) の別証明ができる．

実際，A が正則ならば A^{-1} が存在し，命題 2.18 より

$$\det A \cdot \det(A^{-1}) = \det E_n = 1 \tag{2.39}$$

が成り立つ．したがって，$\det A \neq 0$ でなければならない．逆に，$\det A \neq 0$ ならば定理 2.2 (1) より A は逆行列を持つ．

(2.39) より，正則行列 A に対して

$$\det(A^{-1}) = \frac{1}{\det A} \tag{2.40}$$

が成り立つことも注意しておく．

2.2.5 小行列式と階数

ここでは一般に (m, n) 型行列 $A = (a_{ij}) \in M(m, n; K)$ を考える．A から p 個の行と p 個の列を取り出して作った p 次正方行列を p 次の**小行列**とよぶ $(1 \leq p \leq \min\{m, n\})$．たとえば

$$1 \leq i_1 < i_2 < \cdots < i_p \leq m, \quad 1 \leq j_1 < j_2 < \cdots < j_p \leq n$$

を満たす $i_1, \cdots, i_p, j_1, \cdots, j_p$ を選び，A から第 i_1 行，第 i_2 行，$\cdots$，第 i_p 行，第 j_1 列，第 j_2 列，$\cdots$，第 j_p 列を取り出して作った p 次の小行列は

$$\begin{pmatrix} a_{i_1 j_1} & a_{i_1 j_2} & \cdots & a_{i_1 j_p} \\ a_{i_2 j_1} & a_{i_2 j_2} & \cdots & a_{i_2 j_p} \\ \vdots & \vdots & \ddots & \vdots \\ a_{i_p j_1} & a_{i_p j_2} & \cdots & a_{i_p j_p} \end{pmatrix}$$

である．このような小行列をここでは $A_{i_1, \cdots, i_p; j_1, \cdots, j_p}$ という記号で表す．あるいは，$I = \{i_1, i_2, \cdots, i_p\}$, $J = \{j_1, j_2, \cdots, j_p\}$ とおき，A_{IJ} と表す．

(m, n) 型行列の中には p 次の小行列が ${}_mC_p \cdot {}_nC_p$ 個ある．

p 次の小行列の行列式を p 次の**小行列式**とよぶ．$A_{i_1, \cdots, i_p; j_1, \cdots, j_p} = A_{IJ}$ の行列式を $\Delta_{i_1, \cdots, i_p; j_1, \cdots, j_p}$ あるいは Δ_{IJ} と表す．

定理 2.3 (m, n) 型行列 A の階数 $\mathrm{rank}(A)$ は，A の 0 でない小行列式の最大次数に等しい．

証明の前に たとえば $A = \begin{pmatrix} 1 & 2 & 1 \\ 2 & 4 & 3 \\ 0 & 0 & 1 \end{pmatrix}$ とすると，A の 3 次の小行列式は $\Delta_{1,2,3;1,2,3} = \det A = 0$ である．2 次の小行列式は，たとえば $I = \{1, 2\}$, $J = \{1, 2\}$ ならば $\Delta_{IJ} = \begin{vmatrix} 1 & 2 \\ 2 & 4 \end{vmatrix} = 0$ であるが，$I = \{1, 2\}$, $J = \{1, 3\}$ ならば $\Delta_{IJ} = \begin{vmatrix} 1 & 1 \\ 2 & 3 \end{vmatrix} = 1 \neq 0$ となる．3 次の小行列式が 0 であり，2 次の小

行列式の中に 0 でないものがあるので，A の 0 でない小行列式の最大次数は 2 であり，上の定理によって $\mathrm{rank}(A)=2$ である．

定理の証明は，基本変形が小行列式に与える影響を追跡することによって行う．基本変形によって行列の階数は変わらないので，次の 2 つのことを証明すれば，定理が証明できる．

(1) 標準形 $F_{m,n}(r)$ に対しては，0 でない小行列式の最大次数が $F_{m,n}(r)$ の階数 r と一致する．

(2) 基本変形によって，0 でない小行列式の最大次数は変わらない．

証明 行列 $A \in M(m,n;K)$ の 0 でない小行列式の最大次数を $p(A)$ と表すことにする．$p(A)=\mathrm{rank}(A)$ を証明する．

[第 1 段] $p(F_{m,n}(r))=\mathrm{rank}(F_{m,n}(r))$ を示す．

$F_{m,n}(r)=\left(\begin{array}{c|c} E_r & O \\ \hline O & O \end{array}\right)$ において，$I=\{1,2,\cdots,r\}$, $J=\{1,2,\cdots,r\}$ とすれば $\Delta_{IJ}=\det E_r=1\neq 0$ となる．また，$F_{m,n}(r)$ の $(r+1)$ 次以上の小行列は，列ベクトルの中に $\mathbf{0}$ を必ず含むので，$(r+1)$ 次以上の小行列式はすべて 0 である．したがって $p(F_{m,n}(r))=r=\mathrm{rank}(F_{m,n}(r))$ である．

[第 2 段] 行列 A に基本変形をほどこして A' が得られたとするとき，$p(A')\geq p(A)$ が成り立つことを証明する．

$p(A)=p$ とすれば，A の p 次小行列式であって 0 でないものが存在する．$I=\{i_1,i_2,\cdots,i_p\}$, $J=\{j_1,j_2,\cdots,j_p\}$ とし，$\Delta_{IJ}=\det A_{IJ}\neq 0$ と仮定する．このとき，A' の中に $\mathbf{0}$ でないような p 次の小行列式が存在することを証明すれば，$p(A')\geq p=p(A)$ が示される．(I, J に対応する A の小行列，小行列式は A_{IJ}, Δ_{IJ} と表し，A' の小行列，小行列式は A'_{IJ}, Δ'_{IJ} と表す．)

ところで，基本変形には行変形と列変形があるが，$\mathrm{rank}({}^tA)=\mathrm{rank}(A)$ であり，また，$p({}^tA)=p(A)$ であるので，列変形についてのみ考えれば十分である．以下，3 種類の列変形について順次考察する．

[列変形 $C_k \leftrightarrow C_l$ をほどこした場合]

互換 $(k\,l)$ を記号 σ で表し，$\sigma(J)=\{\sigma(j_1),\sigma(j_2),\cdots,\sigma(j_p)\}$ とおく．A'

の p 次小行列式 $\Delta'_{I,\sigma(J)}$ を考えると，$\Delta'_{I,\sigma(J)} = \Delta_{IJ}$ または $\Delta'_{I,\sigma(J)} = -\Delta_{IJ}$ が成り立つので，いずれにせよ，$\Delta'_{I,\sigma(J)} \neq 0$ である．

[列変形 $C_k \times c$ $(c \neq 0)$ をほどこした場合]

$k \in J$ ならば $\Delta'_{IJ} = c\Delta_{IJ}$ であり，$k \notin J$ ならば $\Delta'_{IJ} = \Delta_{IJ}$ であるので，いずれにせよ，$\Delta'_{IJ} \neq 0$ が成り立つ．

[列変形 $C_k + cC_l$ $(k \neq l)$ をほどこした場合]

(i) $k \notin J$ ならば $A'_{IJ} = A_{IJ}$ であるので，$\Delta'_{IJ} = \Delta_{IJ} \neq 0$ が成り立つ．

(ii) $k \in J$ かつ $l \in J$ のときは，A'_{IJ} は A_{IJ} のある列に別の列の c 倍を加えたものであるので，$\Delta'_{IJ} = \Delta_{IJ} \neq 0$ が成り立つ．

(iii) $k \in J$ かつ $l \notin J$ のときは注意を要する．$k = j_s$ であるとすると，A_{IJ}, A'_{IJ} は次のようになる．

$$A_{IJ} = \begin{pmatrix} a_{i_1 j_1} & \cdots & a_{i_1 j_s} & \cdots & a_{i_1 j_p} \\ \vdots & & \vdots & & \vdots \\ a_{i_p j_1} & \cdots & a_{i_p j_s} & \cdots & a_{i_p j_p} \end{pmatrix} \tag{2.41}$$

$$A'_{IJ} = \begin{pmatrix} a_{i_1 j_1} & \cdots & a_{i_1 j_s} + c a_{i_1 l} & \cdots & a_{i_1 j_p} \\ \vdots & & \vdots & & \vdots \\ a_{i_p j_1} & \cdots & a_{i_p j_s} + c a_{i_p l} & \cdots & a_{i_p j_p} \end{pmatrix} \tag{2.42}$$

いま，J から $k(= j_s)$ を取り去り，代わりに l を加えた集合を $\tilde{J}$ とし，小行列式 Δ_{IJ}, $\Delta_{I\tilde{J}}$, Δ'_{IJ}, $\Delta'_{I\tilde{J}}$ の間の関係について考える．小行列 $A_{I\tilde{J}}$ の列を，(行列 A の) 第 j_1 列，$\cdots$，第 j_{s-1} 列，第 l 列，第 j_{s+1} 列，$\cdots$，第 j_p 列の順に並べかえた行列を $\hat{A}_{I\tilde{J}}$ とすると，それは次のような行列である．

$$\hat{A}_{I\tilde{J}} = \begin{pmatrix} a_{i_1 j_1} & \cdots & a_{i_1 l} & \cdots & a_{i_1 j_p} \\ \vdots & & \vdots & & \vdots \\ a_{i_p j_1} & \cdots & a_{i_p l} & \cdots & a_{i_p j_p} \end{pmatrix} \tag{2.43}$$

ここで，$\hat{\Delta}_{I\tilde{J}} = \det \hat{A}_{I\tilde{J}}$ とおくと，$A_{I\tilde{J}}$ の列を並べかえて $\hat{A}_{I\tilde{J}}$ が得られているので

$$\hat{\Delta}_{I\tilde{J}} = \varepsilon \Delta_{I\tilde{J}} \quad (\varepsilon = 1 \text{ または } -1) \tag{2.44}$$

が成り立つ．さらに次の 2 つの式が成り立つ．

$$\Delta'_{IJ} = \Delta_{IJ} + c\hat{\Delta}_{I\tilde{J}} \tag{2.45}$$

$$\Delta'_{I\tilde{J}} = \Delta_{I\tilde{J}} \tag{2.46}$$

実際，(2.41), (2.42), (2.43) の形をみれば，行列式の多重線形性より (2.45) が分かる．また，$k \notin \tilde{J}$ より，小行列 $A_{I\tilde{J}}$ はこの基本変形によって変化せず，式 (2.46) が成り立つ．

(2.44)，(2.45)，(2.46) をあわせれば

$$\Delta_{IJ} = \Delta'_{IJ} - c\varepsilon\Delta'_{I\tilde{J}} \tag{2.47}$$

が得られるが，$\Delta_{IJ} \neq 0$ であるので，$\Delta'_{IJ} \neq 0$ または $\Delta'_{I\tilde{J}} \neq 0$ が成り立つ．いずれにせよ，A' には 0 でない p 次の小行列式が存在することになる．

以上のことより，$p(A') \geq p(A)$ が示された．

[第 3 段] 行列 A に基本変形をほどこして A' が得られたとするとき，$p(A') = p(A)$ が成り立つ．なぜならば，第 2 段より，$p(A') \geq p(A)$ であるが，基本変形は可逆な操作であり，基本変形の逆も基本変形であるので，A' に基本変形をほどこして A を得ることができ，再び第 2 段により $p(A) \geq p(A')$ が得られる．したがって，$p(A') = p(A)$ である．

[第 4 段] 任意の行列 A に対して $p(A) = \mathrm{rank}(A)$ が成り立つ．実際，A に基本変形を何回かほどこして標準形 $F_{m,n}(r)$ に到達したとする．基本変形によって行列の階数は不変であるので，上述の第 1 段，第 3 段より

$$p(A) = p(F_{m,n}(r)) = \mathrm{rank}(F_{m,n}(r)) = \mathrm{rank}(A)$$

が成り立ち，定理が証明された． □

定理 2.3 を用いて定理 2.2 (2) の別証明ができる．

実際，A が n 次正方行列であるとき，A の n 次小行列式とは $\det A$ にほかならないので，定理 2.3 によって，$\det A \neq 0$ であることは，$\mathrm{rank}(A) = n$ であることと同値であり，さらに命題 1.14 によって，それは A が正則であることと同値である．

問題 2.13 定理 2.3 の結果を用いて，小行列式に着目することにより，次の行列の階数を求めよ．(答え：(1) 2 (2) 3)

(1) $\begin{pmatrix} 1 & 2 & 1 \\ 2 & 0 & 1 \\ 0 & 4 & 1 \end{pmatrix}$ (2) $\begin{pmatrix} 1 & 2 & 1 & 1 \\ 2 & 0 & 1 & 1 \\ 0 & 4 & 1 & 2 \end{pmatrix}$

第 3 章

線形空間

3.1　線形空間と線形写像

3.1.1　抽象と捨象

ベクトルや行列の織りなす数学的な現象をより深く理解するために，この章では，そうした現象を**抽象化**する．物事を抽象的に取り扱うことは，目新しいことではない．むしろ，我々が小学校以来，算数・数学を学んできた道のりこそ，抽象化の過程であった．りんご 2 個とりんご 3 個を足し合わせると 5 個になるという体験は，$2+3=5$ という数式に抽象化される．我々はそこに，「りんご」という個別性を超越した，一般的で統一的な真理の光彩をみる．

「抽」は形声文字である．手偏 (てへん) が意符で「手」を表し,「由」(ユウ) が音符で「チュウ」と転じ,「抜く」「引く」の意を表す．すなわち「抽」とは「手で引き抜くこと」である．一方,「象」は「ありさま」「きざし」「しるし」などの意である．したがって,「抽象」とは，さしあたり,「そこに何となくあるきざしを引き抜いてくること」とでもいえるであろう．我々はこれから，ベクトルの世界の「ありさま」を抜き出し，抽象化する．

ところで,「抽象」と表裏一体をなす言葉が「捨象」である．拾うことは，捨てることである．捨てることによって，拾われて残ったものの本質が純粋な形で析出する．我々はこれから何を拾い，そして何を捨てるのであろうか?

3.1.2　線形空間の定義と例

引き続き，$K=\boldsymbol{R}$ または $K=\boldsymbol{C}$ とする．

定義 3.1　空集合でない集合 V が次の 2 つの条件を満たすとき，V は K 上の**線形空間**であるという．

(I) V の任意の 2 個の元 $\boldsymbol{x}, \boldsymbol{y}$ の組み合わせに対して，$\boldsymbol{x}$ と $\boldsymbol{y}$ の**和**とよばれ，$\boldsymbol{x}+\boldsymbol{y}$ と書かれる V の元を対応させる演算が定まり，次の条件 (1) から (4) を満たす．この演算は V の**加法**とよばれる．

(1) 任意の $\boldsymbol{x}, \boldsymbol{y}, \boldsymbol{z} \in V$ に対して $(\boldsymbol{x}+\boldsymbol{y})+\boldsymbol{z} = \boldsymbol{x}+(\boldsymbol{y}+\boldsymbol{z})$ が成り立つ．

(2) 任意の $\boldsymbol{x}, \boldsymbol{y} \in V$ に対して $\boldsymbol{x}+\boldsymbol{y} = \boldsymbol{y}+\boldsymbol{x}$ が成り立つ．

(3) **零元**とよばれ，$\boldsymbol{0}$ と書かれる V の元が存在し，V の任意の元 $\boldsymbol{x}$ に対して $\boldsymbol{x}+\boldsymbol{0} = \boldsymbol{0}+\boldsymbol{x} = \boldsymbol{x}$ を満たす．

(4) V の各元 $\boldsymbol{x}$ に対して，$\boldsymbol{x}$ **の逆元**とよばれ，$-\boldsymbol{x}$ と書かれる V の元が存在し，$\boldsymbol{x}+(-\boldsymbol{x}) = (-\boldsymbol{x})+\boldsymbol{x} = \boldsymbol{0}$ を満たす．

(II) K の任意の元 c と V の任意の元 $\boldsymbol{x}$ の組み合わせに対して，x **の** c **倍**とよばれ，$c\boldsymbol{x}$ と書かれる V の元を対応させる演算が定まり，次の条件 (5) から (8) を満たす．この演算は V の**スカラー倍**とよばれる．

(5) K の任意の元 a, b および V の任意の元 $\boldsymbol{x}$ に対して $(a+b)\boldsymbol{x} = a\boldsymbol{x} + b\boldsymbol{x}$ が成り立つ．

(6) K の任意の元 a および V の任意の元 $\boldsymbol{x}, \boldsymbol{y}$ に対して $a(\boldsymbol{x}+\boldsymbol{y}) = a\boldsymbol{x} + a\boldsymbol{y}$ が成り立つ．

(7) K の任意の元 a, b および V の任意の元 $\boldsymbol{x}$ に対して $(ab)\boldsymbol{x} = a(b\boldsymbol{x})$ が成り立つ．

(8) V の任意の元 $\boldsymbol{x}$ に対して $1 \cdot \boldsymbol{x} = \boldsymbol{x}$ が成り立つ．

線形空間は，**ベクトル空間**ともよばれる．K の元は**スカラー**とよばれる．「K 上の線形空間」の「上」という言葉は，「K の元をスカラーとする」という程度の意味である．$\boldsymbol{R}$ 上の線形空間 (ベクトル空間) は**実線形空間** (**実ベクトル空間**) ともいう．$\boldsymbol{C}$ 上の線形空間 (ベクトル空間) は**複素線形空間** (**複素ベクトル空間**) ともいう．

V がどのような元から成る集合であるかということについて，定義は何の制約も課していない．V が線形空間であるかどうかは，ひとえに**演算の構造**の問題である．どのような集合であっても，(1) から (8) までの性質を持つような加法とスカラー倍が定義されたならば，それを線形空間とよぶ．

定義の条件 (1) は**結合法則**とよばれ，(2) は**交換法則**とよばれる．(5) と (6) は**分配法則**である．(I) の (1) から (4)，(II) の (5) から (8) を総称して，線形空間の**公理**とよぶ．これらの公理を前提として認め，そこからどのような命題が導かれるのか，これから考えてゆく．

命題 3.1 V は K 上の線形空間とする．

(1) V の零元 $\mathbf{0}$ はただ 1 つしか存在しない．

(2) V の各元 $\boldsymbol{x}$ に対して，$\boldsymbol{x}$ の逆元はただ 1 つしか存在しない．

証明 (1) $\mathbf{0}, \mathbf{0}'$ がともに V の零元とする．$\mathbf{0}$ が零元であることより，任意の $\boldsymbol{x} \in V$ に対して $\mathbf{0} + \boldsymbol{x} = \boldsymbol{x}$ が成り立つが，特に $\boldsymbol{x} = \mathbf{0}'$ とすれば

$$\mathbf{0} + \mathbf{0}' = \mathbf{0}' \tag{3.1}$$

が得られる．一方，$\mathbf{0}'$ も零元であることより，$\boldsymbol{x} + \mathbf{0}' = \boldsymbol{x}$ が任意の $\boldsymbol{x} \in V$ に対して成り立つが，特に $\boldsymbol{x} = \mathbf{0}$ とすれば

$$\mathbf{0} + \mathbf{0}' = \mathbf{0} \tag{3.2}$$

が得られる．(3.1) と (3.2) をあわせれば $\mathbf{0} = \mathbf{0}'$ が示される．

(2) $\boldsymbol{x}', \boldsymbol{x}''$ がともに $\boldsymbol{x}$ の逆元とする．$\boldsymbol{x} + \boldsymbol{x}' = \mathbf{0}$ の両辺に $\boldsymbol{x}''$ を加えると

$$\boldsymbol{x}'' + (\boldsymbol{x} + \boldsymbol{x}') = \boldsymbol{x}'' + \mathbf{0} = \boldsymbol{x}'' \tag{3.3}$$

が得られる．一方，$\boldsymbol{x}''$ も $\boldsymbol{x}$ の逆元であることと，加法の結合法則より

$$\boldsymbol{x}'' + (\boldsymbol{x} + \boldsymbol{x}') = (\boldsymbol{x}'' + \boldsymbol{x}) + \boldsymbol{x}' = \mathbf{0} + \boldsymbol{x}' = \boldsymbol{x}' \tag{3.4}$$

である．(3.3) と (3.4) をあわせれば $\boldsymbol{x}' = \boldsymbol{x}''$ が得られる． □

$\boldsymbol{x}, \boldsymbol{y} \in V$ に対して，$\boldsymbol{x} + (-\boldsymbol{y})$ を $\boldsymbol{x} - \boldsymbol{y}$ と記し，$\boldsymbol{x}$ から $\boldsymbol{y}$ を引いた**差**という．また，$\dfrac{1}{c}\boldsymbol{x}$ を $\dfrac{\boldsymbol{x}}{c}$ と記すこともある．ここで，c は 0 でない K の元である．

線形空間での演算においても**移項**ができる．すなわち，$\boldsymbol{x}, \boldsymbol{y}, \boldsymbol{z} \in V$ が

$$\boldsymbol{x} + \boldsymbol{y} = \boldsymbol{z}$$

を満たしているとき，両辺に $-\boldsymbol{y}$ を加え，線形空間の公理を用いることにより

$$\boldsymbol{x} = \boldsymbol{z} - \boldsymbol{y}$$

が得られる．このように，我々が半ば無意識に用いている演算の運用法は，線形空間においてもほぼ同様に使うことができる．

問題 3.1 K 上の線形空間 V の元 $\boldsymbol{x}$ に対して次を示せ．

(1) $0 \cdot \boldsymbol{x} = \boldsymbol{0}$.

(2) $(-1)\boldsymbol{x} = -\boldsymbol{x}$.

ヒント $0+0=0,\ 1+(-1)=0$ の両辺に $\boldsymbol{x}$ をかけてみよ．

線形空間の例をいくつかあげる．

例 3.1 $K^n = \left\{ \begin{pmatrix} x_1 \\ x_2 \\ \vdots \\ x_n \end{pmatrix} \middle| \ x_1, x_2, \cdots, x_n \in K \right\}$ は K 上の線形空間である．ただし，加法とスカラー倍は，通常のものとする．この場合，零元は零ベクトルである．特に K 自身は K 上の線形空間である．

例 3.2 $\boldsymbol{0}$ のみから成る集合 $\{\boldsymbol{0}\}$ を考え，$\boldsymbol{0}+\boldsymbol{0}=\boldsymbol{0},\ c \cdot \boldsymbol{0} = \boldsymbol{0}\ (c \in K)$ と演算を定義すると，この集合は K 上の線形空間になる．

例 3.3 K^n の線形部分空間 W は K 上の線形空間である (定義 1.11 参照)．ただし，加法とスカラー倍は，K^n のものをそのまま用いる．実際，W は加法とスカラー倍について閉じているので，K^n の演算はそのまま W の演算と考えることができる．W が線形空間になることの確認は読者にゆだねる．

例 3.4 $\boldsymbol{R}$ 上で定義された実数値連続関数全体を $C(\boldsymbol{R})$ と表すと，この集合は実線形空間をなす．ただし，加法とスカラー倍は，通常の関数同士の加法と，関数の定数倍を用いる．この場合，0 を値に持つ定数関数が零元となる．

例 3.5 $\boldsymbol{R}$ 上で定義された無限回連続微分可能な実数値関数 (C^∞ 級関数ともいう) の全体を $C^\infty(\boldsymbol{R})$ と表す．上の例 3.4 と同様の加法およびスカラー倍を考えることにより，$C^\infty(\boldsymbol{R})$ は実線形空間をなす．

例 3.6 k 階の斉次線形微分方程式

$$\frac{d^k}{dx^k}f(x) + a_{k-1}(x)\frac{d^{k-1}}{dx^{k-1}}f(x) + \cdots + a_1(x)\frac{d}{dx}f(x) + a_0(x)f(x) = 0$$

の解全体の集合は実線形空間である．ただし，$a_j(x)$ $(j = 0, 1, \cdots, k-1)$ は実数のある区間 I 上定義された実数値連続関数とする．

例 3.7 X を変数とし，K の元を係数とする多項式全体のなす集合を $K[X]$ と書く．多項式同士の通常の加法，通常の定数倍を考えることにより，$K[X]$ は K 上の線形空間となる．

例 3.8 d は自然数とする．X を変数とし，K の元を係数とする d 次以下の多項式全体のなす集合を，ここでは $K[X]_{(d)}$ と書くことにする．

$$K[X]_{(d)} = \{a_0 + a_1X + \cdots + a_{d-1}X^{d-1} + a_dX^d \mid a_0, a_1, \cdots, a_{d-1}, a_d \in K\}$$

この集合は加法とスカラー倍について閉じており，K 上の線形空間をなす．

例 3.9 K の元を成分とする (m, n) 型行列全体の集合 $M(m, n; K)$ は，行列同士の加法，行列の定数倍に関して K 上の線形空間をなす．

例 3.10 実数列全体の集合は実線形空間をなす．ただし，加法およびスカラー倍は，数列 $\{a_n\}_{n=1}^\infty$, $\{b_n\}_{n=1}^\infty$ および $c \in \boldsymbol{R}$ に対して

$$\{a_n\}_{n=1}^\infty + \{b_n\}_{n=1}^\infty = \{a_n + b_n\}_{n=1}^\infty,$$
$$c \cdot \{a_n\}_{n=1}^\infty = \{ca_n\}_{n=1}^\infty$$

と定める．ここで，数列 $a_1, a_2, a_3, \cdots$ を $\{a_n\}_{n=1}^\infty$ と表している．

例 3.11 $k \geq 2$ とし，$\alpha_0, \alpha_1, \cdots, \alpha_{k-1} \in \boldsymbol{R}$ は定数とする．漸化式

$$a_{n+k} = \alpha_{k-1}a_{n+k-1} + \cdots + \alpha_1 a_{n+1} + \alpha_0 a_n \qquad (n = 1, 2, \cdots)$$

を満たすような数列 $\{a_n\}_{n=1}^{\infty}$ 全体の集合は，上の例 3.10 で定めた加法およびスカラー倍について閉じており，実線形空間をなす．

我々は，n 次元ベクトル全体の集合 K^n をひな型として，その**加法とスカラー倍のありさま**を抽象化して，線形空間という概念を作り出した．その結果，さまざまな集合が線形空間の仲間に入ることとなった．我々はそれだけ自由を得たわけであるが，そのあまりに茫洋たる自由性の故に，一抹の不安を覚える読者もいるかもしれない．しかし，我々はその自由から逃走してはならず，むしろそれを肯定的にとらえるべきである．

線形空間の定義において切り捨てられたものもある．たとえば，ベクトルの内積やノルムといった概念は取り込まれていない．

3.1.3　線形写像

小節 1.8.4 で定義した線形写像 (定義 1.15) をより一般的な状況で定義する．

定義 3.2　V, V' は K 上の線形空間とする．写像 $T : V \to V'$ が次の 2 つの性質 (1)，(2) を満たすとき，T は K 上の**線形写像**であるという：

(1)　任意の $\boldsymbol{x}, \boldsymbol{y} \in V$ に対して $T(\boldsymbol{x} + \boldsymbol{y}) = T(\boldsymbol{x}) + T(\boldsymbol{y})$ が成り立つ．

(2)　任意の $c \in K, \boldsymbol{x} \in V$ に対して $T(c\boldsymbol{x}) = cT(\boldsymbol{x})$ が成り立つ．

$\boldsymbol{R}$ 上の線形写像を特に**実線形写像**とよび，$\boldsymbol{C}$ 上の線形写像を**複素線形写像**とよぶ．誤解のおそれのないときには単に**線形写像**とよぶ．

以下に例をあげる．それらが線形写像であることの検証は読者にゆだねる．

例 3.12　行列 $A \in M(m, n; K)$ の定める写像 $T_A : K^n \to K^m$ $(T_A(\boldsymbol{x}) = A\boldsymbol{x})$ は K 上の線形写像である (命題 1.31)．また，K^n から K^m への線形写像はそのようなものに限られる (定理 1.7)．

例 3.13　$V = C(\boldsymbol{R})$(例 3.4 の線形空間) とするとき，$T : V \to \boldsymbol{R}$ を

$$T(f(x)) = \int_0^1 f(x)dx \qquad (f(x) \in V)$$

と定めると，T は実線形写像である．

例 3.14 $V = C^{\infty}(\boldsymbol{R})$(例 3.5 の線形空間) とするとき，$T : V \to V$ を

$$T(f(x)) = \frac{d}{dx}f(x) \qquad (f(x) \in V)$$

と定めると，T は実線形写像である.

例 3.15 $V = K[X]$(例 3.7 の線形空間) とするとき，$T : V \to K$ を

$$T(f(X)) = f(1) \qquad (f(X) \in V)$$

と定めると，T は K 上の線形写像である.

例 3.16 d は自然数とする．$V = K^{d+1}$ ($d+1$ 次元ベクトル全体のなす線形空間)，$V' = K[X]_{(d)}$ (例 3.8 の線形空間) とするとき，$T : V \to V'$ を

$$T\left(\begin{pmatrix} a_0 \\ a_1 \\ \vdots \\ a_d \end{pmatrix}\right) = a_0 + a_1X + a_2X^2 + \cdots + a_dX^d$$

と定めると，T は K 上の線形写像である.

例 3.17 V は K 上の線形空間とするとき，恒等写像 $\mathrm{id} : V \to V$ は線形写像である．また，$a \in K$ とし，$T : V \to V$ を $T(\boldsymbol{x}) = a\boldsymbol{x}$ ($\boldsymbol{x} \in V$) と定めると，T は線形写像である.

次の命題の証明も，小節 1.8.4 の命題 1.32 と同様に，読者の演習問題とする.

命題 3.2 V, V' は K 上の線形空間とする．K 上の線形写像 $T : V \to V'$ について次が成り立つ.

(1) $T(\mathbf{0}_V) = \mathbf{0}_{V'}$. ここで，$\mathbf{0}_V$ は V の零元，$\mathbf{0}_{V'}$ は V' の零元を表す.

(2) $c_1, c_2, \cdots, c_k \in K$ および $\boldsymbol{a}_1, \boldsymbol{a}_2, \cdots, \boldsymbol{a}_k \in V$ に対して

$$T\left(\sum_{i=1}^{k} c_i\boldsymbol{a}_i\right) = \sum_{i=1}^{k} c_iT(\boldsymbol{a}_i).$$

注意 3.1 命題 3.2 の (1) のように，V の零元と V' の零元とを区別して取り扱う必要があるときは，$\mathbf{0}_V, \mathbf{0}_{V'}$ などと表すことがある．

問題 3.2 V, V', V'' は K 上の線形空間とする．$f: V \to V'$, $g: V' \to V''$ が線形写像ならば，合成写像 $g \circ f: V \to V''$ も線形写像であることを示せ．

定義 3.3 K 上の線形空間の間の K 上の線形写像 $T: V \to V'$ が全単射であるとき，T は (K 上の) **同型写像**であるという．V から V' への同型写像が存在するとき，V と V' は**同型**であるといい，記号 $V \cong V'$ で表す．

全単射の定義は，小節 2.1.3 を参照せよ (定義 2.2).

同型写像 $T: V \to V'$ の逆写像 $T^{-1}: V' \to V$ もまた同型写像である．

同型写像 $T: V \to V'$ が存在するとき，T によって V の元と V' の元が一対一に対応するのみならず，V と V' の演算も対応している．実際，写像 T によって V の元 $\boldsymbol{x}$ が V' の元 $\boldsymbol{x}'$ に対応していることを $\boldsymbol{x} \leftrightarrow \boldsymbol{x}'$ と表せば

$$\boldsymbol{x} \leftrightarrow \boldsymbol{x}',\ \boldsymbol{y} \leftrightarrow \boldsymbol{y}' \text{ ならば } \boldsymbol{x}+\boldsymbol{y} \leftrightarrow \boldsymbol{x}'+\boldsymbol{y}',\ c\boldsymbol{x} \leftrightarrow c\boldsymbol{x}'$$

が成り立っている．このことは，**和とスカラー倍という演算に着目するかぎり，V と V' は同一の構造を持っている**ことを意味する．

たとえば，例 3.16 の写像 $T: K^{d+1} \to K[X]_{(d)}$ は同型写像である．簡単のため，$d=2$ とすると，T は 3 次元ベクトル $\begin{pmatrix} a \\ b \\ c \end{pmatrix}$ を多項式 $a+bX+cX^2$ と対応させる写像である．この写像によって演算も対応する．たとえば

$$\begin{pmatrix} 3 \\ 2 \\ 4 \end{pmatrix} + \begin{pmatrix} 2 \\ 1 \\ 1 \end{pmatrix} = \begin{pmatrix} 5 \\ 3 \\ 5 \end{pmatrix}$$

と計算するのと，

$$(3+2X+4X^2)+(2+X+X^2) = 5+3X+5X^2$$

と計算するのは，まったく同じ計算である．3 次元ベクトルの世界と，2 次以下の多項式全体の世界は，加法とスカラー倍に関する限り，同一の構造を持つ．

3.2 基底と次元

3.2.1 基底と座標写像

小節 1.8.3 で導入したいくつかの概念は，ほとんどそのままここでも通用する．

K 上の線形空間 V の元 $\boldsymbol{x}_1, \boldsymbol{x}_2, \cdots, \boldsymbol{x}_k$ に対して，

$$\sum_{i=1}^{k} c_k \boldsymbol{x}_k = c_1\boldsymbol{x}_1 + c_2\boldsymbol{x}_2 + \cdots + c_k\boldsymbol{x}_k \qquad (c_1, c_2, \cdots, c_k \in K)$$

の形の元を $\boldsymbol{x}_1, \boldsymbol{x}_2, \cdots, \boldsymbol{x}_k$ の K 上の**線形結合**，あるいは **1 次結合**とよぶ．

定義 3.4 V は K 上の線形空間とし，$\boldsymbol{a}_1, \boldsymbol{a}_2, \cdots, \boldsymbol{a}_k \in V$ とする．

(1) $\boldsymbol{a}_1, \boldsymbol{a}_2, \cdots, \boldsymbol{a}_k$ が**線形独立** (**1 次独立**) であるとは，「$c_1, c_2, \cdots, c_k \in K$ が $c_1\boldsymbol{a}_1 + c_2\boldsymbol{a}_2 + \cdots + c_k\boldsymbol{a}_k = \boldsymbol{0}$ を満たすならば $c_1 = c_2 = \cdots = c_k = 0$ である」ことである．

(2) $\boldsymbol{a}_1, \boldsymbol{a}_2, \cdots, \boldsymbol{a}_k$ が**線形従属** (**1 次従属**) であるとは，それらが線形独立でないことである．すなわち，次の 2 つの条件 (a)，(b) を同時に満たすような K の元 $c_1, c_2, \cdots, c_k$ が存在することである：

(a) $c_1, c_2, \cdots, c_k$ のうち少なくとも 1 つは 0 でない．

(b) $c_1\boldsymbol{a}_1 + c_2\boldsymbol{a}_2 + \cdots + c_k\boldsymbol{a}_k = \boldsymbol{0}$ が成り立つ．

例 3.18 例 3.8 の線形空間 $K[X]_{(d)}$ において，$(d+1)$ 個の多項式 $1, X, X^2, \cdots, X^d$ は線形独立である (確認せよ)．

定義 3.5 V は K 上の線形空間とし，$\boldsymbol{a}_1, \boldsymbol{a}_2, \cdots, \boldsymbol{a}_k \in V$ とする．V の任意の元 $\boldsymbol{x}$ が $\boldsymbol{a}_1, \boldsymbol{a}_2, \cdots, \boldsymbol{a}_k$ の K 上の線形結合として表されるとき，V は $\boldsymbol{a}_1, \boldsymbol{a}_2, \cdots, \boldsymbol{a}_k$ で**生成される**，あるいは，$\boldsymbol{a}_1, \boldsymbol{a}_2, \cdots, \boldsymbol{a}_k$ で**張られる**という．あるいは，$\boldsymbol{a}_1, \boldsymbol{a}_2, \cdots, \boldsymbol{a}_k$ が V を**生成する** (**張る**) という．

例 3.19 多項式 $1, X, X^2, \cdots, X^d$ は例 3.8 の線形空間 $K[X]_{(d)}$ を張る．実際，d 次以下の任意の多項式は $c_0 + c_1X + c_2X^2 + \cdots + c_dX^d$ と表されるが，これは $1, X, X^2, \cdots, X^d$ の線形結合である．

定義 3.6 K 上の線形空間 V の元の組 $\langle \boldsymbol{e}_1, \boldsymbol{e}_2, \cdots, \boldsymbol{e}_n \rangle$ が次の 2 つの条件 (1), (2) を満たすとき，$\langle \boldsymbol{e}_1, \boldsymbol{e}_2, \cdots, \boldsymbol{e}_n \rangle$ は V の**基底**であるという．

(1) $\boldsymbol{e}_1, \boldsymbol{e}_2, \cdots, \boldsymbol{e}_n$ は線形独立である．

(2) $\boldsymbol{e}_1, \boldsymbol{e}_2, \cdots, \boldsymbol{e}_n$ は V を張る．

例 3.20 $\boldsymbol{e}_1, \boldsymbol{e}_2, \cdots, \boldsymbol{e}_n$ を n 次元単位ベクトルとするとき，$\langle \boldsymbol{e}_1, \boldsymbol{e}_2, \cdots, \boldsymbol{e}_n \rangle$ は K^n の**基底**である．この基底を K^n の**自然基底**とよんだ (例 1.18 参照)．

例 3.21 $\langle 1, X, X^2, \cdots, X^d \rangle$ は例 3.8 の線形空間 $K[X]_{(d)}$ の基底である．

基底を 1 つの記号で表したいときは，たとえば $E = \langle \boldsymbol{e}_1, \boldsymbol{e}_2, \cdots, \boldsymbol{e}_n \rangle$ のように表す．線形空間の基底は 1 通りではなく，数多く存在する．

問題 3.3 $\boldsymbol{f}_1 = \begin{pmatrix} 2 \\ 1 \end{pmatrix}, \boldsymbol{f}_2 = \begin{pmatrix} 1 \\ 1 \end{pmatrix}$ とすると，$\langle \boldsymbol{f}_1, \boldsymbol{f}_2 \rangle$ は $\boldsymbol{R}^2$ の基底であることを示せ．また $\boldsymbol{R}^2$ の基底の例をほかにいくつかあげよ．

K 上の線形空間 V の基底 $E = \langle \boldsymbol{e}_1, \boldsymbol{e}_2, \cdots, \boldsymbol{e}_n \rangle$ が与えられているとき，次のような写像 ψ_E を考える．

$$\begin{array}{cccc} \psi_E : & K^n & \to & V \\ & \cup\!\!\!| & & \cup\!\!\!| \\ & \begin{pmatrix} a_1 \\ a_2 \\ \vdots \\ a_n \end{pmatrix} & \mapsto & \displaystyle\sum_{i=1}^{n} a_i \boldsymbol{e}_i \end{array} \tag{3.5}$$

命題 3.3 上の写像 ψ_E は K^n から V への同型写像である．

証明 3 つの部分に分けて証明する．

(0) ψ_E は線形写像である．実際，$(a_i), (b_i) \in K^n$ および $c \in K$ に対して

$$\begin{aligned}\psi_E\Big((a_i)+(b_i)\Big) &= \psi_E\Big((a_i+b_i)\Big) = \sum_{i=1}^{n}(a_i+b_i)\boldsymbol{e}_i \\ &= \sum_{i=1}^{n} a_i\boldsymbol{e}_i + \sum_{i=1}^{n} b_i\boldsymbol{e}_i = \psi_E\Big((a_i)\Big) + \psi_E\Big((b_i)\Big), \\ \psi_E\Big(c(a_i)\Big) = \psi_E\Big((ca_i)\Big) &= \sum_{i=1}^{n}(ca_i)\boldsymbol{e}_i = c\sum_{i=1}^{n} a_i\boldsymbol{e}_i = c\psi_E\Big((a_i)\Big)\end{aligned}$$

が成り立つ.

(1) ψ_E は単射である. 実際, $(a_i), (b_i) \in K^n$ が $\psi_E\Big((a_i)\Big) = \psi_E\Big((b_i)\Big)$ を満たすとすると, $\sum_{i=1}^{n} a_i\boldsymbol{e}_i = \sum_{i=1}^{n} b_i\boldsymbol{e}_i$ が成り立つ. 移項して整理すれば

$$(a_1-b_1)\boldsymbol{e}_1 + (a_2-b_2)\boldsymbol{e}_2 + \cdots + (a_n-b_n)\boldsymbol{e}_n = \boldsymbol{0}$$

となるが, $\boldsymbol{e}_1, \boldsymbol{e}_2, \cdots, \boldsymbol{e}_n$ が線形独立であること (基底の定義の第 1 条件) より, $a_1-b_1 = a_2-b_2 = \cdots = a_n-b_n = 0$ となり, $(a_i) = (b_i)$ が示される.

(2) ψ_E は全射である. 実際, $\boldsymbol{x}$ を V の任意の元とすると, $\boldsymbol{e}_1, \cdots, \boldsymbol{e}_n$ が V を張ること (基底の定義の第 2 条件) より, ある $c_1, \cdots, c_n \in K$ が存在して

$$\boldsymbol{x} = c_1\boldsymbol{e}_1 + c_2\boldsymbol{e}_2 + \cdots + c_n\boldsymbol{e}_n \tag{3.6}$$

が成り立つ. $c_1, c_2, \cdots, c_n$ を成分とする n 次元ベクトル $(c_i) \in K^n$ を考えると, (3.6) の右辺は $\psi_E\Big((c_i)\Big)$ にほかならず, (3.6) は $\boldsymbol{x} = \psi_E\Big((c_i)\Big)$ といい換えられる. これより ψ_E が全射であることが分かる.

以上の (0), (1), (2) より ψ_E が同型写像であることが示される. □

定義 3.7 (3.5) の写像 ψ_E を, **基底 E によって定まる座標写像**とよぶ.

注意 3.2 ψ_E が全単射であることは, 次のようにもいい換えられる (確認せよ) : $E = \langle \boldsymbol{e}_1, \boldsymbol{e}_2, \cdots, \boldsymbol{e}_n \rangle$ が V の基底であるとき, V の**任意の**元 $\boldsymbol{x}$ は $\boldsymbol{e}_1, \boldsymbol{e}_2, \cdots, \boldsymbol{e}_n$ の線形結合の形に**ただ 1 通り**に表すことができる.

例 3.22 例 3.16 の線形写像 $T : K^{d+1} \to K[X]_{(d)}$ は, $K[X]_{(d)}$ の基底 $E = \langle 1, X, X^2, \cdots, X^d \rangle$ によって定まる座標写像 ψ_E にほかならない.

座標写像の考え方は，フェルマやデカルトによって導入された解析幾何学の考え方を線形空間に対して適用したものである．n 次元ベクトル $(x_i) \in K^n$ は，n 個の数の組とみることができる．すると，$\psi_E : K^n \to V$ とは，n 個の数の組に対して V の元を対応させる写像にほかならない．標語的にいえば，**基底が定まれば座標が定まる**ということになる．

$n = 2$ の場合の座標写像のイメージ図を下に示しておく．$\langle \boldsymbol{e}_1, \boldsymbol{e}_2 \rangle$ が V の基底であるならば，たとえば $-2\boldsymbol{e}_1 + \boldsymbol{e}_2$ には $\begin{pmatrix} -2 \\ 1 \end{pmatrix}$ が対応する．

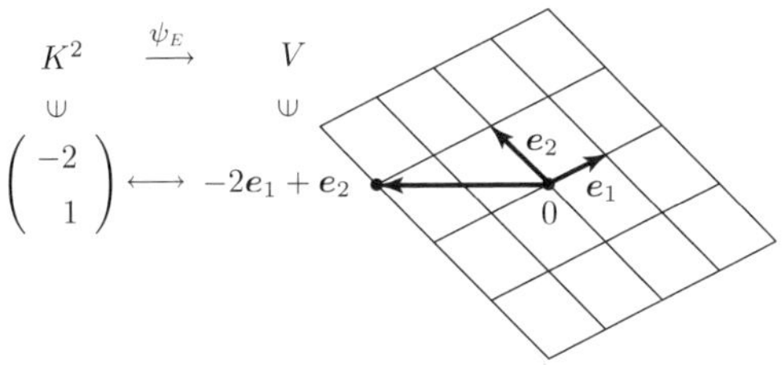

図 3.1 基底が定まれば座標が定まる

同型写像 ψ_E を通して，K^n と V の各元は，演算を込めて対応するので，K^n について成り立つ命題はそのまま V に対しても成り立つ．茫漠たる線形空間に座標を入れることによって，我々は，あたかも K^n を扱うが如く V を扱うことができる — ψ_E という眼鏡を装着すれば，V は K^n にみえる．

3.2.2 基底の存在

我々はここで根本的な問題に直面する — 線形空間には**つねに基底が存在するのであろうか?** まず，線形空間に関して取り決めをする．

定義 3.8 K 上の線形空間 V が有限個の元 $\boldsymbol{a}_1, \boldsymbol{a}_2, \cdots, \boldsymbol{a}_m \in V$ で生成されるとき，V は**有限生成**である，あるいは**有限次元**であるという．

証明は省略するが，例 3.4，例 3.5，例 3.7，例 3.10 の線形空間は有限生成でない．有限生成でない線形空間は本書では取り扱わないことにする．

本書における取り決め：　これ以降，単に線形空間といったら，すべて有限生成の線形空間を意味するものとする．

このような取り決めのもと，基底の存在について考える．以下しばらく V は K 上の (有限生成) 線形空間とする．

命題 3.4　$\boldsymbol{x}_1, \boldsymbol{x}_2, \cdots, \boldsymbol{x}_k \in V$ について，次の 2 つの条件は同値である．

(1)　$\boldsymbol{x}_1, \boldsymbol{x}_2, \cdots, \boldsymbol{x}_k$ は線形従属である．

(2)　ある元 $\boldsymbol{x}_i$ $(1 \leq i \leq k)$ が残りの元の線形結合である．

証明は命題 1.28 と同様である．次はある意味で命題 3.4 の逆である．

命題 3.5　$\boldsymbol{x}_1, \boldsymbol{x}_2, \cdots, \boldsymbol{x}_k, \boldsymbol{y} \in V$ が次の (1)，(2) を満たすと仮定する．

(1)　$\boldsymbol{x}_1, \boldsymbol{x}_2, \cdots, \boldsymbol{x}_k$ は線形独立である．

(2)　$\boldsymbol{y}$ は $\boldsymbol{x}_1, \boldsymbol{x}_2, \cdots, \boldsymbol{x}_k$ の線形結合として表されない．

このとき，$\boldsymbol{x}_1, \boldsymbol{x}_2, \cdots, \boldsymbol{x}_k, \boldsymbol{y}$ は線形独立である．

証明　$\alpha_1, \alpha_2, \cdots, \alpha_k, \beta \in K$ が

$$\alpha_1 \boldsymbol{x}_1 + \alpha_2 \boldsymbol{x}_2 + \cdots + \alpha_k \boldsymbol{x}_k + \beta \boldsymbol{y} = \boldsymbol{0} \tag{3.7}$$

を満たすと仮定する．もし $\beta \neq 0$ ならば

$$\boldsymbol{y} = (-\frac{\alpha_1}{\beta})\boldsymbol{x}_1 + (-\frac{\alpha_2}{\beta})\boldsymbol{x}_2 + \cdots + (-\frac{\alpha_k}{\beta})\boldsymbol{x}_k$$

となり，仮定 (2) に反する．よって $\beta = 0$ である．このとき，(3.7) より

$$\alpha_1 \boldsymbol{x}_1 + \alpha_2 \boldsymbol{x}_2 + \cdots + \alpha_k \boldsymbol{x}_k = \boldsymbol{0}$$

となるが，仮定 (1) より $\alpha_1 = \cdots = \alpha_k = 0$ である．結局，$\alpha_1, \cdots, \alpha_k, \beta$ がすべて 0 となるので，$\boldsymbol{x}_1, \cdots, \boldsymbol{x}_k, \boldsymbol{y}$ は線形独立である．　□

命題 3.6　$\boldsymbol{x}, \boldsymbol{y}_1, \cdots, \boldsymbol{y}_k, \boldsymbol{z}_1, \cdots, \boldsymbol{z}_l \in V$ とする．$\boldsymbol{x}$ は $\boldsymbol{y}_1, \cdots, \boldsymbol{y}_k$ の線形結合として表され，各 $\boldsymbol{y}_i$ $(1 \leq i \leq k)$ は $\boldsymbol{z}_1, \cdots, \boldsymbol{z}_l$ の線形結合として表されると仮定する．このとき，$\boldsymbol{x}$ は $\boldsymbol{z}_1, \cdots, \boldsymbol{z}_l$ の線形結合として表される．

証明 $\boldsymbol{x} = \sum_{i=1}^{k} \beta_i \boldsymbol{y}_i$, $\boldsymbol{y}_i = \sum_{j=1}^{l} \gamma_{ij} \boldsymbol{z}_j$ $(\beta_i, \gamma_{ij} \in K, 1 \leq i \leq k, 1 \leq j \leq l)$ とすると，$\boldsymbol{x} = \sum_{i=1}^{k} \beta_i (\sum_{j=1}^{l} \gamma_{ij} \boldsymbol{z}_j) = \sum_{j=1}^{l} (\sum_{i=1}^{k} \beta_i \gamma_{ij}) \boldsymbol{z}_j$ である． □

命題 3.6 は次のようにいい換えられる．

命題 3.7 $\boldsymbol{x}$, $\boldsymbol{y}_1, \cdots, \boldsymbol{y}_k$, $\boldsymbol{z}_1, \cdots, \boldsymbol{z}_l \in V$ とする．$\boldsymbol{x}$ は $\boldsymbol{y}_1, \cdots, \boldsymbol{y}_k$ の線形結合であるが，$\boldsymbol{x}$ は $\boldsymbol{z}_1, \cdots, \boldsymbol{z}_l$ の線形結合でないと仮定する．このとき，$\boldsymbol{y}_1, \cdots, \boldsymbol{y}_k$ の中に $\boldsymbol{z}_1, \cdots, \boldsymbol{z}_l$ の線形結合でないものが存在する．

証明 すべての $\boldsymbol{y}_i$ $(1 \leq i \leq k)$ が $\boldsymbol{z}_1, \cdots, \boldsymbol{z}_l$ の線形結合であると仮定すると，命題 3.6 より，$\boldsymbol{x}$ が $\boldsymbol{z}_1, \cdots, \boldsymbol{z}_l$ の線形結合となり，仮定に反する． □

以上の準備のもと，次の定理を述べる．

定理 3.1 V は K 上の線形空間とし，次の 3 つを仮定する．

(1) $V \neq \{\boldsymbol{0}\}$.

(2) V は $\boldsymbol{a}_1, \boldsymbol{a}_2, \cdots, \boldsymbol{a}_m \in V$ で張られる．

(3) V の s 個の元 $\boldsymbol{e}_1, \boldsymbol{e}_2, \cdots, \boldsymbol{e}_s$ は線形独立である．

このとき，必要ならば $\boldsymbol{a}_1, \boldsymbol{a}_2, \cdots, \boldsymbol{a}_m$ の中からいくつか元を選んで $\boldsymbol{e}_1, \boldsymbol{e}_2, \cdots, \boldsymbol{e}_s$ に付け加えることにより，V の基底を作ることができる．

証明 $\boldsymbol{e}_1, \cdots, \boldsymbol{e}_s$ が V を張るならば，これらは V の基底である．そうでないとする．すなわち，V のある元 $\boldsymbol{x}$ が $\boldsymbol{e}_1, \cdots, \boldsymbol{e}_s$ の線形結合でないとする．仮定 (2) より，$\boldsymbol{x}$ は $\boldsymbol{a}_1, \cdots, \boldsymbol{a}_m$ の線形結合である．したがって，命題 3.7 より，$\boldsymbol{a}_1, \cdots, \boldsymbol{a}_m$ の中に $\boldsymbol{e}_1, \cdots, \boldsymbol{e}_s$ の線形結合でないものが存在する．必要なら $\boldsymbol{a}_1, \cdots, \boldsymbol{a}_m$ の順序を取りかえることにより，$\boldsymbol{a}_1$ が $\boldsymbol{e}_1, \cdots, \boldsymbol{e}_s$ の線形結合でないとしてよい．そこで，$\boldsymbol{a}_1$ をあらためて $\boldsymbol{e}_{s+1}$ とおく．このとき，命題 3.5 より，$\boldsymbol{e}_1, \cdots, \boldsymbol{e}_s, \boldsymbol{e}_{s+1}$ は線形独立である．

これらが V を張るならば，それが求める基底である．そうでないならば，上と同様の論法により，$\boldsymbol{a}_1, \cdots, \boldsymbol{a}_m$ の中に $\boldsymbol{e}_1, \cdots, \boldsymbol{e}_s, \boldsymbol{e}_{s+1}$ の線形結合でな

いものがある．ここで $\boldsymbol{a}_1$ は除外できる．実際

$$\boldsymbol{a}_1 = \boldsymbol{e}_{s+1} = 0 \cdot \boldsymbol{e}_1 + \cdots + 0 \cdot \boldsymbol{e}_s + 1 \cdot \boldsymbol{e}_{s+1}$$

である．よって $\boldsymbol{a}_2, \cdots, \boldsymbol{a}_m$ の中に $\boldsymbol{e}_1, \cdots, \boldsymbol{e}_s, \boldsymbol{e}_{s+1}$ の線形結合でないものがある．それを $\boldsymbol{e}_{s+2}$ とおくと，$\boldsymbol{e}_1, \cdots, \boldsymbol{e}_s, \boldsymbol{e}_{s+1}, \boldsymbol{e}_{s+2}$ は線形独立である．

同様の論法を繰り返せば，最終的に V の基底が得られる． □

注意 3.3 定理 3.1 では $s = 0$ でもよい．その場合，条件 (3) は課さない．

系 3.2 $\{\boldsymbol{0}\}$ でない K 上の線形空間 V が $\boldsymbol{a}_1, \boldsymbol{a}_2, \cdots, \boldsymbol{a}_m$ で張られるならば，この m 個の元のうちいくつかを選んで V の基底を作ることができる．

系 3.3 $\{\boldsymbol{0}\}$ でない K 上の線形空間 V には基底が存在する．

3.2.3 次元の定義

ここでは線形空間の次元を定義する．

命題 3.8 V および V' は K 上の線形空間とし，$T : V \to V'$ は K 上の線形写像とする．$\boldsymbol{a}_1, \boldsymbol{a}_2, \cdots, \boldsymbol{a}_k \in V$ とする．このとき，次が成り立つ．

(1) $\boldsymbol{a}_1, \boldsymbol{a}_2, \cdots, \boldsymbol{a}_k$ が線形従属ならば，$T(\boldsymbol{a}_1), T(\boldsymbol{a}_2), \cdots, T(\boldsymbol{a}_k)$ も線形従属である．

(2) $T(\boldsymbol{a}_1), T(\boldsymbol{a}_2), \cdots, T(\boldsymbol{a}_k)$ が線形独立ならば，$\boldsymbol{a}_1, \boldsymbol{a}_2, \cdots, \boldsymbol{a}_k$ も線形独立である．

(3) T が単射であると仮定すると，$T(\boldsymbol{a}_1), T(\boldsymbol{a}_2), \cdots, T(\boldsymbol{a}_k)$ が線形従属ならば，$\boldsymbol{a}_1, \boldsymbol{a}_2, \cdots, \boldsymbol{a}_k$ も線形従属である．

(4) T が単射であると仮定すると，$\boldsymbol{a}_1, \boldsymbol{a}_2, \cdots, \boldsymbol{a}_k$ が線形独立ならば，$T(\boldsymbol{a}_1), T(\boldsymbol{a}_2), \cdots, T(\boldsymbol{a}_k)$ も線形独立である．

証明 (1) と (2), (3) と (4) は互いに対偶である．しかしここでは，この種の議論に慣れる意味も込めて，あえて (1) と (2) 両方に証明をつける．

(1) 仮定より，どれか 1 つは 0 でないような $c_1, \cdots, c_k \in K$ が存在して

$$c_1\boldsymbol{a}_1 + c_2\boldsymbol{a}_2 + \cdots + c_k\boldsymbol{a}_k = \boldsymbol{0}_V$$

を満たす．両辺の T による像をとれば

$$T(c_1\boldsymbol{a}_1 + c_2\boldsymbol{a}_2 + \cdots + c_k\boldsymbol{a}_k) = T(\boldsymbol{0}_V)$$

が得られるが，T が線形写像であることより

$$c_1T(\boldsymbol{a}_1) + c_2T(\boldsymbol{a}_2) + \cdots + c_kT(\boldsymbol{a}_k) = \boldsymbol{0}_{V'}$$

である．これは $T(\boldsymbol{a}_1), \cdots, T(\boldsymbol{a}_k)$ が線形従属であることを示している．

（2） $c_1, c_2, \cdots, c_k \in K$ が

$$c_1\boldsymbol{a}_1 + c_2\boldsymbol{a}_2 + \cdots + c_k\boldsymbol{a}_k = \boldsymbol{0}_V \tag{3.8}$$

を満たすと仮定する．両辺の T による像をとると，T の線形性により

$$c_1T(\boldsymbol{a}_1) + c_2T(\boldsymbol{a}_2) + \cdots + c_kT(\boldsymbol{a}_k) = \boldsymbol{0}_{V'}$$

が得られるが，ここで $T(\boldsymbol{a}_1), \cdots, T(\boldsymbol{a}_k)$ が線形独立であるという仮定によって $c_1 = \cdots = c_k = 0$ が得られる．これは，(3.8) を満たす $c_1, \cdots, c_k$ がすべて 0 であることを意味する．よって $\boldsymbol{a}_1, \boldsymbol{a}_2, \cdots, \boldsymbol{a}_k$ は線形独立である．

（3） 仮定より，どれか 1 つは 0 でないような $c_1, \cdots, c_k \in K$ が存在して

$$c_1T(\boldsymbol{a}_1) + c_2T(\boldsymbol{a}_2) + \cdots + c_kT(\boldsymbol{a}_k) = \boldsymbol{0}_{V'}$$

となる．T の線形性より，左辺は $T(c_1\boldsymbol{a}_1 + \cdots + c_k\boldsymbol{a}_k)$ に等しい．さらに $T(\boldsymbol{0}_V) = \boldsymbol{0}_{V'}$ に注意すれば

$$T(c_1\boldsymbol{a}_1 + c_2\boldsymbol{a}_2 + \cdots + c_k\boldsymbol{a}_k) = T(\boldsymbol{0}_V)$$

が得られる．仮定より T は単射であるので

$$c_1\boldsymbol{a}_1 + c_2\boldsymbol{a}_2 + \cdots + c_k\boldsymbol{a}_k = \boldsymbol{0}_V$$

が成り立つ．これは $\boldsymbol{a}_1, \boldsymbol{a}_2, \cdots, \boldsymbol{a}_k$ が線形従属であることを示している．

(4) は (3) の対偶である．直接証明もできるが，それは読者にゆだねる．□

次の命題は，この小節の鍵である．

命題 3.9 $k > n$ ならば，K^n の k 個の元 $\boldsymbol{a}_1, \cdots, \boldsymbol{a}_k$ は線形従属である．

証明 $\boldsymbol{a}_j = \begin{pmatrix} a_{1j} \\ a_{2j} \\ \vdots \\ a_{nj} \end{pmatrix}$ とする $(j=1,\cdots,k)$. 斉次連立 1 次方程式

$$\begin{cases} a_{11}x_1 + a_{12}x_2 + \cdots + a_{1k}x_k = 0 \\ a_{21}x_1 + a_{22}x_2 + \cdots + a_{2k}x_k = 0 \\ \cdots \\ a_{n1}x_1 + a_{n2}x_2 + \cdots + a_{nk}x_k = 0 \end{cases} \tag{3.9}$$

を考える. 未知数の個数が方程式の本数より多いので, 命題 1.21 より, この方程式は自明でない解を持つ. いま, $x_i = c_i$ $(i=1,2,\cdots,k)$ が自明でない解であるとする. これを (3.9) に代入し, ベクトルの式に書き直せば

$$c_1 \begin{pmatrix} a_{11} \\ a_{21} \\ \vdots \\ a_{n1} \end{pmatrix} + c_2 \begin{pmatrix} a_{12} \\ a_{22} \\ \vdots \\ a_{n2} \end{pmatrix} + \cdots + c_k \begin{pmatrix} a_{1k} \\ a_{2k} \\ \vdots \\ a_{nk} \end{pmatrix} = \begin{pmatrix} 0 \\ 0 \\ \vdots \\ 0 \end{pmatrix}$$

となる. $c_i \neq 0$ となる c_i があるので, $\boldsymbol{a}_1,\cdots,\boldsymbol{a}_k$ は線形従属である. □

命題 3.10 $m \neq n$ ならば K^m と K^n は同型でない.

証明 $m > n$ と仮定して一般性を失わない. K^m は自然基底 $\langle \boldsymbol{e}_1,\cdots,\boldsymbol{e}_m \rangle$ を持つ. もし同型写像 $T : K^m \to K^n$ が存在するならば, T は単射であるので, 命題 3.8 より $T(\boldsymbol{e}_1),\cdots,T(\boldsymbol{e}_m)$ は線形独立である. しかし, $m > n$ であるので, これは命題 3.9 の結論に反する. □

命題 3.11 線形空間 V が n 個の元から成る基底 $E = \langle \boldsymbol{e}_1, \boldsymbol{e}_2, \cdots, \boldsymbol{e}_n \rangle$ を持つとする. また, k は n より大きい自然数とする. このとき, V に属する k 個の元 $\boldsymbol{b}_1, \boldsymbol{b}_2, \cdots, \boldsymbol{b}_k$ は線形従属である.

証明 命題 3.3 より $\psi_E : K^n \to E$ は同型であるので, $\psi_E(\boldsymbol{a}_i) = \boldsymbol{b}_i$ を満

たすように $\boldsymbol{a}_i \in K^n$ を選ぶことができる $(1 \leq i \leq k)$. $k > n$ であるので, 命題 3.9 より, $\boldsymbol{a}_1, \boldsymbol{a}_2, \cdots, \boldsymbol{a}_k$ は線形従属である. このとき, 命題 3.8 より, $\boldsymbol{b}_1, \boldsymbol{b}_2, \cdots, \boldsymbol{b}_k$ も線形従属である. □

この命題から次の重要な定理が導かれる.

定理 3.4 K 上の線形空間 V の任意の基底を構成する元の個数は一定である. すなわち, V が m 個の元から成る基底 $E = \langle \boldsymbol{e}_1, \cdots, \boldsymbol{e}_m \rangle$ および n 個の元から成る基底 $\langle \boldsymbol{f}_1, \cdots, \boldsymbol{f}_n \rangle$ を持つとすると, $m = n$ である.

証明 $m < n$ ならば, 命題 3.11 より, $\boldsymbol{f}_1, \cdots, \boldsymbol{f}_n$ が線形従属となり, これらが基底であるという仮定に反する. 同様に $m > n$ としても $\boldsymbol{e}_1, \cdots, \boldsymbol{e}_m$ が線形従属となって仮定に反する. したがって $m = n$ である. □

定理 3.4 により, 次のように線形空間の次元を定義することができる.

定義 3.9 K 上の線形空間 V の基底が n 個の元から成るとき, V は **n 次元である**という. また, この n を V の**次元** (dimension) といい, 記号 $\dim V$ あるいは $\dim(V)$ で表す. $V = \{\boldsymbol{0}\}$ のときは $\dim V = 0$ と定める.

K^n は自然基底 $\langle \boldsymbol{e}_1, \cdots, \boldsymbol{e}_n \rangle$ を持つので, $\dim K^n = n$ である. 命題 3.3 より, K 上の n 次元線形空間はすべて K^n と同型である. 命題 3.10 より, 次元の異なる線形空間は互いに同型でない.

また, 次元の定義がなされたので, 命題 1.29 より命題 1.23 が導かれる.

3.2.4 基底の変換行列

K 上の線形空間 V の基底 E を定めれば, 座標写像 $\psi_E : K^n \to V$ が定まり,「ψ_E という眼鏡を装着すれば, V は K^n にみえる」のであった. それでは, 眼鏡をかけかえると, みえる景色はどのように変わるのであろうか?

$E = \langle \boldsymbol{e}_1, \cdots, \boldsymbol{e}_n \rangle$ および $F = \langle \boldsymbol{f}_1, \cdots, \boldsymbol{f}_n \rangle$ を K 上の n 次元線形空間 V の基底とする. V の元は $\boldsymbol{e}_1, \boldsymbol{e}_2, \cdots, \boldsymbol{e}_n$ の線形結合として一意的に書き表せるので (注意 3.2), $\boldsymbol{f}_1, \boldsymbol{f}_2, \cdots, \boldsymbol{f}_n$ は次のように表すことができる.

$$\begin{cases} \boldsymbol{f}_1 = p_{11}\boldsymbol{e}_1 + p_{21}\boldsymbol{e}_2 + \cdots + p_{n1}\boldsymbol{e}_n \\ \boldsymbol{f}_2 = p_{12}\boldsymbol{e}_1 + p_{22}\boldsymbol{e}_2 + \cdots + p_{n2}\boldsymbol{e}_n \\ \quad \cdots \\ \boldsymbol{f}_n = p_{1n}\boldsymbol{e}_1 + p_{2n}\boldsymbol{e}_2 + \cdots + p_{nn}\boldsymbol{e}_n \end{cases} \tag{3.10}$$

n^2 個の K の元 p_{ij} $(i, j = 1, 2, \cdots, n)$ が定まれば，基底 E と基底 F の関係が定まることになる．そこで，これらを並べた行列

$$P = \begin{pmatrix} p_{11} & p_{12} & \cdots & p_{1n} \\ p_{21} & p_{22} & \cdots & p_{2n} \\ \vdots & \vdots & \ddots & \vdots \\ p_{n1} & p_{n2} & \cdots & p_{nn} \end{pmatrix} \tag{3.11}$$

は 2 つの基底 E と F の間の関係を記述していると考えることができる．

定義 3.10 (3.11) の行列 P を**基底 E から F への変換行列**とよぶ．

注意 3.4 のちの議論の都合上，(3.11) の行列 P の成分は，式 (3.10) の係数の縦と横を逆にして並べている．

例 3.23 $\boldsymbol{e}_1 = \begin{pmatrix} 1 \\ 1 \end{pmatrix}, \boldsymbol{e}_2 = \begin{pmatrix} 1 \\ -1 \end{pmatrix}; \boldsymbol{f}_1 = \begin{pmatrix} 3 \\ 1 \end{pmatrix}, \boldsymbol{f}_2 = \begin{pmatrix} 5 \\ 1 \end{pmatrix} \in \boldsymbol{R}^2$ とすると，$E = \langle \boldsymbol{e}_1, \boldsymbol{e}_2 \rangle$, $F = \langle \boldsymbol{f}_1, \boldsymbol{f}_2 \rangle$ は $\boldsymbol{R}^2$ の基底である (確かめよ).

$$\begin{cases} \boldsymbol{f}_1 = 2\boldsymbol{e}_1 + \ \ \boldsymbol{e}_2 \\ \boldsymbol{f}_2 = 3\boldsymbol{e}_1 + 2\boldsymbol{e}_2 \end{cases}$$

が計算により分かるので，基底 E から F への変換行列は $\begin{pmatrix} 2 & 3 \\ 1 & 2 \end{pmatrix}$ である．

命題 3.12 $E = \langle \boldsymbol{e}_1, \cdots, \boldsymbol{e}_n \rangle$ は K^n の自然基底とし，$F = \langle \boldsymbol{f}_1, \cdots, \boldsymbol{f}_n \rangle$ は K^n の任意の基底とする．このとき，基底 E から F への変換行列 P は，$\boldsymbol{f}_1, \boldsymbol{f}_2, \cdots, \boldsymbol{f}_n$ を列ベクトルとする正方行列，すなわち $(\boldsymbol{f}_1\, \boldsymbol{f}_2 \cdots \boldsymbol{f}_n)$ である．

証明　$\boldsymbol{e}_1, \cdots, \boldsymbol{e}_n$ は単位ベクトルであるので，$\boldsymbol{f}_j$ の第 i 成分を f_{ij} とすれば

$$\begin{cases} \boldsymbol{f}_1 = f_{11}\boldsymbol{e}_1 + f_{21}\boldsymbol{e}_2 + \cdots + f_{n1}\boldsymbol{e}_n \\ \boldsymbol{f}_2 = f_{12}\boldsymbol{e}_1 + f_{22}\boldsymbol{e}_2 + \cdots + f_{n2}\boldsymbol{e}_n \\ \quad \cdots \\ \boldsymbol{f}_n = f_{1n}\boldsymbol{e}_1 + f_{2n}\boldsymbol{e}_2 + \cdots + f_{nn}\boldsymbol{e}_n \end{cases}$$

が成り立ち，変換行列は

$$\begin{pmatrix} f_{11} & f_{12} & \cdots & f_{1n} \\ f_{21} & f_{22} & \cdots & f_{2n} \\ \vdots & \vdots & \ddots & \vdots \\ f_{n1} & f_{n2} & \cdots & f_{nn} \end{pmatrix} = (\,\boldsymbol{f}_1\,\boldsymbol{f}_2\,\cdots\,\boldsymbol{f}_n\,)$$

である．　□

問題 3.4　$\boldsymbol{e}_1 = \begin{pmatrix} 1 \\ 0 \\ 1 \end{pmatrix}, \boldsymbol{e}_2 = \begin{pmatrix} 0 \\ 1 \\ 0 \end{pmatrix}, \boldsymbol{e}_3 = \begin{pmatrix} 1 \\ 1 \\ 2 \end{pmatrix}; \boldsymbol{f}_1 = \begin{pmatrix} 2 \\ 1 \\ 3 \end{pmatrix}, \boldsymbol{f}_2 = \begin{pmatrix} 1 \\ 2 \\ 1 \end{pmatrix}, \boldsymbol{f}_3 = \begin{pmatrix} 3 \\ 4 \\ 6 \end{pmatrix} \in \boldsymbol{R}^3$ とする．

(1)　$E = \langle \boldsymbol{e}_1, \boldsymbol{e}_2, \boldsymbol{e}_3 \rangle$ は $\boldsymbol{R}^3$ の基底であることを示せ．

(2)　$F = \langle \boldsymbol{f}_1, \boldsymbol{f}_2, \boldsymbol{f}_3 \rangle$ は $\boldsymbol{R}^3$ の基底であることを示せ．

(3)　基底 E から F への変換行列 P を求めよ．

ヒントと略解　(1), (2) は基底の定義にさかのぼる．(3) $\begin{pmatrix} 1 & 1 & 0 \\ 0 & 2 & 1 \\ 1 & 0 & 3 \end{pmatrix}$.

関係式 (3.10) について考察を進める．基底 $E = \langle \boldsymbol{e}_1, \boldsymbol{e}_2, \cdots, \boldsymbol{e}_n \rangle$ を構成する元を横に並べ，**形式的に** $(\boldsymbol{e}_1, \boldsymbol{e}_2, \cdots, \boldsymbol{e}_n)$ という横ベクトルのようなものを

考えることにする．このとき，次のような関係式が成り立つ．

$$(\boldsymbol{f}_1, \boldsymbol{f}_2, \cdots, \boldsymbol{f}_n) = (\boldsymbol{e}_1, \boldsymbol{e}_2, \cdots, \boldsymbol{e}_n)\begin{pmatrix} p_{11} & p_{12} & \cdots & p_{1n} \\ p_{21} & p_{22} & \cdots & p_{2n} \\ \vdots & \vdots & \ddots & \vdots \\ p_{n1} & p_{n2} & \cdots & p_{nn} \end{pmatrix} \tag{3.12}$$

実際，形式的に横ベクトルと行列の演算規則にしたがって計算すれば，(3.12) は (3.10) と同じ内容を表していることが分かる．右辺の行列は基底の変換行列 P にほかならないので，(3.12) はさらに次のように書き直せる．

$$(\boldsymbol{f}_1, \boldsymbol{f}_2, \cdots, \boldsymbol{f}_n) = (\boldsymbol{e}_1, \boldsymbol{e}_2, \cdots, \boldsymbol{e}_n)P \tag{3.13}$$

さて，基底 E によって定まる座標写像を ψ_E, 基底 F によって定まる座標写像を ψ_F とする．$\boldsymbol{x} \in V$ に対して

$$\boldsymbol{x} = \psi_E\left(\begin{pmatrix} x_1 \\ x_2 \\ \vdots \\ x_n \end{pmatrix}\right) = \psi_F\left(\begin{pmatrix} y_1 \\ y_2 \\ \vdots \\ y_n \end{pmatrix}\right) \tag{3.14}$$

が成り立つとする．このとき，(x_i) と (y_i) の間の関係を調べよう．

座標写像の定義によれば，(3.14) は

$$\boldsymbol{x} = x_1\boldsymbol{e}_1 + x_2\boldsymbol{e}_2 + \cdots + x_n\boldsymbol{e}_n = y_1\boldsymbol{f}_1 + y_2\boldsymbol{f}_2 + \cdots + y_n\boldsymbol{f}_n \tag{3.15}$$

と書き直すことができる．さらに，さきほど述べた形式的表記を用いて

$$\boldsymbol{x} = (\boldsymbol{e}_1, \boldsymbol{e}_2, \cdots, \boldsymbol{e}_n)\begin{pmatrix} x_1 \\ x_2 \\ \vdots \\ x_n \end{pmatrix} = (\boldsymbol{f}_1, \boldsymbol{f}_2, \cdots, \boldsymbol{f}_n)\begin{pmatrix} y_1 \\ y_2 \\ \vdots \\ y_n \end{pmatrix} \tag{3.16}$$

と書き直せる．そこで (3.13) を用いれば

$$(\boldsymbol{e}_1, \boldsymbol{e}_2, \cdots, \boldsymbol{e}_n)\begin{pmatrix} x_1 \\ x_2 \\ \vdots \\ x_n \end{pmatrix} = (\boldsymbol{e}_1, \boldsymbol{e}_2, \cdots, \boldsymbol{e}_n)P\begin{pmatrix} y_1 \\ y_2 \\ \vdots \\ y_n \end{pmatrix} \tag{3.17}$$

が得られる．ここで

$$\begin{pmatrix} x'_1 \\ x'_2 \\ \vdots \\ x'_n \end{pmatrix} = P\begin{pmatrix} y_1 \\ y_2 \\ \vdots \\ y_n \end{pmatrix}$$

とおけば，(3.17) は

$$x_1\boldsymbol{e}_1 + x_2\boldsymbol{e}_2 + \cdots + x_n\boldsymbol{e}_n = x'_1\boldsymbol{e}_1 + x'_2\boldsymbol{e}_2 + \cdots + x'_n\boldsymbol{e}_n$$

と書き直され，したがって $\sum_{i=1}^{n}(x_i - x'_i)\boldsymbol{e}_i = \boldsymbol{0}$ となるが，$\boldsymbol{e}_1, \cdots, \boldsymbol{e}_n$ の線形独立性より $x_i = x'_i$ $(1 \leq i \leq n)$ が成り立つ．結局，次の式が得られた．

$$\begin{pmatrix} x_1 \\ x_2 \\ \vdots \\ x_n \end{pmatrix} = P\begin{pmatrix} y_1 \\ y_2 \\ \vdots \\ y_n \end{pmatrix} \tag{3.18}$$

座標写像 ψ_E によれば $\boldsymbol{x}$ の座標は (x_i) であり，ψ_F による座標は (y_i) である．このとき，P は**座標変換**を表す行列であると考えられる．

問題 3.5 問題 3.4 において，$\boldsymbol{x} = \begin{pmatrix} 3 \\ 1 \\ 7 \end{pmatrix}$ とする．

(1) $\boldsymbol{x} = x_1\boldsymbol{e}_1 + x_2\boldsymbol{e}_2 + x_3\boldsymbol{e}_3 = y_1\boldsymbol{f}_1 + y_2\boldsymbol{f}_2 + y_3\boldsymbol{f}_3$ となる x_i, y_i を求めよ $(i = 1, 2, 3)$．

(2) $\begin{pmatrix} x_1 \\ x_2 \\ x_3 \end{pmatrix} = P \begin{pmatrix} y_1 \\ y_2 \\ y_3 \end{pmatrix}$ が成り立つことを確かめよ.

略解 $x_1 = -1, x_2 = -3, x_3 = 4; y_1 = 1, y_2 = -2, y_3 = 1.$

問題 3.6 V は K 上の n 次元線形空間とし, E, F, G は V の基底とする. 基底 E から F への変換行列を P とし, F から G への変換行列を Q とする.

(1) 基底 E から G への変換行列は PQ であることを証明せよ.

(2) 基底 E から E 自身への変換行列は単位行列であることを証明せよ.

(3) P は正則行列であることを示し, さらに, 基底 F から E への変換行列は P^{-1} であることを証明せよ.

(4) 例 3.23 において, 基底 F から E への変換行列を求め, それが E から F への変換行列の逆行列であることを確かめよ.

略解 (1) $(\boldsymbol{g}_1, \cdots, \boldsymbol{g}_n) = (\boldsymbol{f}_1, \cdots, \boldsymbol{f}_n)Q = (\boldsymbol{e}_1, \cdots, \boldsymbol{e}_n)PQ$ (積の順序に注意).

(2) は定義よりしたがう. (1) において $G = E$ とすれば, $PQ = E_n$ より (3) が示される. (4) は省略.

3.3 線形部分空間

3.3.1 線形部分空間の定義と例

線形空間の部分集合が線形空間になることがある.

定義 3.11 K 上の線形空間 V の空でない部分集合 W が V の**線形部分空間 (部分ベクトル空間)** であるとは, V の加法およびスカラー倍をそのまま W に制限して用いたときに W が K 上の線形空間になることである.

命題 3.13 K 上の線形空間 V の空でない部分集合 W が V の線形部分空間であるための必要十分条件は, 次の条件 (a), (b) が成り立つことである.

(a) $\boldsymbol{x}, \boldsymbol{y} \in W$ ならば $\boldsymbol{x} + \boldsymbol{y} \in W$ である.

(b) $c \in K, \boldsymbol{x} \in W$ ならば $c\boldsymbol{x} \in W$ である.

証明 W が V の線形部分空間ならば，定義より W は加法とスカラー倍について閉じていなければならず，条件 (a) および (b) が成り立つ.

逆に，条件 (a)，(b) が成り立つと仮定すると，W は加法とスカラー倍に関して閉じているので，V の演算を W に制限すれば，それは W の演算となる．次に，条件 (b) を $c = 0$ に対して適用すれば $\boldsymbol{0} \in W$ が得られるので，W は零元を持つことが分かる (定義 3.1 の公理 (3))．また，$\boldsymbol{x} \in W$ を任意にとったとき，条件 (b) を $c = -1$ に対して適用すれば，$\boldsymbol{x}$ の逆元 $-\boldsymbol{x}$ も W の元となり，W は線形空間の公理 (4) を満たす．その他の公理が満たされることは，V の任意の元に対して成立する等式が W の元に対しても成り立つことよりしたがう．よって W は V の線形部分空間である. □

小節 1.8.2 における K^n の線形部分空間の定義は，ここでの定義の特別な場合である．また，例 3.5 の線形空間 $C^\infty(\boldsymbol{R})$ は，例 3.4 の線形空間 $C(\boldsymbol{R})$ の線形部分空間である．例 3.8 の線形空間 $K[X]_{(d)}$ は，例 3.7 の線形空間 $K[X]$ の線形部分空間である．例 3.11 の線形空間は，例 3.10 の線形空間の線形部分空間である．また，$A \in M(m, n; K)$ に対して，$W = \{\, \boldsymbol{x} \in K^n \mid A\boldsymbol{x} = \boldsymbol{0} \,\}$ が K^n の線形部分空間であることも繰り返し述べておく (命題 1.24).

3.3.2 線形部分空間とその次元

V は K 上の線形空間とする．V の k 個の元 $\boldsymbol{a}_1, \boldsymbol{a}_2, \cdots, \boldsymbol{a}_k$ を含むような V の線形部分空間のうち，もっとも小さいものは何であろうか?

命題 3.14 $\boldsymbol{a}_1, \boldsymbol{a}_2, \cdots, \boldsymbol{a}_k \in V$ とする．V の部分集合 W を

$$W = \{\, \boldsymbol{z} \in V \mid \text{ある } c_i \in K\ (1 \leq i \leq k) \text{ が存在して } \boldsymbol{z} = \sum_{i=1}^{k} c_i \boldsymbol{a}_i \,\}$$

と定めると，W は V の線形部分空間である.

証明 命題 3.13 の条件 (a)，(b) が成り立つことを示せばよい.

(a) $\boldsymbol{z}, \boldsymbol{z}'$ を W の元とするとき，$\boldsymbol{z} + \boldsymbol{z}'$ も W の元である．実際，W の

定義により，K の元 c_i, c_i' $(1 \leq i \leq k)$ が存在して

$$\boldsymbol{z} = c_1\boldsymbol{a}_1 + \cdots + c_k\boldsymbol{a}_k, \quad \boldsymbol{z}' = c_1'\boldsymbol{a}_1 + \cdots + c_k'\boldsymbol{a}_k$$

と表される．このとき

$$\boldsymbol{z} + \boldsymbol{z}' = (c_1 + c_1')\boldsymbol{a}_1 + \cdots + (c_k + c_k')\boldsymbol{a}_k$$

となり，$\boldsymbol{a}_1, \boldsymbol{a}_2, \cdots, \boldsymbol{a}_k$ の線形結合となるので $\boldsymbol{z} + \boldsymbol{z}' \in W$ が示される．

(b)　「$c \in K$, $\boldsymbol{z} \in W$ ならば $c\boldsymbol{z} \in W$」の証明は読者にゆだねる．□

命題 3.14 の W は，$\boldsymbol{a}_1, \boldsymbol{a}_2, \cdots, \boldsymbol{a}_k$ を含むような V の線形部分空間のうち最小のものである．というのも，命題 3.13 によれば，$\boldsymbol{a}_1, \boldsymbol{a}_2, \cdots, \boldsymbol{a}_k$ を含むような V の線形部分空間は，それらの線形結合をすべて含み，したがって W 全部を含むことになるからである．

定義 3.12　上の命題 3.14 の W を，$\boldsymbol{a}_1, \boldsymbol{a}_2, \cdots, \boldsymbol{a}_k$ によって**生成された (張られた)** V の線形部分空間とよぶ．

命題 3.15　V は K 上の線形空間とし，W は k 個の元 $\boldsymbol{a}_1, \boldsymbol{a}_2, \cdots, \boldsymbol{a}_k$ によって生成された V の線形部分空間とする．このとき，次が成り立つ．

(1)　$\dim W \leq k$.

(2)　$\dim W = k$ であるための必要十分条件は，$\boldsymbol{a}_1, \boldsymbol{a}_2, \cdots, \boldsymbol{a}_k$ が線形独立であることである．

証明 (1)　W に定理 3.1 の系 3.2 を適用する．$\boldsymbol{a}_1, \boldsymbol{a}_2, \cdots, \boldsymbol{a}_k$ のうちいくつかを選んで V の基底ができるので，$\dim W \leq k$ が成り立つ．

(2)　(1) の証明より，$\dim W = k$ が成り立つことは，$\boldsymbol{a}_1, \boldsymbol{a}_2, \cdots, \boldsymbol{a}_k$ が W の基底をなすことと同値である．W は $\boldsymbol{a}_1, \boldsymbol{a}_2, \cdots, \boldsymbol{a}_k$ によって生成されるので，この条件は，$\boldsymbol{a}_1, \boldsymbol{a}_2, \cdots, \boldsymbol{a}_k$ が線形独立であることと同値である．□

命題 3.16　V は K 上の線形空間とする．V の 2 つの線形部分空間 W_1, W_2 が $W_1 \subset W_2$ を満たすと仮定する．このとき，次のことが成り立つ．

(1)　$\dim W_1 \leq \dim W_2$.

(2) $\dim W_1 = \dim W_2$ ならば $W_1 = W_2$ である.

証明 (1) $W_1 \subset W_2$ であるので, 定理 3.1 により, W_1 の基底 $\langle \boldsymbol{e}_1, \cdots, \boldsymbol{e}_r \rangle$ に必要なだけ元をつけ加えて W_2 の基底 $\langle \boldsymbol{e}_1, \cdots, \boldsymbol{e}_r, \boldsymbol{e}_{r+1}, \cdots, \boldsymbol{e}_{r+k} \rangle$ が得られる ($k \geq 0$). したがって $\dim W_1 \leq \dim W_2$ が成り立つ.

(2) (1) の証明より, $\dim W_1 = \dim W_2$ ならば W_1 と W_2 は同一の基底を持つので, $W_1 = W_2$ である. □

命題 3.17 V は K 上の線形空間で, $\dim V = n$ とする. V の n 個の元 $\boldsymbol{e}_1, \boldsymbol{e}_2, \cdots, \boldsymbol{e}_n$ が線形独立ならば $\langle \boldsymbol{e}_1, \boldsymbol{e}_2, \cdots, \boldsymbol{e}_n \rangle$ は V の基底である.

証明 $\boldsymbol{e}_1, \cdots, \boldsymbol{e}_n$ によって生成される V の線形部分空間を W とする. 命題 3.15 (2) より $\dim W = n$ となり, 命題 3.16 より $V = W$ となる. よって $\boldsymbol{e}_1, \cdots, \boldsymbol{e}_n$ は V を張り, 線形独立である — すなわち V の基底である. □

3.3.3 線形部分空間の共通部分と和空間

いくつかの線形部分空間からあらたな線形部分空間を作ることができる.

命題 3.18 V は K 上の線形空間とする. W_1, W_2 が V の線形部分空間であるならば, $W_1 \cap W_2$ もまた V の線形部分空間である.

証明 (a) $\boldsymbol{x}, \boldsymbol{y} \in W_1 \cap W_2$ とする. このとき, $\boldsymbol{x}, \boldsymbol{y} \in W_1$ であり, W_1 は V の線形部分空間であるので, $\boldsymbol{x} + \boldsymbol{y} \in W_1$ である. 同様に $\boldsymbol{x} + \boldsymbol{y} \in W_2$ も示される. したがって $\boldsymbol{x} + \boldsymbol{y} \in W_1 \cap W_2$ である.

(b) $c \in K, \boldsymbol{x} \in W_1 \cap W_2$ とする. このとき, $i = 1, 2$ に対して, $\boldsymbol{x} \in W_i$ である. W_i は V の線形部分空間であるので, $c\boldsymbol{x} \in W_i$ である. したがって $c\boldsymbol{x} \in W_1 \cap W_2$ である.

(a), (b) が成り立つので, $W_1 \cap W_2$ は V の線形部分空間である. □

定義 3.13 K 上の線形空間 V の線形部分空間 W_1, W_2 に対し, W_1 と W_2 の**和空間** $W_1 + W_2$ を次のように定義する.

$$W_1 + W_2 = \{ \boldsymbol{z} \in V \mid \boldsymbol{z} = \boldsymbol{x}_1 + \boldsymbol{x}_2 \ ({}^{\exists}\boldsymbol{x}_1 \in W_1, {}^{\exists}\boldsymbol{x}_2 \in W_2) \}$$

和空間 W_1+W_2 は，W_1 の元と W_2 の元の和の形に書き表せる元全体の集合である．一般に，合併集合 $W_1\cup W_2$ とは異なることに注意せよ．

命題 3.19 K 上の線形空間 V の線形部分空間 W_1, W_2 の和空間 W_1+W_2 は V の線形部分空間である．

証明 $\boldsymbol{z}, \boldsymbol{w}\in W_1+W_2$ とし，$c\in K$ とすると，ある $\boldsymbol{x}_1, \boldsymbol{y}_1\in W_1$ および $\boldsymbol{x}_2, \boldsymbol{y}_2\in W_2$ が存在して $\boldsymbol{z}=\boldsymbol{x}_1+\boldsymbol{x}_2, \boldsymbol{w}=\boldsymbol{y}_1+\boldsymbol{y}_2$ と表せる．このとき，

$$\boldsymbol{z}+\boldsymbol{w}=(\boldsymbol{x}_1+\boldsymbol{y}_1)+(\boldsymbol{x}_2+\boldsymbol{y}_2),\quad c\boldsymbol{z}=c\boldsymbol{x}_1+c\boldsymbol{x}_2$$

であるが，W_1 および W_2 が V の線形部分空間であることより

$$\boldsymbol{x}_i+\boldsymbol{y}_i\in W_i,\quad c\boldsymbol{x}_i\in W_i\quad (i=1,2)$$

であるので，$\boldsymbol{z}+\boldsymbol{w}$ および $c\boldsymbol{z}$ は W_1 の元と W_2 の元の和の形に書き表せる．よって $\boldsymbol{z}+\boldsymbol{w}\in W_1+W_2, c\boldsymbol{z}\in W_1+W_2$ である．

したがって W_1+W_2 は V の線形部分空間である． □

同様に V の線形部分空間 $W_1, W_2, \cdots, W_k$ の和空間 $W_1+W_2+\cdots+W_k$ も次のように定義できる：

$$W_1+W_2+\cdots+W_k=\{\,\boldsymbol{x}_1+\boldsymbol{x}_2+\cdots+\boldsymbol{x}_k \mid \boldsymbol{x}_i\in W_i\ (1\leq i\leq k)\,\}.$$

問題 3.7 K^4 の線形部分空間 W_1, W_2 を

$$W_1=\left\{\begin{pmatrix}x_1\\x_2\\x_3\\x_4\end{pmatrix}\in K^4\ \middle|\ x_3=x_4=0\right\}=\left\{\begin{pmatrix}x_1\\x_2\\0\\0\end{pmatrix}\ \middle|\ x_1,x_2\in K\right\},$$

$$W_2=\left\{\begin{pmatrix}x_1\\x_2\\x_3\\x_4\end{pmatrix}\in K^4\ \middle|\ x_2=x_4=0\right\}=\left\{\begin{pmatrix}x_1\\0\\x_3\\0\end{pmatrix}\ \middle|\ x_1,x_3\in K\right\}$$

と定めると,

$$W_1 \cap W_2 = \{(x_i) \in K^4 \,|\, x_2 = x_3 = x_4 = 0\} = \left\{ \begin{pmatrix} x_1 \\ 0 \\ 0 \\ 0 \end{pmatrix} \,\middle|\, x_1 \in K \right\},$$

$$W_1 + W_2 = \{(x_i) \in K^4 \,|\, x_4 = 0\} = \left\{ \begin{pmatrix} x_1 \\ x_2 \\ x_3 \\ 0 \end{pmatrix} \,\middle|\, x_1, x_2, x_3 \in K \right\}$$

となることを示せ. また, $W_1 + W_2 \neq W_1 \cup W_2$ であることも確認せよ.

定理 3.5 K 上の線形空間 V の線形部分空間 W_1, W_2 に対して

$$\dim(W_1 + W_2) = \dim W_1 + \dim W_2 - \dim(W_1 \cap W_2) \tag{3.19}$$

が成り立つ.

証明の前に たとえば問題 3.7 において, $\boldsymbol{e}_1$, $\boldsymbol{e}_2$, $\boldsymbol{e}_3$, $\boldsymbol{e}_4$ を K^4 の単位ベクトルとすると, $\langle \boldsymbol{e}_1, \boldsymbol{e}_2 \rangle$ は W_1 の基底, $\langle \boldsymbol{e}_1, \boldsymbol{e}_3 \rangle$ は W_2 の基底である. このとき, $\langle \boldsymbol{e}_1 \rangle$ は $W_1 \cap W_2$ の基底, $\langle \boldsymbol{e}_1, \boldsymbol{e}_2, \boldsymbol{e}_3 \rangle$ は $W_1 + W_2$ の基底となる. したがって, $\dim W_1 = \dim W_2 = 2$, $\dim(W_1 \cap W_2) = 1$, $\dim(W_1 + W_2) = 3$ であり, 確かに (3.19) が成り立つ. 図 3.2 はその状況を表している.

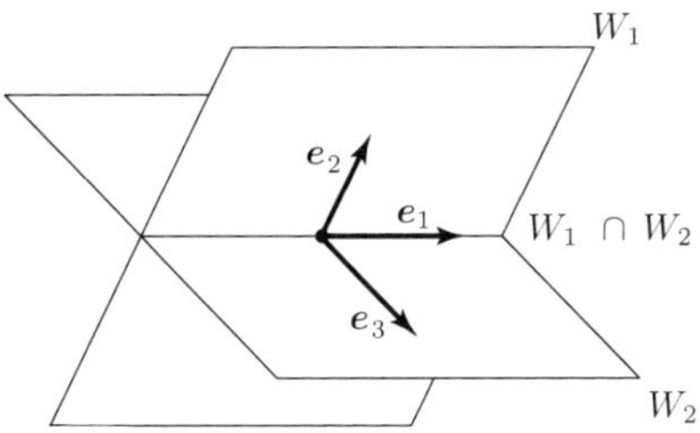

図 3.2

証明 $\dim W_1 = s$, $\dim W_2 = t$, $\dim(W_1 \cap W_2) = u$ とする．このとき $u \leq s$, $u \leq t$ である．まず $W_1 \cap W_2$ の基底 $\langle \boldsymbol{e}_1, \cdots, \boldsymbol{e}_u \rangle$ をとる．定理 3.1 を W_1 に対して適用すれば，($s > u$ ならば) $\boldsymbol{e}_1, \cdots, \boldsymbol{e}_u$ に $(s-u)$ 個の W_1 の元 $\boldsymbol{e}'_{u+1}, \cdots, \boldsymbol{e}'_s$ を付け加えて W_1 の基底 $\langle \boldsymbol{e}_1, \cdots, \boldsymbol{e}_u, \boldsymbol{e}'_{u+1}, \cdots, \boldsymbol{e}'_s \rangle$ を作ることができる．同様に $W_1 \cap W_2$ の基底に W_2 の元を必要なだけ付け加えて W_2 の基底 $\langle \boldsymbol{e}_1, \cdots, \boldsymbol{e}_u, \boldsymbol{e}''_{u+1}, \cdots, \boldsymbol{e}''_t \rangle$ を作る．次の主張を証明する．

主張 $\langle \boldsymbol{e}_1, \cdots, \boldsymbol{e}_u, \boldsymbol{e}'_{u+1}, \cdots, \boldsymbol{e}'_s, \boldsymbol{e}''_{u+1}, \cdots, \boldsymbol{e}''_t \rangle$ は $W_1 + W_2$ の基底である．

まず，$\boldsymbol{e}_1, \cdots, \boldsymbol{e}_u$, $\boldsymbol{e}'_{u+1}, \cdots, \boldsymbol{e}'_s$, $\boldsymbol{e}''_{u+1}, \cdots, \boldsymbol{e}''_t$ が線形独立であることを示す．$c_1, \cdots, c_u$, $c'_{u+1}, \cdots, c'_s$, $c''_{u+1}, \cdots, c''_t \in K$ が

$$c_1\boldsymbol{e}_1 + \cdots + c_u\boldsymbol{e}_u + c'_{u+1}\boldsymbol{e}'_{u+1} + \cdots + c'_s\boldsymbol{e}'_s + c''_{u+1}\boldsymbol{e}''_{u+1} + \cdots + c''_t\boldsymbol{e}''_t = \boldsymbol{0} \quad (3.20)$$

を満たすとする．このとき

$$\begin{aligned} \boldsymbol{d} &= c_1\boldsymbol{e}_1 + \cdots + c_u\boldsymbol{e}_u + c'_{u+1}\boldsymbol{e}'_{u+1} + \cdots + c'_s\boldsymbol{e}'_s \\ &= -c''_{u+1}\boldsymbol{e}''_{u+1} - \cdots - c''_t\boldsymbol{e}''_t \end{aligned} \quad (3.21)$$

とおくと，$\boldsymbol{e}_1, \cdots, \boldsymbol{e}_u$, $\boldsymbol{e}'_{u+1}, \cdots, \boldsymbol{e}'_s \in W_1$ より $\boldsymbol{d} \in W_1$ である．一方，$\boldsymbol{e}''_{u+1}, \cdots, \boldsymbol{e}''_t \in W_2$ より $\boldsymbol{d} \in W_2$ である．したがって $\boldsymbol{d} \in W_1 \cap W_2$ であることが分かる．$W_1 \cap W_2$ が $\boldsymbol{e}_1, \cdots, \boldsymbol{e}_u$ によって張られることより，ある $d_1, \cdots, d_u \in K$ が存在して

$$\boldsymbol{d} = d_1\boldsymbol{e}_1 + \cdots + d_u\boldsymbol{e}_u \quad (3.22)$$

と表せる．(3.21) および (3.22) より

$$d_1\boldsymbol{e}_1 + \cdots + d_u\boldsymbol{e}_u + c''_{u+1}\boldsymbol{e}''_{u+1} + \cdots + c''_t\boldsymbol{e}''_t = \boldsymbol{0} \quad (3.23)$$

が成り立つが，$\boldsymbol{e}_1, \cdots, \boldsymbol{e}_u$, $\boldsymbol{e}''_{u+1}, \cdots, \boldsymbol{e}''_t$ が線形独立であることより

$$d_1 = \cdots = d_u = c''_{u+1} = \cdots = c''_t = 0 \quad (3.24)$$

となる．これを (3.21) に代入すれば，特に $\boldsymbol{d} = \boldsymbol{0}$ が得られ，したがって

$$c_1\boldsymbol{e}_1 + \cdots + c_u\boldsymbol{e}_u + c'_{u+1}\boldsymbol{e}'_{u+1} + \cdots + c'_s\boldsymbol{e}'_s = \boldsymbol{0}$$

が得られるが，$\boldsymbol{e}_1, \cdots, \boldsymbol{e}_u$, $\boldsymbol{e}'_{u+1}, \cdots, \boldsymbol{e}'_s$ が線形独立であることより

$$c_1 = \cdots = c_u = c'_{u+1} = c'_s = 0 \tag{3.25}$$

が得られる．(3.24) と (3.25) をあわせれば，仮定 (3.20) のもとで

$$c_1 = \cdots = c_u = c'_{u+1} = \cdots = c'_s = c''_{u+1} = \cdots = c''_t = 0$$

が成り立つので，$\boldsymbol{e}_1, \cdots, \boldsymbol{e}_u$, $\boldsymbol{e}'_{u+1}, \cdots, \boldsymbol{e}'_s$, $\boldsymbol{e}''_{u+1}, \cdots, \boldsymbol{e}''_t$ は線形独立である．

次に $W_1 + W_2$ の任意の元 $\boldsymbol{z}$ をとり，これが $\boldsymbol{e}_1, \cdots, \boldsymbol{e}_u$, $\boldsymbol{e}'_{u+1}, \cdots, \boldsymbol{e}'_s$, $\boldsymbol{e}''_{u+1}, \cdots, \boldsymbol{e}''_t$ の線形結合であることを示す．$\boldsymbol{z} \in W_1 + W_2$ より，ある $\boldsymbol{x}_1 \in W_1$, $\boldsymbol{x}_2 \in W_2$ が存在して，$\boldsymbol{z} = \boldsymbol{x}_1 + \boldsymbol{x}_2$ となる．W_1 が $\boldsymbol{e}_1, \cdots, \boldsymbol{e}_u$, $\boldsymbol{e}'_{u+1}, \cdots, \boldsymbol{e}'_s$ によって張られることより，ある $a_1, \cdots, a_u$, $a'_{u+1}, \cdots, a'_s \in K$ が存在して

$$\boldsymbol{x}_1 = a_1\boldsymbol{e}_1 + \cdots + a_u\boldsymbol{e}_u + a'_{u+1}\boldsymbol{e}'_{u+1} + \cdots + a'_s\boldsymbol{e}'_s$$

と表せる．同様に，ある $b_1, \cdots, b_u$, $a''_{u+1}, \cdots, a''_t \in K$ が存在して

$$\boldsymbol{x}_2 = b_1\boldsymbol{e}_1 + \cdots + b_u\boldsymbol{e}_u + a''_{u+1}\boldsymbol{e}''_{u+1} + \cdots + a''_t\boldsymbol{e}''_t$$

と表せる．したがって

$$\begin{aligned}\boldsymbol{z} = &(a_1 + b_1)\boldsymbol{e}_1 + \cdots + (a_u + b_u)\boldsymbol{e}_u \\ &+ a'_{u+1}\boldsymbol{e}'_{u+1} + \cdots + a'_s\boldsymbol{e}'_s + a''_{u+1}\boldsymbol{e}''_{u+1} + \cdots + a''_t\boldsymbol{e}''_t\end{aligned}$$

となるので，$W_1 + W_2$ は $\boldsymbol{e}_1, \cdots, \boldsymbol{e}_u$, $\boldsymbol{e}'_{u+1}, \cdots, \boldsymbol{e}'_s$, $\boldsymbol{e}''_{u+1}, \cdots, \boldsymbol{e}''_t$ で張られる．

こうして上の主張が示された．このとき，

$$\begin{aligned}\dim(W_1 + W_2) &= u + (s - u) + (t - u) = s + t - u \\ &= \dim W_1 + \dim W_2 - \dim(W_1 \cap W_2)\end{aligned}$$

が成り立ち，定理が証明される． □

3.3.4 直和分解

K 上の線形空間 V とその線形部分空間 W_1, W_2 を考える．定理 3.5 より

$$\dim(W_1 + W_2) \leq \dim W_1 + \dim W_2 \tag{3.26}$$

が成り立つ．また，(3.26) において等号が成立するための必要十分条件は，$\dim(W_1 \cap W_2) = 0$，すなわち

$$W_1 \cap W_2 = \{\mathbf{0}\} \tag{3.27}$$

が成り立つことである．(3.27) が成立するとき，定理 3.5 の証明をこの場合に適用すれば，W_1 の基底 $\langle \boldsymbol{e}_1', \cdots, \boldsymbol{e}_s' \rangle$ と W_2 の基底 $\langle \boldsymbol{e}_1'', \cdots, \boldsymbol{e}_t'' \rangle$ をつなぎ合わせることによって V の基底 $\langle \boldsymbol{e}_1', \cdots, \boldsymbol{e}_s', \boldsymbol{e}_1'', \cdots, \boldsymbol{e}_t'' \rangle$ が得られる．

さらに W_3 も V の線形部分空間であるとき

$$\dim(W_1 + W_2 + W_3) \leq \dim(W_1 + W_2) + \dim W_3 \tag{3.28}$$
$$\leq \dim W_1 + \dim W_2 + \dim W_3 \tag{3.29}$$

が成り立つ．ここで

$$\dim(W_1 + W_2 + W_3) = \dim W_1 + \dim W_2 + \dim W_3$$

が成り立つための必要十分条件は，上の不等式 (3.28) および (3.29) において等号が成立すること，すなわち

$$(W_1 + W_2) \cap W_3 = \{\mathbf{0}\} \quad \text{かつ}\ W_1 \cap W_2 = \{\mathbf{0}\} \tag{3.30}$$

が成り立つことである．(3.30) が成り立つとき，定理 3.5 の証明をこの場合に繰り返し適用すれば，W_1 の基底と W_2 の基底をつなぎ合わせることにより $W_1 + W_2$ の基底を得，さらに，それと W_3 の基底をつなぎ合わせることにより $W_1 + W_2 + W_3$ の基底を得る．

定義 3.14 V は K 上の線形空間とする．$W_1, W_2, \cdots, W_k$ は V の線形部分空間で，$V = W_1 + W_2 + \cdots + W_k$ を満たすものとする．V が W_1, $W_2, \cdots, W_k$ の**直和に分解する**，あるいは，V が $W_1, W_2, \cdots, W_k$ の**直和であるとは**，V の基底 $\langle \boldsymbol{e}_1, \cdots, \boldsymbol{e}_n \rangle$ および

$$0 = i_0 < i_1 < i_2 < \cdots < i_{k-1} < i_k = n$$

を満たすような整数 $i_0, i_1, \cdots, i_k$ が存在して，$1 \leq j \leq k$ なる各 j について，$\langle \boldsymbol{e}_{i_{j-1}+1}, \cdots, \boldsymbol{e}_{i_j} \rangle$ が W_j の基底となることである．V が $W_1, W_2, \cdots, W_k$ の

直和であることを

$$V = W_1 \oplus W_2 \oplus \cdots \oplus W_k$$

と表す.

つまり，各 W_j $(1 \leq j \leq k)$ の基底をつなぎ合わせて V の基底を作ることができるときに $V = W_1 \oplus W_2 \oplus \cdots \oplus W_k$ となる．このとき

$$\dim V = \dim W_1 + \dim W_2 + \cdots + \dim W_k$$

が成り立つ.

命題 3.20 V は K 上の線形空間とする．$W_1, W_2, \cdots, W_k$ は V の線形部分空間で，$V = W_1 + W_2 + \cdots + W_k$ を満たすものとする．このとき，次の 4 つの条件 (a), (b), (c), (d) は互いに同値である.

(a) $V = W_1 \oplus W_2 \oplus \cdots \oplus W_k$.

(b) $\dim V = \dim W_1 + \dim W_2 + \cdots + \dim W_k$.

(c) $1 \leq j \leq k-1$ なる任意の自然数 j に対して

$$(W_1 + \cdots + W_j) \cap W_{j+1} = \{\mathbf{0}\}$$

が成り立つ.

(d) V の任意の元 $\boldsymbol{x}$ は

$$\boldsymbol{x} = \boldsymbol{x}_1 + \boldsymbol{x}_2 + \cdots + \boldsymbol{x}_k \quad (\boldsymbol{x}_i \in W_i, \quad i = 1, 2, \cdots, k)$$

の形に一意的に書き表すことができる.

証明 (a), (b), (c) が互いに同値であることは，すでに述べたことを一般化することによって示される．証明の詳細は読者の演習問題とする.

(c) $\Rightarrow$ (d) の証明：$V = W_1 + W_2 + \cdots + W_k$ より，V の任意の元 $\boldsymbol{x}$ は

$$\boldsymbol{x} = \boldsymbol{x}_1 + \boldsymbol{x}_2 + \cdots + \boldsymbol{x}_k \quad (\boldsymbol{x}_i \in W_i, \quad i = 1, 2, \cdots, k) \tag{3.31}$$

と表せる．そこで，このような表し方が一通りしかないことを示す．いま

$$\boldsymbol{x} = \boldsymbol{x}'_1 + \boldsymbol{x}'_2 + \cdots + \boldsymbol{x}'_k \quad (\boldsymbol{x}'_i \in W_i, \quad i = 1, 2, \cdots, k) \tag{3.32}$$

とも書き表せるとすると，(3.31), (3.32) より

$$\boldsymbol{x}_k - \boldsymbol{x}'_k = (\boldsymbol{x}'_1 - \boldsymbol{x}_1) + \cdots + (\boldsymbol{x}'_{k-1} - \boldsymbol{x}_{k-1}) \tag{3.33}$$

が得られるが，(3.33) の左辺は W_k に属し，右辺は $W_1 + \cdots + W_{k-1}$ に属するので，結局 $(W_1 + \cdots + W_{k-1}) \cap W_k$ に属する．条件 (c) よりそれは $\{\boldsymbol{0}\}$ であるので，(3.33) の両辺は $\boldsymbol{0}$ に等しく，特に $\boldsymbol{x}'_k = \boldsymbol{x}_k$ である．よって

$$\boldsymbol{x}_1 + \cdots + \boldsymbol{x}_{k-1} = \boldsymbol{x}'_1 + \cdots + \boldsymbol{x}'_{k-1}$$

が得られる．上と同様の論法により

$$\begin{aligned}\boldsymbol{x}_{k-1} - \boldsymbol{x}'_{k-1} &= (\boldsymbol{x}'_1 - \boldsymbol{x}_1) + \cdots + (\boldsymbol{x}'_{k-2} - \boldsymbol{x}'_{k-2}) \\ &\in (W_1 + \cdots + W_{k-2}) \cap W_{k-1} = \{\boldsymbol{0}\}\end{aligned}$$

が成り立ち，$\boldsymbol{x}'_{k-1} = \boldsymbol{x}_{k-1}$ が得られる．同様の議論を繰り返せば，$1 \leq i \leq k$ なる任意の i に対して $\boldsymbol{x}'_i = \boldsymbol{x}_i$ であることが示され，(d) が示される．

(d) ⇒ (c) の証明： $1 \leq j \leq k-1$ とし，$\boldsymbol{y}$ を $(W_1 + \cdots + W_j) \cap W_{j+1}$ の任意の元とするとき，$\boldsymbol{y} = \boldsymbol{0}$ であることを示す．$\boldsymbol{y} \in W_1 + \cdots + W_j$ より

$$\boldsymbol{y} = \boldsymbol{y}_1 + \cdots + \boldsymbol{y}_j \quad (\boldsymbol{y}_i \in W_i,\ 1 \leq i \leq j) \tag{3.34}$$

と表せる．$\boldsymbol{y}_{j+1} = -\boldsymbol{y}$ とおけば，$\boldsymbol{y}_{j+1} \in W_{j+1}$ であり，(3.34) より

$$\boldsymbol{0} = \boldsymbol{y}_1 + \cdots + \boldsymbol{y}_j + \boldsymbol{y}_{j+1} \tag{3.35}$$

が成り立つ．(3.35) は，V の元 $\boldsymbol{0}$ を $W_1, \cdots, W_{j+1}$ の元の和に書き表したものと考えることができるが，一方において

$$\boldsymbol{0} = \boldsymbol{0} + \cdots + \boldsymbol{0} + \boldsymbol{0} \tag{3.36}$$

も V の元 $\boldsymbol{0}$ を $W_1, \cdots, W_{j+1}$ の元の和に表したものである．(3.35) と (3.36) を見比べれば，条件 (d)(一意性) より $\boldsymbol{y}_1 = \cdots = \boldsymbol{y}_j = \boldsymbol{y}_{j+1} = \boldsymbol{0}$ となり，特に $\boldsymbol{y} = \boldsymbol{0}$ が得られる．よって $(W_1 + \cdots + W_j) \cap W_{j+1} = \{\boldsymbol{0}\}$ である． □

命題 3.21 V は K 上の線形空間とする．$W_1, W_2, \cdots, W_k$ は V の線形部分空間とし，$W = W_1 + W_2 + \cdots + W_k$ とおく．このとき，次の 2 つの条件 (a) と (b) は同値である．

(a) $W = W_1 \oplus W_2 \oplus \cdots \oplus W_k$.

(b) 各 W_i $(i = 1, 2, \cdots, k)$ から $\mathbf{0}$ でない元を任意にひとつずつ選ぶと，それらは必ず線形独立である．

注意 3.5 条件 (b) において，たとえば $\boldsymbol{a}_1 \in W_1, \boldsymbol{a}_2 \in W_2, \cdots, \boldsymbol{a}_k \in W_k$ が線形独立ならば，その一部を選び出したものも線形独立である．

証明 (a) ⇒ (b) の証明は読者の演習問題とする．

(b) ⇒ (a) 各 W_j $(1 \leq j \leq k)$ の基底をつなぎ合わせて W の基底が得られることを示す．そこで，各 W_j の基底を構成する元を順に並べる：$\langle \boldsymbol{f}_{i_{j-1}+1}, \cdots, \boldsymbol{f}_{i_j} \rangle$ を W_j の基底とする $(j = 1, 2, \cdots, k;\ 0 = i_0 < i_1 < \cdots < i_k)$．仮定より，これらの元を集めた $\boldsymbol{f}_1, \boldsymbol{f}_2, \cdots, \boldsymbol{f}_{i_k}$ は W を張るので，これらが線形独立であることを示せば証明が終わる．

$$c_1 \boldsymbol{f}_1 + c_2 \boldsymbol{f}_2 + \cdots + c_{i_k} \boldsymbol{f}_{i_k} = \mathbf{0} \quad (c_1, c_2, \cdots, c_{i_k} \in K) \tag{3.37}$$

と仮定する．ここで

$$\boldsymbol{a}_j = \sum_{i=i_{j-1}+1}^{i_j} c_i \boldsymbol{f}_i \quad (j = 1, 2, \cdots, k)$$

とおくと，$\boldsymbol{a}_j \in W_j$ であり，(3.37) は

$$\boldsymbol{a}_1 + \boldsymbol{a}_2 + \cdots + \boldsymbol{a}_k = \mathbf{0}$$

と書き直せる．$\boldsymbol{a}_1, \boldsymbol{a}_2, \cdots, \boldsymbol{a}_k$ の中に $\mathbf{0}$ でないものがあるとすると，それらは線形従属であることになり，条件 (b) に反する (注意 3.5 も参照せよ)．よって

$$\boldsymbol{a}_j = \sum_{i=i_{j-1}+1}^{i_j} c_i \boldsymbol{f}_i = \mathbf{0} \quad (j = 1, 2, \cdots, k)$$

が得られるが，$\langle \boldsymbol{f}_{i_{j-1}+1}, \cdots, \boldsymbol{f}_{i_j} \rangle$ が W_j の基底であることより

$$c_{i_{j-1}+1} = \cdots = c_{i_j} = 0 \quad (j = 1, 2, \cdots, k)$$

が得られる．こうして (3.37) の左辺の係数がすべて 0 であることが示された．よって $\boldsymbol{f}_1, \boldsymbol{f}_2, \cdots, \boldsymbol{f}_{i_k}$ は線形独立であり，W の基底となる． □

例 3.24 $V = \boldsymbol{R}^3$ とし，$W_1 = \left\{ \begin{pmatrix} x \\ y \\ z \end{pmatrix} \in \boldsymbol{R}^3 \;\middle|\; x + y + z = 0 \right\}$，

$W_2 = \left\{ \begin{pmatrix} x \\ y \\ z \end{pmatrix} \in \boldsymbol{R}^3 \;\middle|\; y = z = 0 \right\}$ とすると，$V = W_1 \oplus W_2$ である．実

際，$\left\langle \begin{pmatrix} 1 \\ -1 \\ 0 \end{pmatrix}, \begin{pmatrix} 1 \\ 0 \\ -1 \end{pmatrix} \right\rangle$ が W_1 の基底をなし，$\left\langle \begin{pmatrix} 1 \\ 0 \\ 0 \end{pmatrix} \right\rangle$ が W_2 の基底

をなす．これらをあわせれば V の基底となり，$\dim V = \dim W_1 + \dim W_2$ である．また，$W_1 \cap W_2 = \{\boldsymbol{0}\}$ である．W_1 の $\boldsymbol{0}$ でない任意の元と W_2 の $\boldsymbol{0}$ でない任意の元が線形独立であることも確かめられる (実際に確かめよ).

$V = W_1 + W_2$ の場合，$V = W_1 \oplus W_2$ と $W_1 \cap W_2 = \{\boldsymbol{0}\}$ は同値であるが，3 つ以上の線形部分空間に関しては，少し注意が必要である (次の例参照).

例 3.25 $V = \boldsymbol{R}^2$ とし，V の線形部分空間 W_1, W_2, W_3 を

$$W_1 = \left\{ \begin{pmatrix} t \\ 0 \end{pmatrix} \;\middle|\; t \in \boldsymbol{R} \right\}, \quad W_2 = \left\{ \begin{pmatrix} 0 \\ t \end{pmatrix} \;\middle|\; t \in \boldsymbol{R} \right\},$$

$$W_3 = \left\{ \begin{pmatrix} t \\ t \end{pmatrix} \;\middle|\; t \in \boldsymbol{R} \right\}$$

と定めると，$V = W_1 + W_2 + W_3$, $W_1 \cap W_2 = W_2 \cap W_3 = W_3 \cap W_1 = \{\boldsymbol{0}\}$ であるが，V は W_1, W_2, W_3 の直和ではない．実際，

$$\dim V < \dim W_1 + \dim W_2 + \dim W_3$$

である．また，$W_1 + W_2 = \boldsymbol{R}^2$ であることに注意すれば

$$(W_1 + W_2) \cap W_3 = \boldsymbol{R}^3 \cap W_3 = W_3 \neq \{\boldsymbol{0}\}$$

である．いずれにせよ，命題 3.20 の条件は満たされない．

3.4 線形写像再論 — 基底と次元の観点から

3.4.1 像と逆像

定義 3.15 $f : X \to Y$ は集合 X から集合 Y への写像とする．A は X の部分集合，B は Y の部分集合とする．

(1) f による A の**像** $f(A)$ を次のように定める：

$$f(A) = \{\, y \in Y \mid \text{ある}\, a \in A\, \text{が存在して}\, y = f(a)\, \text{を満たす} \,\}.$$

(2) f による B の**逆像** $f^{-1}(B)$ を次のように定める：

$$f^{-1}(B) = \{\, x \in X \mid f(x) \in B \,\}.$$

(3) 上記の (2) において B がただひとつの元からなる集合 $\{c\}$ であるとき，逆像 $f^{-1}(\{c\})$ を $f^{-1}(c)$ と記し，f による c の逆像とよぶ．すなわち，$f^{-1}(c) = \{\, x \in X \mid f(x) = c \,\}$ と定める．

注意 3.6 $f : X \to Y$ が全単射であるときの逆写像 $f^{-1} : Y \to X$ と，ここでの逆像 $f^{-1}(B)$ とは，同じ記号を用いているが，まったく違うものである．

問題 3.8 $X = \{\,1, 2, 3, 4\,\}$, $Y = \{\,5, 6, 7, 8\,\}$ とし，$f : X \to Y$ を $f(1) = f(2) = 5$, $f(3) = 6$, $f(4) = 7$ と定める．$A = \{\,1, 3\,\}$, $B = \{\,5, 6\}$ とするとき，$f(A)$, $f^{-1}(B)$ を求めよ．また，$f^{-1}(5)$, $f^{-1}(8)$ を求めよ．

答え 定義に照らして考える．
$f(A) = \{\,5, 6\,\}$, $f^{-1}(B) = \{\,1, 2, 3\,\}$,
$f^{-1}(5) = \{\,1, 2\,\}$, $f^{-1}(8) = \emptyset$ (空集合).

3.4.2 線形写像の核と像

V, V' は K 上の線形空間とし，$T : V \to V'$ は線形写像とする．W は V の線形部分空間とし，W' は V' の線形部分空間とする．

命題 3.22 上の状況のもとで，次が成り立つ．

(1) $T(W)$ は V' の線形部分空間である．

（2） $T^{-1}(W')$ は V の線形部分空間である．

証明（1） 任意の $\boldsymbol{y}_1, \boldsymbol{y}_2 \in T(W)$, $a \in K$ に対して $\boldsymbol{y}_1 + \boldsymbol{y}_2$, $a\boldsymbol{y}_1 \in T(W)$ を示す．いま，$\boldsymbol{y}_i \in T(W)$ $(i = 1, 2)$ より，W の適当な元 $\boldsymbol{x}_i$ が存在して $T(\boldsymbol{x}_i) = \boldsymbol{y}_i$ を満たす．このとき，T が線形写像であることを用いれば

$$\boldsymbol{y}_1 + \boldsymbol{y}_2 = T(\boldsymbol{x}_1) + T(\boldsymbol{x}_2) = T(\boldsymbol{x}_1 + \boldsymbol{x}_2)$$

が得られるが，W が V の線形部分空間であることより $\boldsymbol{x}_1 + \boldsymbol{x}_2 \in W$ であり，これより $\boldsymbol{y}_1 + \boldsymbol{y}_2 \in T(W)$ が示される．同様に

$$a\boldsymbol{y}_1 = aT(\boldsymbol{x}_1) = T(a\boldsymbol{x}_1), \quad a\boldsymbol{x}_1 \in W$$

より $a\boldsymbol{y}_1 \in T(W)$ が示される．

（2） $\boldsymbol{z}_1$, $\boldsymbol{z}_2 \in T^{-1}(W')$ とし，$a \in K$ とする．$\boldsymbol{z}_1 + \boldsymbol{z}_2 \in T^{-1}(W')$ および $a\boldsymbol{z}_1 \in T^{-1}(W')$ を示せばよい．T が線形写像であることを用いれば

$$T(\boldsymbol{z}_1 + \boldsymbol{z}_2) = T(\boldsymbol{z}_1) + T(\boldsymbol{z}_2)$$

が得られるが，$\boldsymbol{z}_1$, $\boldsymbol{z}_2 \in T^{-1}(W')$ より $T(\boldsymbol{z}_1), T(\boldsymbol{z}_2) \in W'$ であり，さらに W' が V' の線形部分空間であることより $T(\boldsymbol{z}_1) + T(\boldsymbol{z}_2) \in W'$ である．よって $T(\boldsymbol{z}_1 + \boldsymbol{z}_2) \in W'$ となる．これは $\boldsymbol{z}_1 + \boldsymbol{z}_2 \in T^{-1}(W')$ を意味する．

同様に $T(a\boldsymbol{z}_1) = aT(\boldsymbol{z}_1) \in W'$ より $a\boldsymbol{z}_1 \in T^{-1}(W')$ が示される． □

命題 3.22 より，以下に定義する**核**や**像**もそれぞれ V, V' の線形部分空間である．これらはのちに重要な役割を果たす．

定義 3.16 $T : V \to V'$ は線形写像とする．

（1） 像 $T(V)$ を特に T の**像** (image) とよび，記号 $\mathrm{Im}(T)$ で表す：

$$\mathrm{Im}(T) = \{\, \boldsymbol{y} \in V' \mid \text{ある } \boldsymbol{x} \in V \text{ が存在して } \boldsymbol{y} = T(\boldsymbol{x}) \,\}.$$

（2） 逆像 $T^{-1}(\boldsymbol{0}_{V'})$ を特に T の**核** (kernel) とよび，記号 $\mathrm{Ker}(T)$ で表す (ここで $\boldsymbol{0}_{V'}$ は V' の零元を表す)：

$$\mathrm{Ker}(T) = \{\, \boldsymbol{x} \in V \mid T(\boldsymbol{x}) = \boldsymbol{0}_{V'} \,\}.$$

例 3.26 $V = \boldsymbol{R}^2, V' = \boldsymbol{R}^2$ とし，$T : V \to V'$ を，$\boldsymbol{x} = \begin{pmatrix} x_1 \\ x_2 \end{pmatrix} \in V$ に対し，$T(\boldsymbol{x}) = \begin{pmatrix} x_1 \\ 0 \end{pmatrix}$ と定める．このとき $\mathrm{Im}(T) = \left\{ \begin{pmatrix} t \\ 0 \end{pmatrix} \middle| \ t \in \boldsymbol{R} \right\}$，$\mathrm{Ker}(T) = \left\{ \begin{pmatrix} x \\ y \end{pmatrix} \in V \ \middle| \ x = 0 \right\} = \left\{ \begin{pmatrix} 0 \\ u \end{pmatrix} \ \middle| \ u \in \boldsymbol{R} \right\}$ である．

この写像 T は線型写像であるが，そのイメージを図 3.3 に示す．V を「垂直」に置き，V' を「水平」に置いて真上から光を照らすイメージである．

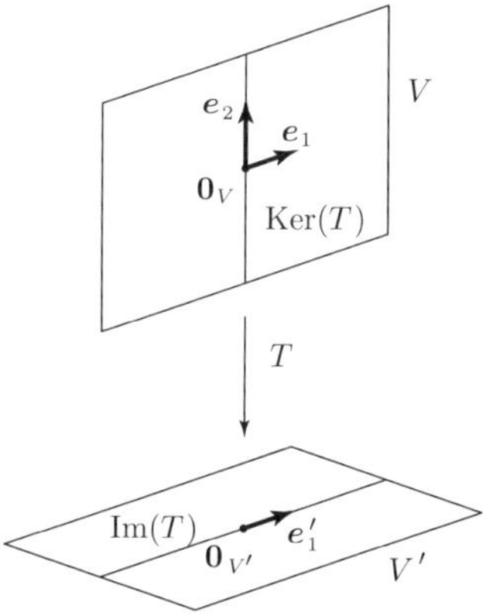

図 3.3

この場合，$\mathrm{Im}(T)$ は，V' 上に映った「水平な直線」であり，$\mathrm{Ker}(T)$ は，V 上で $\boldsymbol{0}_V$ を通る「垂直な直線」である．V は $\boldsymbol{e}_1 = \begin{pmatrix} 1 \\ 0 \end{pmatrix}$ と $\boldsymbol{e}_2 = \begin{pmatrix} 0 \\ 1 \end{pmatrix}$ から成る基底 $\langle \boldsymbol{e}_1, \boldsymbol{e}_2 \rangle$ を持つが，このうち，$\langle \boldsymbol{e}_2 \rangle$ が $\mathrm{Ker}(T)$ の基底となる．また，$T(\boldsymbol{e}_1) = \boldsymbol{e}_1'$ とおくと，$\langle \boldsymbol{e}_1' \rangle$ が $\mathrm{Im}(T)$ の基底となる．したがって

$$\dim(\mathrm{Im}(T)) = \dim V - \dim(\mathrm{Ker}(T))$$

が成り立つ．V は 2 次元であるが，写像 T によって $\mathrm{Ker}(T)$ の次元の分だけつぶれてしまい，$\mathrm{Im}(T)$ は 1 次元になったと考えることができる．

一般に，**次元定理**あるいは**次元公式**とよばれる次の定理が成り立つ．

定理 3.6 V, V' は K 上の線形空間とし，$T : V \to V'$ は線形写像とする．このとき $\dim V = \dim \mathrm{Ker}(T) + \dim \mathrm{Im}(T)$ が成り立つ．

証明 $\dim V = n$, $\dim V' = m$, $\dim \mathrm{Ker}(T) = s$ とする．このとき $\mathrm{Ker}(T)$ の基底は s 個の元から成る．$\langle \boldsymbol{e}_{n-s+1}, \cdots, \boldsymbol{e}_n \rangle$ を $\mathrm{Ker}(T)$ の基底とする．定理 3.1 により，この基底の元にいくつかの元を付け加えて V の基底 $\langle \boldsymbol{e}_1, \cdots, \boldsymbol{e}_{n-s}, \boldsymbol{e}_{n-s+1}, \cdots, \boldsymbol{e}_n \rangle$ を作ることができる．$1 \leq i \leq n-s$ なる i について，$\boldsymbol{e}'_i = T(\boldsymbol{e}_i)$ とおく．そこで次の主張を証明する．

主張 $\langle \boldsymbol{e}'_1, \cdots, \boldsymbol{e}'_{n-s} \rangle$ は $\mathrm{Im}(T)$ の基底である．

(a) $\boldsymbol{e}'_1, \cdots, \boldsymbol{e}'_{n-s}$ は線形独立である．実際，$c_1, \cdots, c_{n-s} \in K$ が

$$c_1 \boldsymbol{e}'_1 + \cdots + c_{n-s} \boldsymbol{e}'_{n-s} = \boldsymbol{0}_{V'} \tag{3.38}$$

を満たすと仮定する．このとき，

$$\boldsymbol{a} = c_1 \boldsymbol{e}_1 + \cdots + c_{n-s} \boldsymbol{e}_{n-s} \tag{3.39}$$

とおくと

$$T(\boldsymbol{a}) = c_1 T(\boldsymbol{e}_1) + \cdots + c_{n-s} T(\boldsymbol{e}_{n-s}) = c_1 \boldsymbol{e}'_1 + \cdots + c_{n-s} \boldsymbol{e}'_{n-s} = \boldsymbol{0}_{V'}$$

より，$\boldsymbol{a} \in \mathrm{Ker}(T)$ である．$\mathrm{Ker}(T)$ は $\boldsymbol{e}_{n-s+1}, \cdots, \boldsymbol{e}_n$ で生成されるので

$$\boldsymbol{a} = c_{n-s+1} \boldsymbol{e}_{n-s+1} + \cdots + c_n \boldsymbol{e}_n \tag{3.40}$$

となるような $c_{n-s+1}, \cdots, c_n \in K$ がとれる．(3.39) と (3.40) をあわせれば

$$c_1 \boldsymbol{e}_1 + \cdots + c_{n-s} \boldsymbol{e}_{n-s} + (-c_{n-s+1}) \boldsymbol{e}_{n-s+1} + \cdots + (-c_n) \boldsymbol{e}_n = \boldsymbol{0}_V$$

となるが，$\boldsymbol{e}_1, \cdots, \boldsymbol{e}_n$ は線形独立であるので

$$c_1 = \cdots = c_{n-s} = -c_{n-s+1} = \cdots = -c_n = 0$$

となる．特に $c_1 = \cdots = c_{n-s} = 0$ より $\boldsymbol{e}'_1, \cdots, \boldsymbol{e}'_{n-s}$ は線形独立である．

(b) $\mathrm{Im}(T)$ は $\boldsymbol{e}'_1, \cdots, \boldsymbol{e}'_{n-s}$ によって生成される．実際，$\boldsymbol{y} \in \mathrm{Im}(T)$ を任

意にとると，V のある元 $\boldsymbol{x}$ に対して $\boldsymbol{y} = T(\boldsymbol{x})$ を満たす．$\langle \boldsymbol{e}_1, \cdots, \boldsymbol{e}_n \rangle$ が V の基底であることより

$$\boldsymbol{x} = a_1\boldsymbol{e}_1 + \cdots + a_{n-s}\boldsymbol{e}_{n-s} + a_{n-s+1}\boldsymbol{e}_{n-s+1} + \cdots + a_n\boldsymbol{e}_n$$

となるような $a_1, \cdots, a_n \in K$ が存在する．$n-s+1 \leq i \leq n$ なる i については，$\boldsymbol{e}_i \in \mathrm{Ker}(T)$ であるので，$T(\boldsymbol{e}_i) = \mathbf{0}_{V'}$ が成り立ち，また，$1 \leq i \leq n-s$ なる i については $T(\boldsymbol{e}_i) = \boldsymbol{e}'_i$ であることに注意すれば

$$\boldsymbol{y} = T(\boldsymbol{x}) = a_1\boldsymbol{e}'_1 + \cdots + a_{n-s}\boldsymbol{e}'_{n-s}$$

が得られ，$\boldsymbol{y}$ は $\boldsymbol{e}'_1, \cdots, \boldsymbol{e}'_{n-s}$ の線形結合として表されることが分かる．

こうして主張が証明されたので

$$\dim \mathrm{Im}(T) = n - s = \dim V - \dim \mathrm{Ker}(T)$$

が得られ，定理が証明される． □

3.4.3 表現行列

この小節では，**行列が線形写像を表現する**ということを述べる．

V, V' は K 上の線形空間とし，$T : V \to V'$ は線形写像とする．$\dim V = n$ とし，$E = \langle \boldsymbol{e}_1, \boldsymbol{e}_2, \cdots, \boldsymbol{e}_n \rangle$ を V の基底とする．また，$\dim V' = m$ とし，$E' = \langle \boldsymbol{e}'_1, \boldsymbol{e}'_2, \cdots, \boldsymbol{e}'_m \rangle$ を V' の基底とする．

$T(\boldsymbol{e}_i) \in V'$ $(1 \leq i \leq n)$ は $\boldsymbol{e}'_1, \boldsymbol{e}'_2, \cdots, \boldsymbol{e}'_m$ の線形結合として次のように表すことができる．

$$\begin{cases} T(\boldsymbol{e}_1) = a_{11}\boldsymbol{e}'_1 + a_{21}\boldsymbol{e}'_2 + \cdots + a_{m1}\boldsymbol{e}'_m \\ T(\boldsymbol{e}_2) = a_{12}\boldsymbol{e}'_1 + a_{22}\boldsymbol{e}'_2 + \cdots + a_{m2}\boldsymbol{e}'_m \\ \qquad\cdots \\ T(\boldsymbol{e}_n) = a_{1n}\boldsymbol{e}'_1 + a_{2n}\boldsymbol{e}'_2 + \cdots + a_{mn}\boldsymbol{e}'_m \end{cases} \tag{3.41}$$

mn 個の係数 $a_{ij} \in K$ $(1 \leq i \leq m, 1 \leq j \leq n)$ が定まると $T(\boldsymbol{e}_1), \cdots, T(\boldsymbol{e}_n)$ が定まる．すると線形写像 T も定まる．というのも，$T(\boldsymbol{e}_1), \cdots, T(\boldsymbol{e}_n)$ が定まれば，T の線形性より，$\boldsymbol{x} = \sum_{i=k}^{n} c_k\boldsymbol{e}_k \in V$ に対して $T(\boldsymbol{x}) = \sum_{k=1}^{n} c_k T(\boldsymbol{e}_k)$ となるからである．結局，**係数 a_{ij} が定まれば線形写像 T が定まる**．

定義 3.17 (3.41) の係数 a_{ij} を (縦と横を入れかえて) 並べた行列

$$A = \begin{pmatrix} a_{11} & a_{12} & \cdots & a_{1n} \\ a_{21} & a_{22} & \cdots & a_{2n} \\ \vdots & \vdots & \ddots & \vdots \\ a_{m1} & a_{m2} & \cdots & a_{mn} \end{pmatrix} \in M(m, n; K)$$

を**基底** E**,** E' **に関する** T **の表現行列**とよぶ.

問題 3.9 (1) $V = \boldsymbol{R}[X]_{(2)}$, $V' = \boldsymbol{R}[X]_{(1)}$ とする. ここで $\boldsymbol{R}[X]_{(d)}$ は d 次以下の多項式全体を表す (例 3.8). 線形写像 $T : V \to V'$ を

$$T(f(X)) = \frac{d}{dX} f(X) \qquad (f(X) \in V)$$

と定める. V の基底 $E = \langle \boldsymbol{e}_1, \boldsymbol{e}_2, \boldsymbol{e}_3 \rangle$ を $\boldsymbol{e}_1 = 1$, $\boldsymbol{e}_2 = X$, $\boldsymbol{e}_3 = X^2$ により定め, V' の基底 $E' = \langle \boldsymbol{e}'_1, \boldsymbol{e}'_2 \rangle$ を $\boldsymbol{e}'_1 = 1$, $\boldsymbol{e}'_2 = X$ と定める (例 3.21). 基底 E, E' に関する T の表現行列を求めよ.

(2) $V = \boldsymbol{R}^3$, $V' = \boldsymbol{R}^2$ とする. $A = \begin{pmatrix} 2 & 1 & 3 \\ 3 & 2 & 2 \end{pmatrix}$ とし, A の定める線形写像 $T_A : V \to V'$ を考える ($T_A(\boldsymbol{x}) = A\boldsymbol{x}$). $\boldsymbol{f}_1 = \begin{pmatrix} 1 \\ 1 \\ 0 \end{pmatrix}$, $\boldsymbol{f}_2 = \begin{pmatrix} 1 \\ 0 \\ 1 \end{pmatrix}$, $\boldsymbol{f}_3 = \begin{pmatrix} 0 \\ 0 \\ 1 \end{pmatrix}$, $\boldsymbol{f}'_1 = \begin{pmatrix} 1 \\ 1 \end{pmatrix}$, $\boldsymbol{f}'_2 = \begin{pmatrix} 1 \\ 2 \end{pmatrix}$ とすると, $F = \langle \boldsymbol{f}_1, \boldsymbol{f}_2, \boldsymbol{f}_3 \rangle$ は V の基底であり, $F' = \langle \boldsymbol{f}'_1, \boldsymbol{f}'_2 \rangle$ は V' の基底である. この基底 F, F' に関する T_A の表現行列を求めよ.

略解 (1) $T(\boldsymbol{e}_1)$, $T(\boldsymbol{e}_2)$, $T(\boldsymbol{e}_3)$ を $\boldsymbol{e}'_1$, $\boldsymbol{e}'_2$ の線形結合として表す.

$$T(\boldsymbol{e}_1) = \frac{d}{dX} 1 = 0 = 0 \cdot 1 + 0 \cdot X = 0 \cdot \boldsymbol{e}'_1 + 0 \cdot \boldsymbol{e}'_2$$

$$T(\boldsymbol{e}_2) = \frac{d}{dX}X = 1 = 1 \cdot 1 + 0 \cdot X = 1 \cdot \boldsymbol{e}'_1 + 0 \cdot \boldsymbol{e}'_2$$
$$T(\boldsymbol{e}_3) = \frac{d}{dX}X^2 = 2X = 0 \cdot 1 + 2 \cdot X = 0 \cdot \boldsymbol{e}'_1 + 2 \cdot \boldsymbol{e}'_2$$

より，表現行列は $\begin{pmatrix} 0 & 1 & 0 \\ 0 & 0 & 2 \end{pmatrix}$ である．

（2）$T_A(\boldsymbol{f}_i)$ $(i = 1, 2, 3)$ を $\boldsymbol{f}'_j$ $(j = 1, 2)$ の線形結合として表す．

$$\begin{aligned} T_A(\boldsymbol{f}_1) &= A\boldsymbol{f}_1 = \boldsymbol{f}'_1 + 2\boldsymbol{f}'_2 \\ T_A(\boldsymbol{f}_2) &= A\boldsymbol{f}_2 = 5\boldsymbol{f}'_1 \\ T_A(\boldsymbol{f}_3) &= A\boldsymbol{f}_3 = 4\boldsymbol{f}'_1 - \boldsymbol{f}'_2 \end{aligned}$$

より，表現行列は $\begin{pmatrix} 1 & 5 & 4 \\ 2 & 0 & -1 \end{pmatrix}$ である．

ここで，小節 3.2.4 と同様に，基底を構成する元を横に並べ，形式的に横ベクトルのように表せば，(3.41) は次のように書き換えられる．

$$\begin{aligned} &(T(\boldsymbol{e}_1), T(\boldsymbol{e}_2), \cdots, T(\boldsymbol{e}_n)) \\ &= (\boldsymbol{e}'_1, \boldsymbol{e}'_2, \cdots, \boldsymbol{e}'_m) \begin{pmatrix} a_{11} & a_{12} & \cdots & a_{1n} \\ a_{21} & a_{22} & \cdots & a_{2n} \\ \vdots & \vdots & \ddots & \vdots \\ a_{m1} & a_{m2} & \cdots & a_{mn} \end{pmatrix} \\ &= (\boldsymbol{e}'_1, \boldsymbol{e}'_2, \cdots, \boldsymbol{e}'_m)A \end{aligned} \tag{3.42}$$

いま，$T(\boldsymbol{x}) = \boldsymbol{y}$ $(\boldsymbol{x} \in V,\ \boldsymbol{y} \in V')$ とし

$$\boldsymbol{x} = x_1\boldsymbol{e}_1 + x_2\boldsymbol{e}_2 + \cdots + x_n\boldsymbol{e}_n, \tag{3.43}$$
$$\boldsymbol{y} = y_1\boldsymbol{e}'_1 + y_2\boldsymbol{e}'_2 + \cdots + y_m\boldsymbol{e}'_m \tag{3.44}$$

とする．小節 3.2.1 で定義した座標写像を通じて，数の組 (ベクトル) が線形空間の元と対応した．今の場合，$\psi_E : K^n \to V$ によって $(x_i) = \begin{pmatrix} x_1 \\ \vdots \\ x_n \end{pmatrix}$ が

$\boldsymbol{x}$ と対応し，$\psi_{E'}: K^m \to V'$ によって $(y_i) = \begin{pmatrix} y_1 \\ \vdots \\ y_m \end{pmatrix}$ が $\boldsymbol{y}$ と対応する．このとき，(x_i) と (y_i) の間にはどのような関係が成り立つであろうか?

まず，(3.43) および (3.44) は次のように書き換えられる．

$$\boldsymbol{x} = (\boldsymbol{e}_1, \cdots, \boldsymbol{e}_n)\begin{pmatrix} x_1 \\ \vdots \\ x_n \end{pmatrix}, \quad \boldsymbol{y} = (\boldsymbol{e}'_1, \cdots, \boldsymbol{e}'_m)\begin{pmatrix} y_1 \\ \vdots \\ y_m \end{pmatrix} \tag{3.45}$$

T が線形写像であることに注意すれば

$$\boldsymbol{y} = T(\boldsymbol{x}) = x_1 T(\boldsymbol{e}_1) + \cdots + x_n T(\boldsymbol{e}_n) = (T(\boldsymbol{e}_1), \cdots, T(\boldsymbol{e}_n))\begin{pmatrix} x_1 \\ \vdots \\ x_n \end{pmatrix}$$

が得られるが，(3.42) を考えあわせれば

$$\boldsymbol{y} = (\boldsymbol{e}'_1, \cdots, \boldsymbol{e}'_m)A\begin{pmatrix} x_1 \\ \vdots \\ x_n \end{pmatrix} \tag{3.46}$$

が得られる．これと (3.45) とを比較することにより

$$(\boldsymbol{e}'_1, \cdots, \boldsymbol{e}'_m)\begin{pmatrix} y_1 \\ \vdots \\ y_m \end{pmatrix} = (\boldsymbol{e}'_1, \cdots, \boldsymbol{e}'_m)A\begin{pmatrix} x_1 \\ \vdots \\ x_n \end{pmatrix} \tag{3.47}$$

を得る．(3.47) の両辺は $\boldsymbol{e}'_1, \cdots, \boldsymbol{e}'_m$ の線形結合であるが，$\boldsymbol{e}'_1, \cdots, \boldsymbol{e}'_m$ が線形独立であるので，その係数は一致する (注意 3.2)．よって

$$\begin{pmatrix} y_1 \\ \vdots \\ y_m \end{pmatrix} = A\begin{pmatrix} x_1 \\ \vdots \\ x_n \end{pmatrix} \tag{3.48}$$

が得られる．$\boldsymbol{x}$ に線形写像 T をほどこして $\boldsymbol{y} = T(\boldsymbol{x})$ を得ることは，その座標を通してみれば，座標 (x_i) に行列 A をかけることに対応する．— **座標を定めれば線形写像は行列で表現される**．これが表現行列の意味である．

注意 3.7 今までの議論を逆にたどれば，ある行列 A に対して等式 (3.48) が成り立つならば，A が表現行列であることも分かる．よって，「等式 (3.48) を成り立たせるような行列 A を表現行列とよぶ」という定義も可能である．

例 3.27 以上のことを，問題 3.9 (1) の状況で確かめる．線形写像 T は

$$f(X) = a + bX + cX^2 \mapsto T(f(X)) = \frac{d}{dX}f(X) = b + 2cX$$

により定まっている．基底 $E = \langle 1, X, X^2 \rangle$, $E' = \langle 1, X \rangle$ を定めたとき，座標写像を通じて $f(X)$ は $\begin{pmatrix} a \\ b \\ c \end{pmatrix}$ と対応し，$\frac{d}{dX}f(X)$ は $\begin{pmatrix} b \\ 2c \end{pmatrix}$ と対応する．

基底 E, E' に関する T の表現行列は $\begin{pmatrix} 0 & 1 & 0 \\ 0 & 0 & 2 \end{pmatrix}$ であったが，確かに

$$\begin{pmatrix} 0 & 1 & 0 \\ 0 & 0 & 2 \end{pmatrix} \begin{pmatrix} a \\ b \\ c \end{pmatrix} = \begin{pmatrix} b \\ 2c \end{pmatrix}$$

が成り立つ.「微分する」という計算の運用が，行列で表現されている．

注意 3.8 $T : V \to V'$, $S : V \to V'$ はともに線形写像とする．V の基底 E および V' の基底 E' に関する T と S の表現行列が等しいならば，T と S は同一の線形写像である．

次の 2 つの問題は基本的かつ重要である．

問題 3.10 V, V', V'' は K 上の線形空間，$T : V \to V'$, $S : V' \to V''$ は線形写像とする．$E = \langle \boldsymbol{e}_1, \boldsymbol{e}_2, \cdots, \boldsymbol{e}_n \rangle$, $E' = \langle \boldsymbol{e}'_1, \boldsymbol{e}'_2, \cdots, \boldsymbol{e}'_m \rangle$, $E'' =$

$\langle \boldsymbol{e}''_1, \boldsymbol{e}''_2, \cdots, \boldsymbol{e}''_l \rangle$ はそれぞれ V, V', V'' の基底とする．基底 E, E' に関する T の表現行列を $A = (a_{ij})$，基底 E', E'' に関する S の表現行列を $B = (b_{ij})$ とすると，基底 E, E'' に関する $S \circ T$ の表現行列は BA であることを示せ．

ヒント 式 (3.48) を利用すれば容易に証明できる．定義より直接示すこともできる：$S(T(\boldsymbol{e}_k)) = S(\sum_{j=1}^{m} a_{jk}\boldsymbol{e}'_j) = \sum_{j=1}^{m} a_{jk}S(\boldsymbol{e}'_j) = \sum_{j=1}^{m} a_{jk}(\sum_{i=1}^{l} b_{ij}\boldsymbol{e}''_i)$

$$= \sum_{i=1}^{l}(\sum_{j=1}^{m} b_{ij}a_{jk})\boldsymbol{e}''_i \qquad (1 \leq k \leq n).$$

問題 3.11 $A \in M(m, n; K)$ とする．行列 A の定める写像 $T_A : K^n \to K^m$ $(T_A(\boldsymbol{x}) = A\boldsymbol{x})$ を考える．K^n の自然基底を $E = \langle \boldsymbol{e}_1, \boldsymbol{e}_2, \cdots, \boldsymbol{e}_n \rangle$ とし，K^m の自然基底を $E' = \langle \boldsymbol{e}'_1, \boldsymbol{e}'_2, \cdots, \boldsymbol{e}'_m \rangle$ とする．このとき，基底 E, E' に関する T_A の表現行列は A にほかならないことを示せ．

ヒント $T_A(\boldsymbol{e}_j)$ $(1 \leq j \leq n)$ を $\boldsymbol{e}'_i$ $(1 \leq i \leq m)$ の線形結合として表す．

3.4.4 基底を取りかえると表現行列はどう変わるか

次の定理は非常に重要であり，今後の理論展開の鍵となる．

定理 3.7 V は K 上の n 次元線形空間とし，V' は K 上の m 次元線形空間とする．$T : V \to V'$ は線形写像とする．$E = \langle \boldsymbol{e}_1, \boldsymbol{e}_2, \cdots, \boldsymbol{e}_n \rangle$ および $F = \langle \boldsymbol{f}_1, \boldsymbol{f}_2, \cdots, \boldsymbol{f}_n \rangle$ はどちらも V の基底とする．また，$E' = \langle \boldsymbol{e}'_1, \boldsymbol{e}'_2, \cdots, \boldsymbol{e}'_m \rangle$ および $F' = \langle \boldsymbol{f}'_1, \boldsymbol{f}'_2, \cdots, \boldsymbol{f}'_m \rangle$ は V' の基底とする．基底 E, E' に関する T の表現行列を A とし，基底 F, F' に関する T の表現行列を B とする．また，V の基底 E から F への変換行列を P とし，V' の基底 E' から F' への変換行列を Q とする．このとき

$$B = Q^{-1}AP \tag{3.49}$$

が成り立つ．

証明 定理の仮定より次のことが成り立つ．

$$(T(\boldsymbol{e}_1), T(\boldsymbol{e}_2), \cdots, T(\boldsymbol{e}_n)) = (\boldsymbol{e}'_1, \boldsymbol{e}'_2, \cdots, \boldsymbol{e}'_m)A \tag{3.50}$$

$$(T(\boldsymbol{f}_1), T(\boldsymbol{f}_2), \cdots, T(\boldsymbol{f}_n)) = (\boldsymbol{f}'_1, \boldsymbol{f}'_2, \cdots, \boldsymbol{f}'_m)B \tag{3.51}$$

$$(\boldsymbol{f}_1, \boldsymbol{f}_2, \cdots, \boldsymbol{f}_n) = (\boldsymbol{e}_1, \boldsymbol{e}_2, \cdots, \boldsymbol{e}_n)P \tag{3.52}$$

$$(\boldsymbol{f}'_1, \boldsymbol{f}'_2, \cdots, \boldsymbol{f}'_m) = (\boldsymbol{e}'_1, \boldsymbol{e}'_2, \cdots, \boldsymbol{e}'_m)Q \tag{3.53}$$

(3.53) の両辺に右から Q^{-1} をかければ

$$(\boldsymbol{e}'_1, \boldsymbol{e}'_2, \cdots, \boldsymbol{e}'_m) = (\boldsymbol{f}'_1, \boldsymbol{f}'_2, \cdots, \boldsymbol{f}'_m)Q^{-1} \tag{3.54}$$

が得られる．また，$P = (p_{ij})$ とすると，(3.52) は

$$\boldsymbol{f}_j = \sum_{i=1}^{n} p_{ij}\boldsymbol{e}_i = p_{1j}\boldsymbol{e}_1 + p_{2j}\boldsymbol{e}_2 + \cdots + p_{nj}\boldsymbol{e}_n \quad (j = 1, 2, \cdots, n)$$

と書き換えられるが，T が線形写像であることより

$$T(\boldsymbol{f}_j) = T(\sum_{i=1}^{n} p_{ij}\boldsymbol{e}_i) = \sum_{i=1}^{n} p_{ij}T(\boldsymbol{e}_i) = p_{1j}T(\boldsymbol{e}_1) + \cdots + p_{nj}T(\boldsymbol{e}_n)$$

$(j = 1, 2, \cdots, n)$ が得られる．これは

$$(T(\boldsymbol{f}_1), T(\boldsymbol{f}_2), \cdots, T(\boldsymbol{f}_n)) = (T(\boldsymbol{e}_1), T(\boldsymbol{e}_2), \cdots, T(\boldsymbol{e}_n))P \tag{3.55}$$

を意味する．(3.55), (3.50), (3.54) を順次用いれば

$$\begin{aligned}
&(T(\boldsymbol{f}_1), T(\boldsymbol{f}_2), \cdots, T(\boldsymbol{f}_n)) \\
&= (T(\boldsymbol{e}_1), T(\boldsymbol{e}_2), \cdots, T(\boldsymbol{e}_n))P \\
&= (\boldsymbol{e}'_1, \boldsymbol{e}'_2, \cdots, \boldsymbol{e}'_m)AP \\
&= (\boldsymbol{f}'_1, \boldsymbol{f}'_2, \cdots, \boldsymbol{f}'_m)Q^{-1}AP
\end{aligned} \tag{3.56}$$

が得られる．これと (3.51) を比較することにより，式 (3.49) が得られる．□

例 3.28 定理 3.7 を問題 3.9 (2) の状況で確かめる．問題 3.9 の記号はそのまま用い，さらに，$E = \langle \boldsymbol{e}_1, \boldsymbol{e}_2, \boldsymbol{e}_3 \rangle$, $E' = \langle \boldsymbol{e}'_1, \boldsymbol{e}'_2 \rangle$ をそれぞれ V, V' の自然基底とする．問題 3.11 より，E, E' に関する T_A の表現行列は A 自身である．また，F, F' に関する T_A の表現行列は $\begin{pmatrix} 1 & 5 & 4 \\ 2 & 0 & -1 \end{pmatrix}$ であった．命題 3.12 により V の基底 E から F への変換行列を P とすると

$$P = (\boldsymbol{f}_1\,\boldsymbol{f}_2\,\boldsymbol{f}_3) = \begin{pmatrix} 1 & 1 & 0 \\ 1 & 0 & 0 \\ 0 & 1 & 1 \end{pmatrix}$$

である．同様にして，V' の基底 E' から F' への変換行列を Q とすれば

$$Q = (\boldsymbol{f}'_1\,\boldsymbol{f}'_2) = \begin{pmatrix} 1 & 1 \\ 1 & 2 \end{pmatrix}$$

である．このとき，確かに

$$Q^{-1}AP = \begin{pmatrix} 2 & -1 \\ -1 & 1 \end{pmatrix} \begin{pmatrix} 2 & 1 & 3 \\ 3 & 2 & 2 \end{pmatrix} \begin{pmatrix} 1 & 1 & 0 \\ 1 & 0 & 0 \\ 0 & 1 & 1 \end{pmatrix} = \begin{pmatrix} 1 & 5 & 4 \\ 2 & 0 & -1 \end{pmatrix}$$

が成り立つ (実際に計算して確かめてみよ).

3.4.5 簡単な表現行列をみつける — 行列の階数再論

表現行列は基底によって変わる．そこで，基底をうまく選んで，なるべく簡単な — そして線形写像の本質をよく反映した — 表現行列を得たい．

定理 3.8 V は K 上の n 次元線形空間とし，V' は K 上の m 次元線形空間とする．$T : V \to V'$ は線形写像とし，さらに $\dim \mathrm{Im}(T) = r$ と仮定する．このとき，V の基底 E および V' の基底 E' をうまく選ぶことにより，基底 E, E' に関する T の表現行列が

$$F_{m,n}(r) = \left(\begin{array}{c|c} E_r & O \\ \hline O & O \end{array}\right)$$

となるようにすることができる．

証明 $\dim \mathrm{Ker}(T) = s$ とする．次元定理 (定理 3.6) より，$n - s = r$ であるが，その証明をなぞる．$\langle \boldsymbol{e}_{r+1}, \cdots, \boldsymbol{e}_n \rangle$ を $\mathrm{Ker}(T)$ の基底とし，これに元を付け加えて V の基底 $E = \langle \boldsymbol{e}_1, \cdots, \boldsymbol{e}_r, \boldsymbol{e}_{r+1}, \cdots, \boldsymbol{e}_n \rangle$ を作る．$1 \leq i \leq r$ なる

i について，$\boldsymbol{e}'_i = T(\boldsymbol{e}_i)$ とおくと，$\langle \boldsymbol{e}'_1, \cdots, \boldsymbol{e}'_r \rangle$ は $\mathrm{Im}(T)$ の基底になる — というのが証明の骨子であった．さらにこれに V' の元を付け加えて V' の基底 $E' = \langle \boldsymbol{e}'_1, \cdots, \boldsymbol{e}'_r, \boldsymbol{e}'_{r+1}, \cdots, \boldsymbol{e}'_m \rangle$ を作る．このとき，基底の作り方より

$$
\begin{aligned}
&T(\boldsymbol{e}_1) = \boldsymbol{e}'_1 = 1 \cdot \boldsymbol{e}'_1 + 0 \cdot \boldsymbol{e}'_2 + \cdots + 0 \cdot \boldsymbol{e}'_r + 0 \cdot \boldsymbol{e}'_{r+1} + \cdots + 0 \cdot \boldsymbol{e}'_m \\
&T(\boldsymbol{e}_2) = \boldsymbol{e}'_2 = 0 \cdot \boldsymbol{e}'_1 + 1 \cdot \boldsymbol{e}'_2 + \cdots + 0 \cdot \boldsymbol{e}'_r + 0 \cdot \boldsymbol{e}'_{r+1} + \cdots + 0 \cdot \boldsymbol{e}'_m \\
&\qquad \cdots \\
&T(\boldsymbol{e}_r) = \boldsymbol{e}'_r = 0 \cdot \boldsymbol{e}'_1 + 0 \cdot \boldsymbol{e}'_2 + \cdots + 1 \cdot \boldsymbol{e}'_r + 0 \cdot \boldsymbol{e}'_{r+1} + \cdots + 0 \cdot \boldsymbol{e}'_m \\
&T(\boldsymbol{e}_{r+1}) = \boldsymbol{0}_{V'} = 0 \cdot \boldsymbol{e}'_1 + 0 \cdot \boldsymbol{e}'_2 + \cdots + 0 \cdot \boldsymbol{e}'_r + 0 \cdot \boldsymbol{e}'_{r+1} + \cdots + 0 \cdot \boldsymbol{e}'_m \\
&\qquad \cdots \\
&T(\boldsymbol{e}_n) = \boldsymbol{0}_{V'} = 0 \cdot \boldsymbol{e}'_1 + 0 \cdot \boldsymbol{e}'_2 + \cdots + 0 \cdot \boldsymbol{e}'_r + 0 \cdot \boldsymbol{e}'_{r+1} + \cdots + 0 \cdot \boldsymbol{e}'_m
\end{aligned}
$$

となるので，この基底 E, E' に関する表現行列は $F_{m,n}(r)$ である． □

系 3.9 (m, n) 型行列 A に対して，適当な整数 r と，n 次正則行列 P，m 次正則行列 Q が存在して，$Q^{-1}AP = F_{m,n}(r)$ を満たす．

証明 $T_A : K^n \to K^m$ $(T_A(\boldsymbol{x}) = A\boldsymbol{x})$ を考える．問題 3.11 により，K^n, K^m の自然基底に関する T_A の表現行列は A 自身である．一方，定理 3.8 により，K^n, K^m の適当な基底 F, F' に関する T_A の表現行列が $F_{m,n}(r)$ となる．K^n, K^m の自然基底から基底 F, F' への変換行列をそれぞれ P, Q とすれば，定理 3.7 より，$F_{m,n}(r) = Q^{-1}AP$ である． □

系 3.9 の主張は定理 1.2 とほぼ同じである．ここにいたって定理 1.2 の本質が明らかになる．**行列は線形写像の表現である**という観点に立てば，**基本変形で移りあう 2 つの行列は，同一の線形写像の別の表現である**と考えられる．

系 3.10 線形写像 T の像の次元 $\dim \mathrm{Im}(T)$ は，T の任意の表現行列の階数と等しい．また，行列 A に対して，$\mathrm{rank}(A) = \dim \mathrm{Im}(T_A)$ が成り立つ．

証明 まず前半を示す．$\dim \mathrm{Im}(T) = r$ とすると，定理 3.8 より，ある基底に関する T の表現行列は $F_{m,n}(r)$ となる．T の任意の表現行列を A とすれば，定理 3.7 により，$F_{m,n}(r) = Q^{-1}AP$ となるような正則行列 P, Q が存

在する．このとき，問題 1.12 により，$\mathrm{rank}(A) = \mathrm{rank}(F_{m,n}(r)) = r$ である．後半は，自然基底に関する T_A の表現行列が A であることよりしたがう． □

定義 3.18 線形写像 $T : V \to V'$ に対して，T の像の次元 $\dim \mathrm{Im}(T)$ を T の**階数**とよび，記号 $\mathrm{rank}(T)$ で表す．すなわち $\mathrm{rank}(T) = \dim \mathrm{Im}(T)$.

行列の階数は，その背後にある線形写像の像の次元にほかならない — これが階数の本質である．このことを利用して，次の命題を示すことができる．

命題 3.23 $A = (\boldsymbol{a}_1\, \boldsymbol{a}_2 \cdots \boldsymbol{a}_n) = (a_{ij}) \in M(m, n; K)$ とする．

(1) $\mathrm{rank}(A)$ は A の線形独立な列ベクトルの最大個数と等しい．つまり，A の線形独立な r 個の列ベクトルが存在し，かつ，A の $(r+1)$ 個以上の列ベクトルがすべて線形従属であるならば，$\mathrm{rank}(A) = r$ である．

(2) $\mathrm{rank}(A)$ は，A の線形独立な行ベクトルの最大個数に等しい．

証明の前に たとえば $A = \begin{pmatrix} 1 & 2 & 1 \\ 2 & 4 & 3 \\ 0 & 0 & 1 \end{pmatrix} = (\boldsymbol{a}_1\, \boldsymbol{a}_2\, \boldsymbol{a}_3)$ とする．$\boldsymbol{a}_1$, $\boldsymbol{a}_3$ は線形独立であるが，$\boldsymbol{a}_1$, $\boldsymbol{a}_2$, $\boldsymbol{a}_3$ は線形従属であるので，$\mathrm{rank}(A) = 2$ である．

証明 $\mathrm{rank}({}^t\!A) = \mathrm{rank}(A)$ より，(1) のみを示す．$\mathrm{rank}(A) = r$ とする．$T_A : K^n \to K^m$ を考えると，像 $\mathrm{Im}(T_A)$ は A の列ベクトル $\boldsymbol{a}_1, \cdots, \boldsymbol{a}_n$ で張られる．実際，$\boldsymbol{e}_1, \cdots, \boldsymbol{e}_n$ を n 次元単位ベクトルとすれば，命題 1.6 により $T_A(\boldsymbol{e}_i) = A\boldsymbol{e}_i = \boldsymbol{a}_i$ であるので，$\boldsymbol{a}_1, \cdots, \boldsymbol{a}_n \in \mathrm{Im}(T_A)$ である．また，$\mathrm{Im}(T_A)$ の任意の元 $\boldsymbol{y}$ をとると，$T_A(\boldsymbol{x}) = \boldsymbol{y}$ となる $\boldsymbol{x} = (x_i) \in K^n$ が存在する．ここで $\boldsymbol{x} = \sum_{i=1}^{n} x_i \boldsymbol{e}_i$ および $T_A(\boldsymbol{e}_i) = \boldsymbol{a}_i$ に注意すれば

$$\boldsymbol{y} = T_A(\boldsymbol{x}) = T_A\Big(\sum_{i=1}^{n} x_i \boldsymbol{e}_i\Big) = \sum_{i=1}^{n} x_i T_A(\boldsymbol{e}_i) = \sum_{i=1}^{n} x_i \boldsymbol{a}_i$$

が得られる．よって $\mathrm{Im}(T_A)$ は $\boldsymbol{a}_1$, $\boldsymbol{a}_2, \cdots, \boldsymbol{a}_n$ で張られる．

ここで，定理 3.1(系 3.2) を $\mathrm{Im}(T_A)$ に対して適用すれば，$\boldsymbol{a}_1, \cdots, \boldsymbol{a}_n$ の中からいくつかの元を選んで $\mathrm{Im}(T_A)$ の基底を作ることができる．系 3.10 によ

り，$\dim \mathrm{Im}(T_A) = \mathrm{rank}(A) = r$ であるので，その基底は r 個の元から成り，特にそれらは線形独立である．よって A は r 個の線形独立な列ベクトルを持つ．また，命題 3.11 より $\boldsymbol{a}_1, \cdots, \boldsymbol{a}_n$ $(\in \mathrm{Im}(T_A))$ の中の $(r+1)$ 個以上のベクトルは必ず線形従属である． □

問題 3.12 行列の階数はどのような性質を持ち，どのように求められるか？ 今までに本書で学んできたことをまとめてみよ．

3.4.6 基本変形についての補足 (その 2)

実際に $T_A : K^n \to K^m$ の像 $\mathrm{Im}(T_A)$ の基底を求める方法を述べる．

$\mathrm{rank}(A) = r$ とする．定理 1.6 より，**A に列基本変形だけをほどこして，階段行列** (定義 1.10) **を転置した形の行列 B に変形できる．このとき，B の第 1 列から第 r 列までの r 個の列ベクトルが $\mathrm{Im}(T_A)$ の基底である．** 証明の概略は以下の通りである．

(1) $B = (\boldsymbol{b}_1 \cdots \boldsymbol{b}_n)$ とすれば，$\boldsymbol{b}_1, \cdots, \boldsymbol{b}_r$ は線形独立であり，$\boldsymbol{b}_{r+1}, \cdots, \boldsymbol{b}_n$ は零ベクトルであることが B の形より分かる．

(2) 列基本変形によって A が B に変形するので，ある正則行列 Q が存在して $B = AQ$ となる．このとき，$\mathrm{Im}(T_A) = \mathrm{Im}(T_B)$ である (証明は読者の演習問題とする)．さらに，命題 3.23(の証明) より，$\mathrm{Im}(T_B)$ は $\boldsymbol{b}_1, \cdots, \boldsymbol{b}_n$ によって生成される．

(3) 上の (1), (2) より $\boldsymbol{b}_1, \cdots, \boldsymbol{b}_r$ が $\mathrm{Im}(T_A)$ の基底であることが示される．

例 3.29 $A = \begin{pmatrix} 1 & 0 & 1 \\ 1 & 0 & 1 \\ 2 & 1 & 3 \\ 5 & 2 & 7 \end{pmatrix}$ に対し，次のように列基本変形をほどこす．

$$\begin{pmatrix} 1 & 0 & 1 \\ 1 & 0 & 1 \\ 2 & 1 & 3 \\ 5 & 2 & 7 \end{pmatrix} \xrightarrow{C_3 - C_1} \begin{pmatrix} 1 & 0 & 0 \\ 1 & 0 & 0 \\ 2 & 1 & 1 \\ 5 & 2 & 2 \end{pmatrix} \xrightarrow[C_3 - C_2]{C_1 - 2C_2} \begin{pmatrix} 1 & 0 & 0 \\ 1 & 0 & 0 \\ 0 & 1 & 0 \\ 1 & 2 & 0 \end{pmatrix}$$

最後に得られた行列は階段行列を転置したものであるので，その最初の 2 つの列ベクトルが $\mathrm{Im}(T_A)$ の基底である．

$\mathrm{Ker}(T_A)$ の基底を求める方法はすでに説明済みである．というのも，$\mathrm{Ker}(T_A)$ とは斉次連立 1 次方程式 $A\boldsymbol{x} = \boldsymbol{0}$ の解集合にほかならないからである．係数行列の行基本変形を繰り返して斉次連立 1 次方程式の解を求めることができる．

$\mathrm{Im}(T_A)$ の基底を求めるには A に列基本変形をほどこし，$\mathrm{Ker}(T_A)$ の基底を求めるには行基本変形をほどこす — ということになる．

3.5 計量線形空間

3.5.1 計量線形空間と計量同型写像

線形空間においてはベクトルの「長さ」や「角度」はかえりみられなかった．ここでは，内積の定義された線形空間 — 計量線形空間 — を導入する．

定義 3.19 K 上の線形空間 V の任意の 2 個の元 $\boldsymbol{a}$, $\boldsymbol{b}$ の組み合わせに対して，$\boldsymbol{a}$ と $\boldsymbol{b}$ の**内積**とよばれ，$(\boldsymbol{a}, \boldsymbol{b})$ と書かれる K の元が定まり，次の (1) から (6) を満たすとき，V は K 上の**計量線形空間**であるという (下の (1) から (6) では，$\boldsymbol{a}$, $\boldsymbol{a}'$, $\boldsymbol{b}$, $\boldsymbol{b}'$ は V の任意の元とし，c は K の任意の元とする)．

(1) $(\boldsymbol{a} + \boldsymbol{a}', \boldsymbol{b}) = (\boldsymbol{a}, \boldsymbol{b}) + (\boldsymbol{a}', \boldsymbol{b})$.

(2) $(c\boldsymbol{a}, \boldsymbol{b}) = c(\boldsymbol{a}, \boldsymbol{b})$.

(3) $(\boldsymbol{a}, \boldsymbol{b} + \boldsymbol{b}') = (\boldsymbol{a}, \boldsymbol{b}) + (\boldsymbol{a}, \boldsymbol{b}')$.

(4) $(\boldsymbol{a}, c\boldsymbol{b}) = \bar{c}(\boldsymbol{a}, \boldsymbol{b})$.

(5) $(\boldsymbol{b}, \boldsymbol{a}) = \overline{(\boldsymbol{a}, \boldsymbol{b})}$.

(6) $(\boldsymbol{a}, \boldsymbol{a})$ は 0 以上の実数である．さらに，$(\boldsymbol{a}, \boldsymbol{a}) = 0$ であることと，$\boldsymbol{a} = \boldsymbol{0}$ であることは同値である．

ここでは，命題 1.34 で述べられた (K^n 上の通常の) 内積の基本的性質を抽象化している．上の定義の条件 (1) から (6) までを**内積の公理**とよぶ．

$\boldsymbol{a}$, $\boldsymbol{b} \in V$ が $(\boldsymbol{a}, \boldsymbol{b}) = 0$ を満たすとき，$\boldsymbol{a}$ と $\boldsymbol{b}$ は**直交する**という．

V の元 $\boldsymbol{a}$ に対して，$\sqrt{(\boldsymbol{a},\boldsymbol{a})}$ を $\boldsymbol{a}$ の**ノルム**，または**長さ**といい，記号 $\|\boldsymbol{a}\|$ で表す．ノルムの定義より $(\boldsymbol{a},\boldsymbol{a}) = \|\boldsymbol{a}\|^2$ が成り立つ．

$\boldsymbol{R}$ 上の計量線形空間は**実計量線形空間**ともよばれる．実計量線形空間においては，条件 (4) および (5) において複素共役は不要である．また，$\boldsymbol{C}$ 上の計量線形空間は**複素計量線形空間**とよばれる．

例 3.30 K^n に通常の内積を入れたものは，K 上の計量線形空間である．ここで，通常の内積とは，$\boldsymbol{a} = (a_i), \boldsymbol{b} = (b_i) \in K^n$ に対して

$$(\boldsymbol{a},\boldsymbol{b}) = a_1\bar{b}_1 + a_2\bar{b}_2 + \cdots + a_n\bar{b}_n = \sum_{i=1}^{n} a_i\bar{b}_i$$

で定まる内積のことをいう．この内積のことを**標準内積**ともいう．

例 3.31 d 次以下の実係数多項式全体 $V = \boldsymbol{R}[X]_{(d)}$ を考える (例 3.8)．$f(X), g(X) \in V$ に対して $(f(X), g(X)) \in \boldsymbol{R}$ を

$$(f(X), g(X)) = \int_0^1 f(X)g(X)dX$$

と定めると，これは内積の公理を満たし，V は実計量線形空間になる．

例 3.32 $V = \boldsymbol{C}^2$ とする．$\boldsymbol{a} = \begin{pmatrix} a_1 \\ a_2 \end{pmatrix}, \boldsymbol{b} = \begin{pmatrix} b_1 \\ b_2 \end{pmatrix} \in V$ に対して

$$(\boldsymbol{a},\boldsymbol{b}) = 2a_1\bar{b}_1 + a_1\bar{b}_2 + a_2\bar{b}_1 + a_2\bar{b}_2$$

と定めると，これは内積の公理を満たす．たとえば条件 (6) は，

$$(\boldsymbol{a},\boldsymbol{a}) = a_1\bar{a}_1 + (a_1 + a_2)(\bar{a}_1 + \bar{a}_2) = |a_1|^2 + |a_1 + a_2|^2$$

より確かめられる（その他の条件の検証は読者にゆだねる）．この計量線形空間 V は，通常の内積の定義された $\boldsymbol{C}^2$ とは別の計量線形空間であると考える．

命題 1.35 および命題 1.36 は一般の計量線形空間 V においてもそのまま成立する — V の任意の元と直交する元は $\boldsymbol{0}$ に限られる．また，$c \in K, \boldsymbol{a} \in V$ に対して $\|c\boldsymbol{a}\| = |c|\,\|\boldsymbol{a}\|$ が成り立つ．

命題 3.24 K 上の計量線形空間 V の元 $\boldsymbol{a}, \boldsymbol{b}$ について，次が成り立つ．

(1) $|(\boldsymbol{a}, \boldsymbol{b})| \leq \|\boldsymbol{a}\| \cdot \|\boldsymbol{b}\|$ (シュヴァルツの不等式)

(2) (1) における等号成立条件は，$\boldsymbol{a}, \boldsymbol{b}$ が線形従属であることである．

(3) $\|\boldsymbol{a}+\boldsymbol{b}\| \leq \|\boldsymbol{a}\| + \|\boldsymbol{b}\|$ (三角不等式)

(4) (3) における等号成立条件は，$\boldsymbol{a} = \boldsymbol{0}$ となるか，または，0 以上の実数 c が存在して $\boldsymbol{b} = c\boldsymbol{a}$ が成り立つことである．

証明は命題 1.38 および命題 1.39 と同様である (注意 1.10 参照).

定義 3.20 K 上の計量線形空間 V から V' への同型写像 $T : V \to V'$ がさらに，V の任意の元 $\boldsymbol{x}, \boldsymbol{y}$ に対して

$$(T(\boldsymbol{x}), T(\boldsymbol{y})) = (\boldsymbol{x}, \boldsymbol{y}) \tag{3.57}$$

を満たすとき，T は**計量同型写像**であるとよばれる．V から V' への計量同型写像が存在するとき，V と V' は**計量同型**であるという．

V と V' が計量同型であるとき，抽象的な計量線形空間としての構造が同じであると考えられる．

3.5.2 正規直交基底

線形空間では**基底**が重要であった．計量線形空間では，次に定義する**正規直交基底** — ノルムが 1 で，互いに直交する元からなる基底 — が重要である．

定義 3.21 K 上の n 次元計量線形空間 V の基底 $E = \langle \boldsymbol{e}_1, \boldsymbol{e}_2, \cdots, \boldsymbol{e}_n \rangle$ が

$$(\boldsymbol{e}_i, \boldsymbol{e}_j) = \delta_{ij} \qquad (i, j = 1, 2, \cdots, n)$$

を満たすとき，E は V の**正規直交基底**であるという．

例 3.33 K^n の自然基底は，標準内積に関して正規直交基底である．

例 3.34 $\left\langle \begin{pmatrix} \frac{1}{\sqrt{2}} \\ \frac{1}{\sqrt{2}} \end{pmatrix}, \begin{pmatrix} \frac{1}{\sqrt{2}} \\ -\frac{1}{\sqrt{2}} \end{pmatrix} \right\rangle$ は $\boldsymbol{R}^2$ の正規直交基底である．ただし，内積としては標準内積を考える．

命題 3.25 K 上の計量線形空間 V の $\mathbf{0}$ でない元 $\boldsymbol{a}_1, \boldsymbol{a}_2, \cdots, \boldsymbol{a}_k$ が互いに直交するならば，それらは線形独立である．

証明 $c_1, \cdots, c_k \in K$ が $c_1\boldsymbol{a}_1 + \cdots + c_k\boldsymbol{a}_k = \mathbf{0}$ を満たすと仮定する．この式の両辺と $\boldsymbol{a}_i$ $(1 \leq i \leq k)$ との内積を考えると

$$(c_1\boldsymbol{a}_1 + \cdots + c_i\boldsymbol{a}_i + \cdots + c_k\boldsymbol{a}_k, \boldsymbol{a}_i) = 0$$

であるが，$j \neq i$ ならば $(\boldsymbol{a}_j, \boldsymbol{a}_i) = 0$ であることに注意すれば，$c_i(\boldsymbol{a}_i, \boldsymbol{a}_i) = 0$ が得られる．$(\boldsymbol{a}_i, \boldsymbol{a}_i) = \|\boldsymbol{a}_i\|^2 \neq 0$ であるので $c_i = 0$ である．i は任意にとれるので $c_1 = \cdots = c_k = 0$ となり，$\boldsymbol{a}_1, \cdots, \boldsymbol{a}_k$ は線形独立である． □

$\boldsymbol{e}_1, \cdots, \boldsymbol{e}_n$ が V を生成し，かつ $(\boldsymbol{e}_i, \boldsymbol{e}_j) = \delta_{ij}$ $(i, j = 1, 2, \cdots, n)$ を満たすならば，命題 3.25 より，それらは V の正規直交基底である．

さて，V の基底 $E = \langle \boldsymbol{e}_1, \cdots, \boldsymbol{e}_n \rangle$ に対して**座標写像** $\psi_E : K^n \to V$ を

$$\psi_E\left(\begin{pmatrix} x_1 \\ \vdots \\ x_n \end{pmatrix}\right) = x_1\boldsymbol{e}_1 + \cdots + x_n\boldsymbol{e}_n$$

と定めた (定義 3.7)．E が正規直交基底のとき，ψ_E は**直交座標**を定めていると考えられる．

命題 3.26 V は K 上の計量線形空間とし，$E = \langle \boldsymbol{e}_1, \boldsymbol{e}_2, \cdots, \boldsymbol{e}_n \rangle$ は V の正規直交基底とする．このとき，座標写像 $\psi_E : K^n \to V$ は計量同型写像である．ただし，K^n には標準内積が定義されているものとする．

証明 命題 3.3 より ψ_E は同型写像である．$(x_i), (y_i) \in K^n$ に対して

$$\psi_E((x_i)) = \sum_{i=1}^{n} x_i\boldsymbol{e}_i = x_1\boldsymbol{e}_1 + x_2\boldsymbol{e}_2 + \cdots + x_n\boldsymbol{e}_n,$$
$$\psi_E((y_i)) = \sum_{j=1}^{n} y_j\boldsymbol{e}_j = y_1\boldsymbol{e}_1 + y_2\boldsymbol{e}_2 + \cdots + y_n\boldsymbol{e}_n$$

である．内積の公理を用い，$(\boldsymbol{e}_i, \boldsymbol{e}_j) = \delta_{ij}$ に注意すれば

$$\Bigl(\psi_E((x_i)), \psi_E((y_i))\Bigr) = \left(\sum_{i=1}^{n} x_i \boldsymbol{e}_i, \sum_{j=1}^{n} y_j \boldsymbol{e}_j\right) = \sum_{i=1}^{n}\sum_{j=1}^{n} x_i \bar{y}_j (\boldsymbol{e}_i, \boldsymbol{e}_j) = \sum_{i=1}^{n} x_i \bar{y}_i$$

である．$\sum_{i=1}^{n} x_i \bar{y}_i$ は K^n の元 (x_i) と (y_i) の標準内積にほかならないので

$$\Bigl(\psi_E((x_i)),\, \psi_E((y_i))\Bigr) = \Bigl((x_i),\, (y_i)\Bigr)$$

が示され，ψ_E が計量同型写像であることが示される． □

命題 3.27 V は K 上の n 次元計量線形空間とし，$E = \langle \boldsymbol{e}_1, \boldsymbol{e}_2, \cdots, \boldsymbol{e}_n \rangle$ および $F = \langle \boldsymbol{f}_1, \boldsymbol{f}_2, \cdots, \boldsymbol{f}_n \rangle$ を V の正規直交基底とする．このとき，基底 E から F への変換行列はユニタリ行列 ($K = \boldsymbol{C}$ の場合)，あるいは直交行列 ($K = \boldsymbol{R}$ の場合) である．

証明 $K = \boldsymbol{C}$ のときに証明する．$P = (p_{ij}) = (\boldsymbol{p}_1\, \boldsymbol{p}_2 \cdots \boldsymbol{p}_n)$ を基底 E から F への変換行列とすると，$1 \leq k \leq n$, $1 \leq l \leq n$ なる k, l に対して

$$\boldsymbol{f}_k = p_{1k}\boldsymbol{e}_1 + p_{2k}\boldsymbol{e}_2 + \cdots + p_{nk}\boldsymbol{e}_n = \sum_{i=1}^{n} p_{ik}\boldsymbol{e}_i \tag{3.58}$$

$$\boldsymbol{f}_l = p_{1l}\boldsymbol{e}_1 + p_{2l}\boldsymbol{e}_2 + \cdots + p_{nl}\boldsymbol{e}_n = \sum_{j=1}^{n} p_{jl}\boldsymbol{e}_j \tag{3.59}$$

が成り立つ．(3.58) と (3.59) の両辺の内積をとれば

$$(\boldsymbol{f}_k, \boldsymbol{f}_l) = \left(\sum_{i=1}^{n} p_{ik}\boldsymbol{e}_i, \sum_{j=1}^{n} p_{jl}\boldsymbol{e}_j\right) \tag{3.60}$$

であるが，F が V の正規直交基底であるので (3.60) の左辺は δ_{kl} である．また，E が正規直交基底であり，$(\boldsymbol{e}_i, \boldsymbol{e}_j) = \delta_{ij}$ であるので，右辺は

$$\sum_{i=1}^{n}\sum_{j=1}^{n} p_{ik}\bar{p}_{jl}(\boldsymbol{e}_i, \boldsymbol{e}_j) = \sum_{i=1}^{n} p_{ik}\bar{p}_{il} = p_{1k}\bar{p}_{1l} + p_{2k}\bar{p}_{2l} + \cdots + p_{nk}\bar{p}_{nl}$$

である．これは P の 2 つの列ベクトルの内積 $(\boldsymbol{p}_k, \boldsymbol{p}_l)$ にほかならない．よって

$$(\boldsymbol{p}_k, \boldsymbol{p}_l) = \delta_{kl}$$

となり，定理 1.8 の条件 (d) を満たすので，P はユニタリ行列である． □

問題 3.13 (標準内積の入った) $\boldsymbol{R}^2$ の正規直交基底の例を 2 つ挙げ，それらの基底の変換行列が直交行列であることを実際に計算して確かめよ．

3.5.3 正規直交基底は存在する — グラム・シュミットの直交化法

正規直交基底は存在するのか? — 次の定理がその解答を与える．

定理 3.11 K 上の $\{\mathbf{0}\}$ でない計量線形空間 V は正規直交基底を持つ．

証明 系 3.3 より，V には基底が存在する．それを $\langle \boldsymbol{a}_1, \boldsymbol{a}_2, \cdots, \boldsymbol{a}_n \rangle$ とする ($n = \dim V$)．次の条件 (a), (b), (c) を満たす $\boldsymbol{b}_1, \cdots, \boldsymbol{b}_n \in V$ を作る．

(a) $\boldsymbol{b}_1, \boldsymbol{b}_2, \cdots, \boldsymbol{b}_n$ はいずれも $\mathbf{0}$ でない．

(b) $i \neq j$ ならば $\boldsymbol{b}_i$ と $\boldsymbol{b}_j$ は直交する ($i, j = 1, 2, \cdots, n$)．

(c) $\boldsymbol{b}_k$ は $\boldsymbol{a}_1$ から $\boldsymbol{a}_k$ までの線形結合として表される ($k = 1, 2, \cdots, n$)．

まず，$\boldsymbol{b}_1 = \boldsymbol{a}_1$ とおく．このとき $\boldsymbol{b}_1 \neq \mathbf{0}$ である．次に

$$\boldsymbol{b}_2 = \boldsymbol{a}_2 - \frac{(\boldsymbol{a}_2, \boldsymbol{b}_1)}{\|\boldsymbol{b}_1\|^2}\boldsymbol{b}_1 \tag{3.61}$$

とおくと，$\boldsymbol{b}_2 \neq \mathbf{0}$ である．なぜならば，もし $\boldsymbol{b}_2 = \mathbf{0}$ ならば $\boldsymbol{a}_1\,(=\boldsymbol{b}_1)$, $\boldsymbol{a}_2$ が線形従属となり，これらが V の基底の一部であったことに反するからである．さらに (3.61) と $\boldsymbol{b}_1$ との内積をとれば

$$(\boldsymbol{b}_2, \boldsymbol{b}_1) = (\boldsymbol{a}_2, \boldsymbol{b}_1) - \frac{(\boldsymbol{a}_2, \boldsymbol{b}_1)}{\|\boldsymbol{b}_1\|^2}(\boldsymbol{b}_1, \boldsymbol{b}_1) = 0 \tag{3.62}$$

となる．また，(3.61) より $\boldsymbol{b}_2$ は $\boldsymbol{a}_1(=\boldsymbol{b}_1)$, $\boldsymbol{a}_2$ の線形結合として表される．

次に

$$\boldsymbol{b}_3 = \boldsymbol{a}_3 - \frac{(\boldsymbol{a}_3, \boldsymbol{b}_1)}{\|\boldsymbol{b}_1\|^2}\boldsymbol{b}_1 - \frac{(\boldsymbol{a}_3, \boldsymbol{b}_2)}{\|\boldsymbol{b}_2\|^2}\boldsymbol{b}_2 \tag{3.63}$$

とおく．このとき $\boldsymbol{b}_3 \neq \mathbf{0}$ である．実際，もし $\boldsymbol{b}_3 = \mathbf{0}$ ならば，(3.63) より，$\boldsymbol{a}_3$ は $\boldsymbol{b}_1$ と $\boldsymbol{b}_2$ の線形結合として表されるが，$\boldsymbol{b}_1 = \boldsymbol{a}_1$ であり，$\boldsymbol{b}_2$ は $\boldsymbol{a}_1$ と $\boldsymbol{a}_2$ の線形結合として表されるので，$\boldsymbol{a}_3$ は $\boldsymbol{a}_1$ と $\boldsymbol{a}_2$ の線形結合として表される．これは $\boldsymbol{a}_1$, $\boldsymbol{a}_2$, $\boldsymbol{a}_3$ が線形独立であることに反する．さらに (3.63) と $\boldsymbol{b}_1$, $\boldsymbol{b}_2$ との内積をとり，(3.62) に注意すれば

$$(\boldsymbol{b}_3, \boldsymbol{b}_1) = (\boldsymbol{a}_3, \boldsymbol{b}_1) - \frac{(\boldsymbol{a}_3, \boldsymbol{b}_1)}{\|\boldsymbol{b}_1\|^2}(\boldsymbol{b}_1, \boldsymbol{b}_1) - \frac{(\boldsymbol{a}_3, \boldsymbol{b}_2)}{\|\boldsymbol{b}_2\|^2}(\boldsymbol{b}_2, \boldsymbol{b}_1) = 0$$
$$(\boldsymbol{b}_3, \boldsymbol{b}_2) = (\boldsymbol{a}_3, \boldsymbol{b}_2) - \frac{(\boldsymbol{a}_3, \boldsymbol{b}_2)}{\|\boldsymbol{b}_1\|^2}(\boldsymbol{b}_1, \boldsymbol{b}_2) - \frac{(\boldsymbol{a}_3, \boldsymbol{b}_2)}{\|\boldsymbol{b}_2\|^2}(\boldsymbol{b}_2, \boldsymbol{b}_2) = 0$$

となる．また，$\boldsymbol{b}_1, \boldsymbol{b}_2$ が $\boldsymbol{a}_1, \boldsymbol{a}_2$ の線形結合として表されるので，(3.63) より，$\boldsymbol{b}_3$ は $\boldsymbol{a}_1$ から $\boldsymbol{a}_3$ までの線形結合として表されることが分かる．

このようにして順次 $\boldsymbol{b}_k$ まで作れたとする $(1 \leq k < n)$．このとき

$$\boldsymbol{b}_{k+1} = \boldsymbol{a}_{k+1} - \sum_{i=1}^{k} \frac{(\boldsymbol{a}_{k+1}, \boldsymbol{b}_i)}{\|\boldsymbol{b}_i\|^2}\boldsymbol{b}_i \tag{3.64}$$

とおくと，$\boldsymbol{b}_{k+1} \neq \boldsymbol{0}$ である．実際，もし $\boldsymbol{b}_{k+1} = \boldsymbol{0}$ ならば $\boldsymbol{a}_{k+1}$ は $\boldsymbol{b}_1$ から $\boldsymbol{b}_k$ までの線形結合として表され，したがって $\boldsymbol{a}_1$ から $\boldsymbol{a}_k$ までの線形結合として表されることになり，仮定に反する．さらに，$1 \leq j \leq k$ なる j について $\boldsymbol{b}_{k+1}$ と $\boldsymbol{b}_j$ の内積を計算すると

$$\begin{aligned}(\boldsymbol{b}_{k+1}, \boldsymbol{b}_j) &= \Bigl(\boldsymbol{a}_{k+1} - \sum_{i=1}^{k} \frac{(\boldsymbol{a}_{k+1}, \boldsymbol{b}_i)}{\|\boldsymbol{b}_i\|^2}\boldsymbol{b}_i, \boldsymbol{b}_j\Bigr) \\ &= (\boldsymbol{a}_{k+1}, \boldsymbol{b}_j) - \sum_{i=1}^{k} \frac{(\boldsymbol{a}_{k+1}, \boldsymbol{b}_i)}{\|\boldsymbol{b}_i\|^2}(\boldsymbol{b}_i, \boldsymbol{b}_j) \\ &= (\boldsymbol{a}_{k+1}, \boldsymbol{b}_j) - \frac{(\boldsymbol{a}_{k+1}, \boldsymbol{b}_j)}{\|\boldsymbol{b}_j\|^2}(\boldsymbol{b}_j, \boldsymbol{b}_j) = 0\end{aligned}$$

が得られる．ここで，k 以下の自然数 i, j について，$i \neq j$ ならば $(\boldsymbol{b}_i, \boldsymbol{b}_j) = 0$ であることがすでに示されており，それを用いている．また，$\boldsymbol{b}_1$ から $\boldsymbol{b}_k$ までが $\boldsymbol{a}_1$ から $\boldsymbol{a}_k$ までの線形結合として表されるので，(3.64) より，$\boldsymbol{b}_{k+1}$ は $\boldsymbol{a}_1$ から $\boldsymbol{a}_{k+1}$ までの線形結合で表されることが分かる．

こうして上の条件 (a), (b), (c) を満たす n 個の元が順次作れる．

さらに $\boldsymbol{e}_i = \dfrac{1}{\|\boldsymbol{b}_i\|}\boldsymbol{b}_i \quad (i = 1, 2, \cdots, n)$ とおくと，$\|\boldsymbol{e}_i\| = 1$ となり，

$$(\boldsymbol{e}_i, \boldsymbol{e}_j) = \delta_{ij} \quad (\ i, j = 1, 2, \cdots, n\ ) \tag{3.65}$$

が得られる．命題 3.25 より $\boldsymbol{e}_1, \cdots, \boldsymbol{e}_n$ は線形独立である．$\dim V = n$ に注意すれば，命題 3.17 より，$\langle \boldsymbol{e}_1, \boldsymbol{e}_2, \cdots, \boldsymbol{e}_n \rangle$ は V の基底であり，したがって (3.65) より正規直交基底である． □

上のような正規直交基底の構成法を**グラム・シュミットの直交化法**または**シュミットの直交化法**とよぶ.

例 3.35 標準内積の入った $\boldsymbol{R}^2$ において, $\boldsymbol{a}_1 = \begin{pmatrix} 1 \\ 1 \end{pmatrix}, \boldsymbol{a}_2 = \begin{pmatrix} 2 \\ 1 \end{pmatrix}$ からグラム・シュミットの直交化法によって正規直交基底を作る. $\boldsymbol{b}_1 = \boldsymbol{a}_1$ とおくと, $\|\boldsymbol{b}_1\| = \sqrt{2}$, $(\boldsymbol{a}_2, \boldsymbol{b}_1) = 3$ である. このとき

$$\boldsymbol{b}_2 = \boldsymbol{a}_2 - \frac{(\boldsymbol{a}_2, \boldsymbol{b}_1)}{\|\boldsymbol{b}_1\|^2}\boldsymbol{b}_1 = \begin{pmatrix} \frac{1}{2} \\ -\frac{1}{2} \end{pmatrix}$$

である.

$$\boldsymbol{e}_1 = \frac{1}{\|\boldsymbol{b}_1\|}\boldsymbol{b}_1 = \begin{pmatrix} \frac{1}{\sqrt{2}} \\ \frac{1}{\sqrt{2}} \end{pmatrix}, \quad \boldsymbol{e}_2 = \frac{1}{\|\boldsymbol{b}_2\|}\boldsymbol{b}_2 = \begin{pmatrix} \frac{1}{\sqrt{2}} \\ -\frac{1}{\sqrt{2}} \end{pmatrix}$$

とおけば, 例 3.34 で述べた $\boldsymbol{R}^2$ の正規直交基底 $\langle \boldsymbol{e}_1, \boldsymbol{e}_2 \rangle$ が得られる.

例 3.36 例 3.31 において $d = 2$ とした計量線形空間 $V = \boldsymbol{R}[X]_{(2)}$ を考える. $\boldsymbol{a}_1 = 1, \boldsymbol{a}_2 = X, \boldsymbol{a}_3 = X^2$ とおくと, $\langle \boldsymbol{a}_1, \boldsymbol{a}_2, \boldsymbol{a}_3 \rangle$ は V の基底である. この基底から V の正規直交基底を作る. まず, $\boldsymbol{b}_1 = \boldsymbol{a}_1 = 1$ とおくと

$$\|\boldsymbol{b}_1\|^2 = \int_0^1 1 \cdot dX = 1, \quad (\boldsymbol{a}_2, \boldsymbol{b}_1) = \int_0^1 X dX = \frac{1}{2}$$

であるので

$$\boldsymbol{b}_2 = \boldsymbol{a}_2 - \frac{(\boldsymbol{a}_2, \boldsymbol{b}_1)}{\|\boldsymbol{b}_1\|^2}\boldsymbol{b}_1 = X - \frac{1}{2}$$

を得る. 計算は省略するが, さらに

$$\boldsymbol{b}_3 = \boldsymbol{a}_3 - \frac{(\boldsymbol{a}_3, \boldsymbol{b}_1)}{\|\boldsymbol{b}_1\|^2}\boldsymbol{b}_1 - \frac{(\boldsymbol{a}_3, \boldsymbol{b}_2)}{\|\boldsymbol{b}_2\|^2}\boldsymbol{b}_2 = X^2 - X + \frac{1}{6}$$

が得られる. そこで

$$\boldsymbol{e}_1 = f_1(X) = \frac{1}{\|\boldsymbol{b}_1\|}\boldsymbol{b}_1 = 1$$

$$e_2 = f_2(X) = \frac{1}{\|b_2\|}b_2 = 2\sqrt{3}\left(X - \frac{1}{2}\right)$$
$$e_3 = f_3(X) = \frac{1}{\|b_3\|}b_3 = 6\sqrt{5}\left(X^2 - X + \frac{1}{6}\right)$$

とおけば $\langle e_1, e_2, e_3 \rangle$ は V の正規直交基底になる．すなわち

$$\int_0^1 f_i(X) f_j(X) dX = \delta_{ij} \quad (i, j = 1,\ 2,\ 3)$$

を満たす．

注意 3.9 $a_2,\ b_1 \in R^2$ の場合の

$$b_2 = a_2 - \frac{(a_2, b_1)}{\|b_1\|^2}b_1 \tag{3.66}$$

の意味を考える．

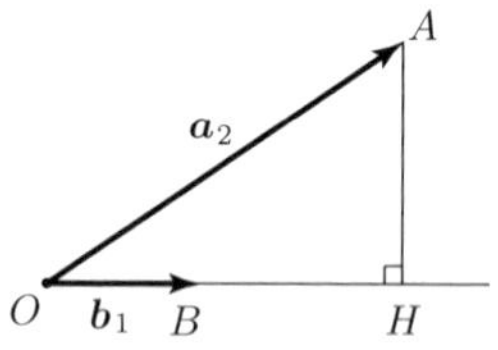

図 **3.4**

図 3.4 において，$a_2 = \overrightarrow{OA}$, $b_1 = \overrightarrow{OB}$ とする．$\angle AOB = \theta$ とし，点 A から直線 OB に下ろした垂線の足を H とする．さらに

$$e_1 = \frac{1}{\|b_1\|}b_1 \tag{3.67}$$

とおけば，$\|e_1\| = 1$ である．ベクトル $\overrightarrow{OH}$ の長さを考えれば

$$\overrightarrow{OH} = (\|a_2\| \cos\theta)\, e_1 \tag{3.68}$$

であるが，$(a_2, b_1) = \|a_2\|\,\|b_1\| \cos\theta$ および (3.67) より

$$\overrightarrow{OH} = \frac{(a_2, b_1)}{\|b_1\|} \cdot \frac{1}{\|b_1\|}b_1 = \frac{(a_2, b_1)}{\|b_1\|^2}b_1 \tag{3.69}$$

が得られる (このベクトルを $\boldsymbol{a}_2$ の $\boldsymbol{b}_1$ への**正射影**とよぶ). すると, (3.66) の $\boldsymbol{b}_2$ は $\overrightarrow{OA} - \overrightarrow{OH} = \overrightarrow{HA}$ にほかならず, $\boldsymbol{b}_2$ は確かに $\boldsymbol{b}_1$ と直交する.

問題 3.14 標準内積の入った $\boldsymbol{R}^3$ において, $\boldsymbol{a}_1 = \begin{pmatrix} 1 \\ 1 \\ 1 \end{pmatrix}, \boldsymbol{a}_2 = \begin{pmatrix} 1 \\ 0 \\ 0 \end{pmatrix},$ $\boldsymbol{a}_3 = \begin{pmatrix} 0 \\ 1 \\ 0 \end{pmatrix}$ からグラム・シュミットの直交化法によって正規直交基底を作れ.

答え $\boldsymbol{e}_1 = \dfrac{1}{\sqrt{3}} \begin{pmatrix} 1 \\ 1 \\ 1 \end{pmatrix}, \boldsymbol{e}_2 = \dfrac{1}{\sqrt{6}} \begin{pmatrix} 2 \\ -1 \\ -1 \end{pmatrix}, \boldsymbol{e}_3 = \dfrac{1}{\sqrt{2}} \begin{pmatrix} 0 \\ 1 \\ -1 \end{pmatrix}.$

3.5.4 直交補空間

V は K 上の計量線形空間とし, W は V の線形部分空間とする. W の元すべてと直交するような V の元全体の集合を考える.

定義 3.22 V の部分集合

$$\{ \boldsymbol{x} \in V \mid W \text{ の任意の元 } \boldsymbol{y} \text{ に対して } (\boldsymbol{x}, \boldsymbol{y}) = 0 \} \tag{3.70}$$

を W **の直交補空間**とよび, 記号 $W^{\perp}$ で表す.

次の命題の証明は読者の演習問題とする.

命題 3.28 $W^{\perp}$ は V の線形部分空間である.

例 3.37 $V = \boldsymbol{R}^3$ に標準内積を入れたものを考える.

$$W = \left\{ \begin{pmatrix} t \\ 2t \\ 3t \end{pmatrix} \middle| \ t \in \boldsymbol{R} \right\}$$

とすると，W の直交補空間 $W^{\perp}$ は

$$W^{\perp} = \left\{ \begin{pmatrix} x \\ y \\ z \end{pmatrix} \in V \;\middle|\; x + 2y + 3z = 0 \right\}$$

である．

命題 3.29 V は K 上の n 次元計量線形空間とし，W は V の s 次元線形部分空間とする．

(1) W の正規直交基底 $\langle \boldsymbol{e}_1, \boldsymbol{e}_2, \cdots, \boldsymbol{e}_s \rangle$ に $(n-s)$ 個の V の元を付け加えて，V の正規直交基底 $\langle \boldsymbol{e}_1, \cdots, \boldsymbol{e}_s, \boldsymbol{e}_{s+1}, \cdots, \boldsymbol{e}_n \rangle$ が作れる．

(2) 上の (1) のような基底をとったとき，$W^{\perp}$ は $\langle \boldsymbol{e}_{s+1}, \cdots, \boldsymbol{e}_n \rangle$ を正規直交基底として持つ V の $(n-s)$ 次元線形部分空間である．

(3) $V = W \oplus W^{\perp}$ である．特に $\dim W^{\perp} = \dim V - \dim W$ である．

証明 (1) 定理 3.1 により，$\langle \boldsymbol{e}_1, \boldsymbol{e}_2, \cdots, \boldsymbol{e}_s \rangle$ に $(n-s)$ 個の V の元を付け加えて V の基底 $\langle \boldsymbol{e}_1, \cdots, \boldsymbol{e}_s, \boldsymbol{a}_{s+1}, \cdots, \boldsymbol{a}_n \rangle$ を作ることができる．この基底に対してグラム・シュミットの直交化法をほどこせばよい (詳細な証明は読者の演習問題とする)．

(2) $\boldsymbol{x} = x_1\boldsymbol{e}_1 + \cdots + x_s\boldsymbol{e}_s + x_{s+1}\boldsymbol{e}_{s+1} + \cdots + x_n\boldsymbol{e}_n \in W^{\perp}$ とすると，$\boldsymbol{x}$ は W の任意の元と直交するので，特に $\boldsymbol{e}_1, \cdots, \boldsymbol{e}_s$ とも直交する．したがって，$1 \leq j \leq s$ なる j に対して

$$0 = (\boldsymbol{x}, \boldsymbol{e}_j) = \left(\sum_{i=1}^{n} x_i \boldsymbol{e}_i, \boldsymbol{e}_j \right) = \sum_{i=1}^{n} x_i (\boldsymbol{e}_i, \boldsymbol{e}_j) = x_j$$

となる．これより，$\boldsymbol{x} = x_{s+1}\boldsymbol{e}_{s+1} + \cdots + x_n\boldsymbol{e}_n$ と表されることが分かる．

逆に，V の元 $\boldsymbol{x}$ が $\boldsymbol{x} = x_{s+1}\boldsymbol{e}_{s+1} + \cdots + x_n\boldsymbol{e}_n$ と表されるとする．このとき，$\boldsymbol{x}$ は W の任意の元 $\boldsymbol{y} = y_1\boldsymbol{e}_1 + \cdots + y_s\boldsymbol{e}_s$ と直交するので (確かめよ)，$\boldsymbol{x} \in W^{\perp}$ である．以上のことより

$$W^{\perp} = \{ x_{s+1}\boldsymbol{e}_{s+1} + \cdots + x_n\boldsymbol{e}_n \mid x_{s+1}, \cdots, x_n \in K \}$$

であることが分かり，(2) が示される．

(3) は (2) よりしたがう． □

第 4 章

線形変換の表現行列

4.1 線形変換の表現行列 — 固有値と固有ベクトル

4.1.1 テーマの提示

K 上の線形空間 V から V 自身への線形写像を特に V の**線形変換**とよぶ．以下しばらく，$K = \boldsymbol{C}$ と仮定し，次のテーマについて論ずる．

テーマ　n 次元複素線形空間 V の線形変換 $T : V \to V$ に対して，V の基底 E をうまくとって，基底 E に関する T の表現行列を簡単にせよ．

節 3.4 で線形写像 $T : V \to V'$ の表現行列を論じた際は，V の基底と V' の基底を別々に選んだ．しかし，ここでは線形変換 $T : V \to V$ を考えるので，「左側の」V と「右側の」V に対して共通の基底 E を選び，表現行列を考える.「基底 E に関する T の表現行列」とはそういう意味である．

以下，特に断らない限り，V は n 次元複素線形空間とし，$T : V \to V$ は線形変換とする．次の定理は定理 3.7 の特別な場合である．

定理 4.1　E, F は V の基底とする．基底 E に関する T の表現行列を A，基底 F に関する T の表現行列を B とし，基底 E から F への変換行列を P とすると，A, B, P は n 次複素正方行列であり，P は正則であって

$$B = P^{-1}AP$$

を満たす．

そこで，上のテーマをやや矮小化して，次のように述べることもできる．

テーマ (行列の言葉のみを用いて) n 次複素正方行列 A に対して，n 次複素正則行列 P をうまくとって，$P^{-1}AP$ を簡単な行列にせよ.

注意 4.1 後者のテーマには，一見，線形変換が登場しないが，行列 A に対して $T_A : \boldsymbol{C}^n \to \boldsymbol{C}^n$ $(T_A(\boldsymbol{x}) = A\boldsymbol{x})$ を考えると，T_A の表現行列を簡単にする問題としてとらえることができる.

実際，$E = \langle \boldsymbol{e}_1, \cdots, \boldsymbol{e}_n \rangle$ を $\boldsymbol{C}^n$ の自然基底とすると，問題 3.11 より，基底 E に関する T_A の表現行列は A である．今，$\boldsymbol{C}^n$ の n 個のベクトル $\boldsymbol{p}_1, \cdots, \boldsymbol{p}_n$ が線形独立ならば，これらは $\boldsymbol{C}^n$ の基底をなす (命題 3.17)．この基底を F とする：$F = \langle \boldsymbol{p}_1, \cdots, \boldsymbol{p}_n \rangle$．また，$\boldsymbol{p}_1, \cdots, \boldsymbol{p}_n$ を並べてできる n 次正方行列を P とする：$P = (\boldsymbol{p}_1 \cdots \boldsymbol{p}_n)$．このとき，命題 3.12 より，基底 E から F への変換行列は P であり，定理 3.7 より，基底 $F = \langle \boldsymbol{p}_1, \cdots, \boldsymbol{p}_n \rangle$ に関する T_A の表現行列は $P^{-1}AP$ になる.

4.1.2 対角行列による表現ができる場合 — 行列の対角化

V の基底 $E = \langle \boldsymbol{e}_1, \boldsymbol{e}_2, \cdots, \boldsymbol{e}_n \rangle$ として，次のような性質を持つ特別なものがとれたとしたら，この基底 E に関する T の表現行列はどうなるであろうか?

$$\begin{cases} T(\boldsymbol{e}_1) = \alpha_1 \boldsymbol{e}_1 \ (= \alpha_1 \boldsymbol{e}_1 + 0 \cdot \boldsymbol{e}_2 + \cdots + 0 \cdot \boldsymbol{e}_n) \\ T(\boldsymbol{e}_2) = \alpha_2 \boldsymbol{e}_2 \ (= 0 \cdot \boldsymbol{e}_1 + \alpha_2 \boldsymbol{e}_2 + \cdots + 0 \cdot \boldsymbol{e}_n) \\ \quad \cdots \\ T(\boldsymbol{e}_n) = \alpha_n \boldsymbol{e}_n \ (= 0 \cdot \boldsymbol{e}_1 + 0 \cdot \boldsymbol{e}_2 + \cdots + \alpha_n \boldsymbol{e}_n) \end{cases} \tag{4.1}$$

ここで，α_i $(1 \leq i \leq n)$ は複素数である．このとき，基底 E に関する T の表現行列は，α_i $(i = 1, 2, \cdots, n)$ を対角成分とする対角行列

$$\begin{pmatrix} \alpha_1 & & \\ & \ddots & \\ & & \alpha_n \end{pmatrix}$$

である (定義 3.17 参照)．逆にある基底 $E = \langle \boldsymbol{e}_1, \cdots, \boldsymbol{e}_n \rangle$ に関して T の表現行列が対角行列であるならば，$\boldsymbol{e}_1, \cdots, \boldsymbol{e}_n$ は上の (4.1) のような条件を満たす.

このような都合のよい基底はつねにとれるとは限らない．しかし，のちに述べるように，多くの場合にこのような基底がとれ，表現行列が対角行列になる．

定義 4.1 V の $\mathbf{0}$ でない元 $\boldsymbol{x}$ と複素数 α が $T(\boldsymbol{x}) = \alpha\boldsymbol{x}$ を満たすとき，α を線形変換 T の**固有値**，$\boldsymbol{x}$ を固有値 α に対する T の**固有ベクトル**とよぶ．

この定義を用いて，上に述べたことを命題としてまとめておく．

命題 4.1 (1) T の固有ベクトルから成る V の基底 E が存在すれば，その基底に関する T の表現行列は，T の固有値を対角成分とする対角行列になる．
(2) 逆に，ある基底に関する T の表現行列が対角行列であるならば，その基底は T の固有ベクトルから成る．

このことは，行列の言葉に「翻訳」することもできる．以下，特に断らないかぎり，A は n 次複素正方行列を表すものとする．

定義 4.2 $\boldsymbol{C}^n$ の $\mathbf{0}$ でない元 $\boldsymbol{x}$ と複素数 α が $A\boldsymbol{x} = \alpha\boldsymbol{x}$ を満たすとき，α を行列 A の**固有値**，$\boldsymbol{x}$ を固有値 α に対する A の**固有ベクトル**とよぶ．

注意 4.2 A と T_A の固有値，固有ベクトルは同じものである．

命題 4.2 n 次複素正方行列 A について，次のことが成り立つ．
(1) n 個の線形独立な固有ベクトル $\boldsymbol{p}_1, \cdots, \boldsymbol{p}_n \in \boldsymbol{C}^n$ が存在するならば，それらを並べてできる n 次正方行列 $P = (\boldsymbol{p}_1 \cdots \boldsymbol{p}_n)$ は正則行列であり，$P^{-1}AP$ は A の固有値を対角成分とする対角行列になる．
(2) 逆に，ある n 次複素正則行列 Q に対して $Q^{-1}AQ$ が対角行列となるならば，Q の n 個の列ベクトルは A の固有ベクトルとなり，それらは線形独立である．

証明 (1) の証明は 2 通り述べる．
(証明その 1：線形変換の概念を経由する証明) 注意 4.1 のように線形変換 T_A を考える．$\langle \boldsymbol{p}_1, \cdots, \boldsymbol{p}_n \rangle$ は $\boldsymbol{C}^n$ の基底であるので，それを F とおく．基底 F に関する T_A の表現行列を B とすれば，$B = P^{-1}AP$ であり，さらに命

題 4.1 より，B は T_A の固有値を対角成分とする対角行列である．

(証明その 2：線形変換の概念を用いない証明) 命題 3.23 より P は階数が n であるので，命題 1.14 より正則である．$A\boldsymbol{p}_i = \alpha_i \boldsymbol{p}_i$ $(1 \leq i \leq n)$ とすれば，

$$AP = (\, A\boldsymbol{p}_1 \cdots A\boldsymbol{p}_n \,) = (\, \alpha_1 \boldsymbol{p}_1 \cdots \alpha_n \boldsymbol{p}_n \,) = (\, \boldsymbol{p}_1 \cdots \boldsymbol{p}_n \,) \begin{pmatrix} \alpha_1 & & \\ & \ddots & \\ & & \alpha_n \end{pmatrix}$$

が得られる．これに左から P^{-1} をかければ (1) が示される．

(2) の証明は読者の演習問題とする． □

正方行列 A に対して正則行列 P をうまく選んで $P^{-1}AP$ を対角行列にすることを，正則行列 P による A の**対角化**とよぶ．対角化ができるとき，A は**対角化可能**であるという．線形変換 T に対しても，固有ベクトルから成る基底を選んで表現行列を対角行列にできるとき，T は**対角化可能**であるという．

例 4.1 $A = \begin{pmatrix} 4 & -2 \\ 1 & 1 \end{pmatrix}$, $\boldsymbol{p}_1 = \begin{pmatrix} 2 \\ 1 \end{pmatrix}$, $\boldsymbol{p}_2 = \begin{pmatrix} 1 \\ 1 \end{pmatrix}$ とすると，$A\boldsymbol{p}_1 = 3\boldsymbol{p}_1$, $A\boldsymbol{p}_2 = 2\boldsymbol{p}_2$ となる．$P = (\boldsymbol{p}_1\, \boldsymbol{p}_2) = \begin{pmatrix} 2 & 1 \\ 1 & 1 \end{pmatrix}$ とおくと

$$P^{-1}AP = \begin{pmatrix} 1 & -1 \\ -1 & 2 \end{pmatrix} \begin{pmatrix} 4 & -2 \\ 1 & 1 \end{pmatrix} \begin{pmatrix} 2 & 1 \\ 1 & 1 \end{pmatrix} = \begin{pmatrix} 3 & 0 \\ 0 & 2 \end{pmatrix}$$

が成り立つ．

上の例 4.1 において，基底 $\langle \boldsymbol{p}_1, \boldsymbol{p}_2 \rangle$ によって座標を定め，$\boldsymbol{p}_1$ を第 1 の座標上のベクトル，$\boldsymbol{p}_2$ を第 2 の座標上のベクトルと考えれば，A をかけるという作用 (すなわち線形変換 T_A) は，第 1 の座標に関して 3 倍の拡大，第 2 の座標に関して 2 倍の拡大をもたらす (図 4.1)．したがって，その表現行列は 3, 2 を対角成分とする対角行列になる．自然基底に固執せず，固有ベクトルから成る基底に関して表現行列を考えるほうが，T_A の本質をよく理解できる．

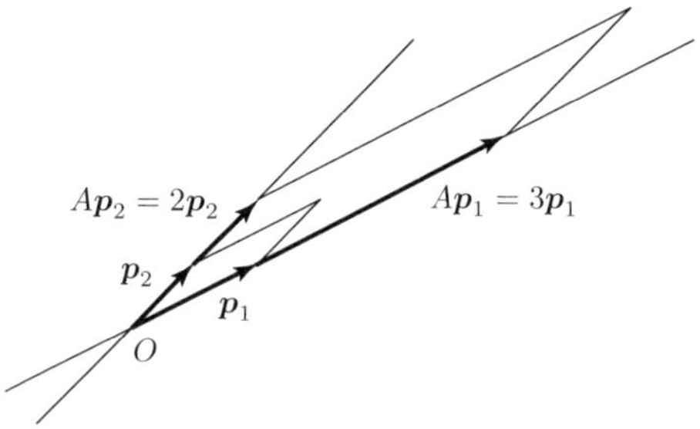

図 **4.1**

こうした事情は，たとえば A を k 回繰り返してかける作用 (k は自然数) を考えると，より鮮明になる．例 4.1 において A を k 回繰り返してかければ，$\boldsymbol{p}_1$ は 3^k 倍され，$\boldsymbol{p}_2$ は 2^k 倍される．

問題 4.1 n 次複素正方行列 A に対して n 次正則行列 P が存在して

$$B = P^{-1}AP = \begin{pmatrix} \alpha_1 & & \\ & \ddots & \\ & & \alpha_n \end{pmatrix}$$

であると仮定する．このとき，自然数 k に対して

$$A^k = P \begin{pmatrix} \alpha_1^k & & \\ & \ddots & \\ & & \alpha_n^k \end{pmatrix} P^{-1}$$

であることを示せ．さらに，これを利用して例 4.1 の A について A^k を求めよ．

略解 B^k は，対角成分が $\alpha_1^k, \cdots, \alpha_n^k$ であるような対角行列である．また，$B^k = P^{-1}A^kP$ であることが k に関する帰納法により証明できる．この式に左から P を，右から P^{-1} をかければよい．例 4.1 の A については

$$A^k = P \begin{pmatrix} 3^k & 0 \\ 0 & 2^k \end{pmatrix} P^{-1} = \begin{pmatrix} 2 \cdot 3^k - 2^k & -2 \cdot 3^k + 2 \cdot 2^k \\ 3^k - 2^k & -3^k + 2 \cdot 2^k \end{pmatrix}.$$

問題 4.2 E は V の基底とする．線形変換 $T: V \to V$ の基底 E に関する表現行列を A とする．いま，座標写像 $\psi_E : \boldsymbol{C}^n \to V$ によって，ベクトル $(x_i) = \begin{pmatrix} x_1 \\ \vdots \\ x_n \end{pmatrix} \in \boldsymbol{C}^n$ が $\boldsymbol{x} \in V$ と対応しているとする：$\psi_E\Big((x_i)\Big) = \boldsymbol{x}$．このとき，複素数 α に対して $A \cdot (x_i) = \alpha(x_i)$ が成り立つことと，$T(\boldsymbol{x}) = \alpha\boldsymbol{x}$ が成り立つことは同値であることを示せ．特に，行列 A の固有値と線形変換 T の固有値は一致し，A の固有ベクトルと T の固有ベクトルは座標写像 ψ_E によって対応していることを示せ．

4.1.3 固有値と固有ベクトルを求める — 特性多項式

線形変換や正方行列の固有値や固有ベクトルはどのように求められるのであろうか？ ここでは主として正方行列について考えるが，線形変換の固有値や固有ベクトルを求める場合にも，まず，その表現行列の固有値や固有ベクトルを求めるのがよい (問題 4.2 参照)．

n 次複素正方行列 A の固有値の 1 つを α とし，固有値 α に対する A の固有ベクトルの 1 つを $\boldsymbol{x}$ とする．このとき，定義より $\boldsymbol{x} \neq \boldsymbol{0}$ であり，かつ

$$A\boldsymbol{x} = \alpha\boldsymbol{x} \tag{4.2}$$

が成り立つ．$\alpha\boldsymbol{x} = \alpha E_n \boldsymbol{x}$ (E_n は単位行列) であるので，(4.2) は

$$(\alpha E_n - A)\boldsymbol{x} = \boldsymbol{0} \tag{4.3}$$

と同値である．これは，(4.3) **を斉次連立 1 次方程式とみたとき，自明でない解が存在する**ことを意味する．よって，命題 1.22 および定理 2.2 (2) より

$$\det(\alpha E_n - A) = 0 \tag{4.4}$$

が得られる．逆に，(4.4) が成り立つならば，(4.2) を満たす $\boldsymbol{x}\,(\neq \boldsymbol{0})$ が存在する．

そこで，t を変数とし，n 次複素正方行列 $A = (a_{ij})$ に対して，行列式

$$\det(tE_n - A) = \begin{vmatrix} t-a_{11} & -a_{12} & \cdots & -a_{1n} \\ -a_{21} & t-a_{22} & \cdots & -a_{2n} \\ \vdots & \vdots & \ddots & \vdots \\ -a_{n1} & -a_{n2} & \cdots & t-a_{nn} \end{vmatrix} \tag{4.5}$$

を考える．これは t に関する多項式である．

定義 4.3 $\det(tE_n - A)$ を $\Phi_A(t)$ と表し，A の**特性多項式** (**固有多項式**) とよぶ．また，方程式 $\Phi_A(t) = 0$ を A の**特性方程式** (**固有方程式**) とよぶ．

上に述べたことは次のようにまとめることができる．

命題 4.3 n 次複素正方行列 A の固有値は，特性方程式 $\Phi_A(t) = 0$ の根である．逆に，$\Phi_A(t) = 0$ の根は A の固有値である．

線形変換 $T : V \to V$ の特性多項式も定義する．V のある基底に関する T の表現行列を A とし，別の基底に関する表現行列を B とする．このとき，定理 4.1 より $B = P^{-1}AP$ (P は正則行列) となるので

$$tE_n - B = tE_n - P^{-1}AP = P^{-1}(tE_n - A)P$$

が成り立つ．したがって，命題 2.18 およびその後の式 (2.40) より

$$\Phi_B(t) = \frac{1}{\det P}\Phi_A(t)\det P = \Phi_A(t)$$

が成り立つ．よって，T の表現行列の特性多項式はすべて等しい．

定義 4.4 V のある基底に関する T の表現行列の特性多項式を**線形変換 T の特性多項式** (**固有多項式**) とよび，$\Phi_T(t)$ と表す (上の考察より，これは V の**任意の**基底に関する T の表現行列の特性多項式と一致する)．また，方程式 $\Phi_T(t) = 0$ を T の**特性方程式** (**固有方程式**) とよぶ．

ここで，**代数学の基本定理**とよばれる定理を述べる．この章で $K = \boldsymbol{C}$ としてきたのは，この定理により，特性方程式が $\boldsymbol{C}$ 内に必ず根を持つからである．

定理 4.2 (代数学の基本定理) 複素数を係数とする任意の n 次多項式

$$f(t) = a_n t^n + a_{n-1} t^{n-1} + \cdots + a_1 t + a_0 \quad (a_i \in \boldsymbol{C}, 0 \leq i \leq n, a_n \neq 0)$$

は複素数を係数とする 1 次式の積に分解する：

$$f(t) = a_n (t - \alpha_1)(t - \alpha_2) \cdots (t - \alpha_n) \quad (\alpha_i \in \boldsymbol{C}, 1 \leq i \leq n).$$

特に，$f(t) = 0$ は複素数の範囲内に必ず根を持つ．

証明は本書では取り扱わない．次に，固有値と行列式の関係を述べる．

命題 4.4 (1) n 次正方行列 A の特性多項式 $\Phi_A(t)$ は n 次多項式であり，t^n の係数は 1，定数項は $(-1)^n \det A$ である．

(2) $\Phi_A(t) = 0$ の n 個の根が重複を込めて $\alpha_1, \alpha_2, \cdots, \alpha_n$ であるとき，$\det A = \alpha_1 \alpha_2 \cdots \alpha_n$ である．

証明 (1) $tE_n - A$ の (i, j) 成分を $\hat{a}_{ij}(t)$ とすると，行列式の定義より

$$\Phi_A(t) = \sum_{\sigma \in S_n} \operatorname{sgn}(\sigma) \hat{a}_{\sigma(1)1}(t) \hat{a}_{\sigma(2)2}(t) \cdots \hat{a}_{\sigma(n)n}(t)$$

である．各項の次数に注意すれば，$\Phi_A(t)$ は n 次以下の多項式であることが分かる．$\operatorname{sgn}(\sigma) \hat{a}_{\sigma(1)1}(t) \hat{a}_{\sigma(2)2}(t) \cdots \hat{a}_{\sigma(n)n}(t)$ に t^n があらわれるのは，σ が恒等置換の場合のみである．$\hat{a}_{ii}(t) = t - a_{ii}$ $(1 \leq i \leq n)$ より，$\Phi_A(t)$ の t^n の係数は 1 である．また，定数項は $\Phi_A(0) = \det(-A) = (-1)^n \det A$ である．

(2) $\Phi_A(t) = (t - \alpha_1)(t - \alpha_2) \cdots (t - \alpha_n)$ と (1) よりしたがう． □

問題 4.3 n 次正方行列 $A = (a_{ij})$ の対角成分の総和 $\sum_{i=1}^{n} a_{ii}$ を A の**トレース**とよび，記号 $\operatorname{tr}(A)$ で表す．$\Phi_A(t) = 0$ の n 個の根が $\alpha_1, \alpha_2, \cdots, \alpha_n$ であるとき，$\operatorname{tr}(A) = \sum_{i=1}^{n} \alpha_i$ であることを示せ．

ヒント $\Phi_A(t) = (t - \alpha_1) \cdots (t - \alpha_n)$ の t^{n-1} の係数を比較する．命題 4.4 と同様に考える．σ が恒等置換でないならば，$\sigma(i) = j \neq i$ なる i, j が存在する．このとき $\sigma(j) \neq \sigma(i) = j$ であるので，$\operatorname{sgn}(\sigma) \hat{a}_{\sigma(1)1}(t) \cdots \hat{a}_{\sigma(n)n}(t)$ の次数は $n - 2$ 以下であり，ここには t^{n-1} があらわれない．

さて，固有値が求まったならば，その固有値に対する固有ベクトルを求めるには，連立 1 次方程式を解けばよい．

例 4.2 例 4.1 の行列 A の固有値と固有ベクトルを求めてみよう．

$$\Phi_A(t) = \det(tE_2 - A) = \begin{vmatrix} t-4 & 2 \\ -1 & t-1 \end{vmatrix} = (t-3)(t-2)$$

より，A の固有値は 3 および 2 である．$\boldsymbol{x} = \begin{pmatrix} x_1 \\ x_2 \end{pmatrix}$ が A の固有値 3 に対する固有ベクトルならば，$A\boldsymbol{x} = 3\boldsymbol{x}$，いい換えれば $(A - 3E_2)\boldsymbol{x} = \boldsymbol{0}$ が成り立つ．すなわち x_1, x_2 は，連立方程式

$$\begin{pmatrix} 1 & -2 \\ 1 & -2 \end{pmatrix} \begin{pmatrix} x_1 \\ x_2 \end{pmatrix} = \begin{pmatrix} 0 \\ 0 \end{pmatrix}$$

の解であるので，たとえば $\boldsymbol{p}_1 = \begin{pmatrix} 2 \\ 1 \end{pmatrix}$ が固有値 3 に対する固有ベクトルであることが分かる．同様に $(A - 2E_2)\boldsymbol{x} = \boldsymbol{0}$ を解いて，たとえば $\boldsymbol{p}_2 = \begin{pmatrix} 1 \\ 1 \end{pmatrix}$ が固有値 2 に対する固有ベクトルであることが分かる．

ある固有値に対する固有ベクトルは多数存在する．例えば，固有ベクトルの 0 でない定数倍もまた固有ベクトルである．そこで，次のような集合を考える．

定義 4.5 (1) 線形変換 T の固有値 α に対して，V の部分集合

$$W(\alpha) = \{\, \boldsymbol{x} \in V \mid T(\boldsymbol{x}) = \alpha\boldsymbol{x} \,\}$$

を**固有値** α **に対する** T **の固有空間**とよぶ．

(2) n 次複素正方行列 A の固有値 α に対して，$\boldsymbol{C}^n$ の部分集合

$$W(\alpha) = \{\, \boldsymbol{x} \in \boldsymbol{C}^n \mid A\boldsymbol{x} = \alpha\boldsymbol{x} \,\}$$

を**固有値** α **に対する** A **の固有空間**とよぶ．

問題 4.4 上の命題の (1), (2) の固有空間 $W(\alpha)$ は，それぞれ V, $\boldsymbol{C}^n$ の線形部分空間であることを示せ．

行列 A の固有空間は線形変換 T_A の固有空間と一致する．そこで，特に混乱のない限り，線形変換の固有空間も行列の固有空間も同じ記号 $W(\alpha)$ で表す．定義から分かるように，**固有値 α に対する固有空間とは，α に対するすべての固有ベクトルおよび $\mathbf{0}$ からなる集合である．**

命題 4.5 V の線形変換 T について次のことが成り立つ．

(1) T の相異なる固有値 $\alpha_1, \cdots, \alpha_k$ に対して

$$V = W(\alpha_1) \oplus \cdots \oplus W(\alpha_k)$$

であるならば，$W(\alpha_1), \cdots, W(\alpha_k)$ の基底をつなぎ合わせて V の基底を作ると，その基底に関する T の表現行列は，T の固有値を対角成分とする対角行列である．

(2) $\alpha_1, \cdots, \alpha_k$ は T の相異なる固有値とする．V の基底 $\langle \boldsymbol{e}_1, \cdots, \boldsymbol{e}_n \rangle$ に対して $0 = i_0 < i_1 < i_2 < \cdots < i_{k-1} < i_k = n$ を満たす整数 i_0, i_1, $i_2, \cdots, i_{k-1}, i_k$ が存在して，$\boldsymbol{e}_{i_{j-1}+1}, \cdots, \boldsymbol{e}_{i_j}$ が固有値 α_j に対する固有ベクトルであると仮定する ($j = 1, 2, \cdots, k$)．このとき，T の固有値は $\alpha_1, \cdots, \alpha_k$ のいずれかであり，$W(\alpha_j)$ は $\boldsymbol{e}_{i_{j-1}+1}, \cdots, \boldsymbol{e}_{i_j}$ によって生成される ($j = 1, 2, \cdots, k$)．したがって特に

$$V = W(\alpha_1) \oplus \cdots \oplus W(\alpha_k)$$

が成り立つ．

(3) T が対角化可能であるための必要十分条件は，V が T の固有空間の直和となることである．

証明の前に (2) の主張内容のポイントは 2 つある．第 1 のポイントは，$\alpha_1, \cdots, \alpha_k$ が T の固有値の**すべて**であって，**ほかに固有値はない**ことである．また，仮定より $\boldsymbol{e}_{i_{j-1}+1}, \cdots, \boldsymbol{e}_{i_j} \in W(\alpha_j)$ であるので，これらの元の線形結合も $W(\alpha_j)$ に属するが，第 2 のポイントは，$W(\alpha_j)$ が $\boldsymbol{e}_{i_{j-1}+1}, \cdots, \boldsymbol{e}_{i_j}$ によっ

て生成されること，いい換えれば，$W(\alpha_j)$ の任意の元がこれらの元の線形結合としてあらわされ，そうでないような $W(\alpha_j)$ の元は存在しないことである．

証明 (1) 命題 4.1 よりしたがう (固有空間の $\mathbf{0}$ でない元は固有ベクトルであるので，固有空間の基底は固有ベクトルから成ることに注意せよ)．

(2) $\boldsymbol{x} = \sum_{i=1}^{n} x_i \boldsymbol{e}_i$ とすると

$$T(\boldsymbol{x}) = \alpha_1 \sum_{i=1}^{i_1} x_i \boldsymbol{e}_i + \alpha_2 \sum_{i=i_1+1}^{i_2} x_i \boldsymbol{e}_i + \cdots + \alpha_k \sum_{i=i_{k-1}+1}^{n} x_i \boldsymbol{e}_i$$

である．$\boldsymbol{e}_1, \cdots, \boldsymbol{e}_n$ が線形独立であるので，$T(\boldsymbol{x}) = \alpha \boldsymbol{x}$ であることと，

$$(\alpha_j - \alpha) x_{i_{j-1}+1} = \cdots = (\alpha_j - \alpha) x_{i_j} = 0$$

が $1 \leq j \leq k$ なるすべての自然数 j に対して成り立つことは同値である．したがって，α が $\alpha_1, \cdots, \alpha_k$ のいずれとも異なる場合は，$T(\boldsymbol{x}) = \alpha \boldsymbol{x}$ ならば $\boldsymbol{x} = \mathbf{0}$ である．$\alpha = \alpha_j$ の場合は，$T(\boldsymbol{x}) = \alpha \boldsymbol{x}$ を満たす $\boldsymbol{x}$ は $\boldsymbol{e}_{i_{j-1}+1}, \cdots, \boldsymbol{e}_{i_j}$ の線形結合である (詳細な検討は読者の演習問題とする)．よって T の固有値は $\alpha_1, \cdots, \alpha_k$ 以外には存在せず，α_j に対する T の固有ベクトルは $\boldsymbol{e}_{i_{j-1}+1}, \cdots, \boldsymbol{e}_{i_j}$ の線形結合以外にはあり得ない ($j = 1, 2, \cdots, k$)．

(3) (1) より，V が T の固有空間の直和ならば，T は対角化可能である．逆に，T が対角化可能ならば，命題 4.5 (2) のような基底がとれるので，V は T の固有空間の直和である． □

注意 4.3 正方行列 A についても命題 4.5 と同様のことが成り立つ．T_A に対して命題 4.5 を適用すればよい．

例 4.3 $A = \begin{pmatrix} -5 & -2 & 8 \\ -1 & 0 & 2 \\ -4 & -2 & 7 \end{pmatrix}$ とする．A の特性多項式を計算すると

$$\Phi_A(t) = \begin{vmatrix} t+5 & 2 & -8 \\ 1 & t & -2 \\ 4 & 2 & t-7 \end{vmatrix} = (t+1)(t-1)(t-2)$$

となるので，A の固有値は $-1, 1, 2$ である．

固有ベクトルを求めるために，連立 1 次方程式 $(A+E_3)\boldsymbol{x}=\boldsymbol{0}$ を考える．$\boldsymbol{p}_1=\begin{pmatrix}2\\0\\1\end{pmatrix}$ とおくと，$\boldsymbol{x}=\boldsymbol{p}_1$ はこの方程式の解であり，一般解は $\boldsymbol{x}=c\boldsymbol{p}_1$ $(c\in\boldsymbol{C})$ となる．よって，$\boldsymbol{p}_1$ は固有値 -1 に対する A の固有ベクトルであり，固有空間 $W(-1)$ は，$\boldsymbol{p}_1$ で張られる $\boldsymbol{C}^3$ の 1 次元線形部分空間である．

同様に，$(A-E_3)\boldsymbol{x}=\boldsymbol{0}$ を解くことにより，$\boldsymbol{p}_2=\begin{pmatrix}1\\1\\1\end{pmatrix}$ が固有値 1 に対する A の固有ベクトルであり，固有空間 $W(1)$ は $\boldsymbol{p}_2$ で張られる $\boldsymbol{C}^3$ の 1 次元線形空間であることが分かる．

さらに $\boldsymbol{p}_3=\begin{pmatrix}2\\1\\2\end{pmatrix}$ は固有値 2 に対する A の固有ベクトルであり，固有空間 $W(2)$ は $\boldsymbol{p}_3$ で張られる $\boldsymbol{C}^3$ の 1 次元線形空間である．

3 つの固有ベクトル $\boldsymbol{p}_1, \boldsymbol{p}_2, \boldsymbol{p}_3$ は線形独立である (確かめよ)．そこで

$$P=(\boldsymbol{p}_1\,\boldsymbol{p}_2\,\boldsymbol{p}_3)=\begin{pmatrix}2&1&2\\0&1&1\\1&1&2\end{pmatrix}$$

とすれば

$$P^{-1}AP=\begin{pmatrix}-1&0&0\\0&1&0\\0&0&2\end{pmatrix}$$

となる．

例 4.4 $A = \begin{pmatrix} 2 & -1 & -1 \\ 1 & 0 & -1 \\ 1 & -1 & 0 \end{pmatrix}$ とすると，$\Phi_A(t) = t(t-1)^2$ となるので，A の固有値は 0 と 1 である．

$\boldsymbol{p}_1 = \begin{pmatrix} 1 \\ 1 \\ 1 \end{pmatrix}$ とすれば，方程式 $A\boldsymbol{x} = \boldsymbol{0}$ の一般解は $\boldsymbol{x} = c\boldsymbol{p}_1$($c$ は任意定数) と表せる．したがって，$\boldsymbol{p}_1$ は固有値 0 に対する A の固有ベクトルであり，固有空間 $W(0)$ は，$\langle \boldsymbol{p}_1 \rangle$ を基底とする $\boldsymbol{C}^3$ の 1 次元線形部分空間である．

一方，$(A - E_3)\boldsymbol{x} = \boldsymbol{0}$ の一般解は，$\boldsymbol{x} = \begin{pmatrix} \alpha + \beta \\ \alpha \\ \beta \end{pmatrix}$($\alpha$, β は任意定数) と表せる．そこで $\boldsymbol{p}_2 = \begin{pmatrix} 1 \\ 1 \\ 0 \end{pmatrix}$, $\boldsymbol{p}_3 = \begin{pmatrix} 1 \\ 0 \\ 1 \end{pmatrix}$ とおけば，$\boldsymbol{p}_2$, $\boldsymbol{p}_3$ は固有値 1 に対する A の固有ベクトルであり，これらは線形独立である．固有空間 $W(1)$ は $\langle \boldsymbol{p}_2, \boldsymbol{p}_3 \rangle$ を基底とする $\boldsymbol{C}^3$ の 2 次元線形空間である．

$\boldsymbol{p}_1, \boldsymbol{p}_2, \boldsymbol{p}_3$ は線形独立であり (確かめよ)，$\langle \boldsymbol{p}_1, \boldsymbol{p}_2, \boldsymbol{p}_3 \rangle$ は $\boldsymbol{C}^3$ の基底であるので，$P = (\boldsymbol{p}_1\, \boldsymbol{p}_2\, \boldsymbol{p}_3)$ とすれば $P^{-1}AP = \begin{pmatrix} 0 & 0 & 0 \\ 0 & 1 & 0 \\ 0 & 0 & 1 \end{pmatrix}$ となる．

次に，対角化できない正方行列の例を挙げる．

例 4.5 $A = \begin{pmatrix} 2 & 1 \\ 0 & 2 \end{pmatrix}$ とすると，$\Phi_A(t) = (t-2)^2$ であり，A の固有値は 2 のみである．この固有値 2 に対する固有空間は

$$W(2) = \{\, \boldsymbol{x} \in \boldsymbol{C}^2 \mid A\boldsymbol{x} = 2\boldsymbol{x} \,\} = \left\{ \begin{pmatrix} x \\ 0 \end{pmatrix} \;\middle|\; x \in \boldsymbol{C} \right\}$$

である．$\dim W(2) = 1$ より，2 個の線形独立な A の固有ベクトルをとることはできない．よって A は対角化できない．

4.1.4　対角化できるための条件

行列や線形変換が対角化できるための条件を考える．まず次を示す．

命題 4.6 (1) $\alpha_1, \cdots, \alpha_k$ は線形変換 T の相異なる固有値とする．$\boldsymbol{x}_1, \cdots, \boldsymbol{x}_k \in V$ はそれぞれ $\alpha_1, \cdots, \alpha_k$ に対する T の固有ベクトルとする．このとき，$\boldsymbol{x}_1, \cdots, \boldsymbol{x}_k$ は線形独立である．

(2) $\alpha_1, \cdots, \alpha_k$ は行列 A の相異なる固有値とし，$\boldsymbol{x}_1, \cdots, \boldsymbol{x}_k \in \boldsymbol{C}^n$ はそれぞれ $\alpha_1, \cdots, \alpha_k$ に対する A の固有ベクトルとする．このとき，$\boldsymbol{x}_1, \cdots, \boldsymbol{x}_k$ は線形独立である．

証明　(1) を k に関する数学的帰納法により証明する．((2) の証明も同様である．) $k=1$ のとき，結論は正しい．そこで $k \geq 2$ とし，$(k-1)$ 個の相異なる固有値に対する固有ベクトルは線形独立であると仮定する．k 個の相異なる固有値 $\alpha_1, \alpha_2, \cdots, \alpha_k$ に対する固有ベクトル $\boldsymbol{x}_1, \boldsymbol{x}_2, \cdots, \boldsymbol{x}_k$ について

$$c_1\boldsymbol{x}_1 + c_2\boldsymbol{x}_2 + \cdots + c_k\boldsymbol{x}_k = \boldsymbol{0} \quad (c_1, c_2, \cdots, c_k \in \boldsymbol{C}) \tag{4.6}$$

が成り立つとする．両辺の T による像をとり，$T(\boldsymbol{x}_i) = \alpha_i\boldsymbol{x}_i$ を用いれば

$$c_1\alpha_1\boldsymbol{x}_1 + c_2\alpha_2\boldsymbol{x}_2 + \cdots + c_k\alpha_k\boldsymbol{x}_k = \boldsymbol{0} \tag{4.7}$$

が得られる．一方，(4.6) の両辺を α_k 倍すれば

$$c_1\alpha_k\boldsymbol{x}_1 + c_2\alpha_k\boldsymbol{x}_2 + \cdots + c_k\alpha_k\boldsymbol{x}_k = \boldsymbol{0} \tag{4.8}$$

となる．(4.7) から (4.8) を辺々引けば

$$c_1(\alpha_1 - \alpha_k)\boldsymbol{x}_1 + c_2(\alpha_2 - \alpha_k)\boldsymbol{x}_2 + \cdots + c_{k-1}(\alpha_{k-1} - \alpha_k)\boldsymbol{x}_{k-1} = \boldsymbol{0}$$

が得られる．帰納法の仮定より $\boldsymbol{x}_1, \cdots, \boldsymbol{x}_{k-1}$ は線形独立であるので

$$c_1(\alpha_1 - \alpha_k) = c_2(\alpha_2 - \alpha_k) = \cdots = c_{k-1}(\alpha_{k-1} - \alpha_k) = 0$$

であるが，$\alpha_1, \alpha_2, \cdots, \alpha_k$ が相異なることより $c_1 = \cdots = c_{k-1} = 0$ が得られ

る．これを (4.6) に代入すれば $c_k\boldsymbol{x}_k=\mathbf{0}$ となるが，$\boldsymbol{x}_k\neq\mathbf{0}$ より $c_k=0$ である．よって $\boldsymbol{x}_1,\boldsymbol{x}_2,\cdots,\boldsymbol{x}_k$ は線形独立である． □

次の定理は，線形変換や正方行列が対角化できるための十分条件を与える．

定理 4.3 (1) 線形変換 T の特性方程式 $\Phi_T(t)=0$ が重根を持たないならば，T は対角化可能である．

(2) 正方行列 A の特性方程式 $\Phi_A(t)=0$ が重根を持たないならば，A は対角化可能である．

証明 (1) のみ証明する．((2) の証明も同様である．) 仮定および定理 4.2 より，$\Phi_T(t)=0$ は n 個の相異なる固有値を持つが，命題 4.6 により，それらの固有値に対する固有ベクトルは線形独立であり，したがって V の基底となる (命題 3.17)．よって，命題 4.1 より，T は対角化可能である． □

特性方程式が重根を持つときは，対角化できる場合とそうでない場合があるので (例 4.4，例 4.5)，もう少し精密に考える必要がある．

注意 4.4 線形変換 T の特性方程式 $\Phi_T(t)=0$ の n 個の根が重複を込めて $\alpha_1,\alpha_2,\cdots,\alpha_n$ であるとき (たとえば 2 重根があればそれを 2 個並べ，3 重根ならば 3 個並べる)，V のある基底に関する T の表現行列が対角行列ならば，その n 個の対角成分は $\alpha_1,\alpha_2,\cdots,\alpha_n$ を並べ替えたものである．

また，n 次複素正方行列 A の特性方程式 $\Phi_A(t)=0$ の n 個の根が重複を込めて $\alpha_1,\alpha_2,\cdots,\alpha_n$ であるとき，A が正則行列 P によって対角化できるならば，$P^{-1}AP$ の n 個の対角成分は $\alpha_1,\alpha_2,\cdots,\alpha_n$ を並べ替えたものである．

実際，後半の主張は次のように証明される (前半の証明は読者にゆだねる)．

$$B=P^{-1}AP=\begin{pmatrix}\beta_1 & & \\ & \ddots & \\ & & \beta_n\end{pmatrix}$$

とすると，tE_n-B は $t-\beta_1,\cdots,t-\beta_n$ を対角成分とする対角行列であり，

$$\Phi_B(t)=\det(tE_n-B)=(t-\beta_1)(t-\beta_2)\cdots(t-\beta_n)$$

である．一方，$\alpha_1, \alpha_2, \cdots, \alpha_n$ が $\Phi_A(t)=0$ の (重複を込めた) 根であるので

$$\Phi_A(t)=(t-\alpha_1)(t-\alpha_2)\cdots(t-\alpha_n)$$

であるが，$tE_n - B = P^{-1}(tE_n - A)P$ より $\Phi_B(t)=\Phi_A(t)$ である．よって $\beta_1, \beta_2, \cdots, \beta_n$ は $\alpha_1, \alpha_2, \cdots, \alpha_n$ の並べ替えである．

たとえば $\Phi_A(t)=(t-1)^2(t+1)^3$ とすると，正則行列 P によって A が対角化可能ならば，$P^{-1}AP$ の対角成分には 1 が 2 個，-1 が 3 個並ぶ．

定理 4.4 n 次元複素線形空間 V の線形変換 T の特性多項式 $\Phi_T(t)$ が

$$\Phi_T(t)=(t-\alpha_1)^{m_1}(t-\alpha_2)^{m_2}\cdots(t-\alpha_k)^{m_k} \quad (m_1+m_2+\cdots+m_k=n)$$

と因数分解されているとする．ただし $\alpha_1, \alpha_2, \cdots, \alpha_k$ は相異なるものとする．このとき，T が対角化可能であるための必要十分条件は，$1 \leq i \leq k$ なるすべての自然数 i について $\dim W(\alpha_i)=m_i$ が成り立つことである．

n 次複素正方行列 A についても同様のことが成り立つ．

証明 線形変換 T についてのみ証明する．$1 \leq i \leq k$ なるすべての i について $\dim W(\alpha_i)=m_i$ が成り立つと仮定する．命題 4.6 より，$\alpha_1, \cdots, \alpha_k$ に対する固有ベクトルは線形独立であるが，これは $W(\alpha_1), \cdots, W(\alpha_k)$ が命題 3.21 の条件 (b) を満たすことを意味する．したがって

$$W(\alpha_1)+W(\alpha_2)+\cdots+W(\alpha_k)=W(\alpha_1)\oplus W(\alpha_2)\oplus\cdots\oplus W(\alpha_k)$$

である．両辺は V の線形部分空間であり，その次元は $m_1+\cdots+m_k$ である．これが $\dim V$ と等しいことより，$V=W(\alpha_1)\oplus\cdots\oplus W(\alpha_k)$ が成り立つ．よって，命題 4.5 (1) より，T は対角化可能である．

逆に，V のある基底 E に関する T の表現行列が対角行列ならば，注意 4.4 より，その行列の対角成分には α_i が m_i 個並ぶ $(i=1, 2, \cdots, k)$．いい換えれば，基底 E を構成する元のうち，ちょうど m_i 個が固有値 α_i に対する固有ベクトルである．このとき，命題 4.5 (2) より，$W(\alpha_i)$ はそれら m_i 個の元で生成される．よって $\dim W(\alpha_i)=m_i$ である． □

4.1.5 応用と練習問題

行列の対角化を数列や常微分方程式の問題に応用できる場合がある．

例 4.6 数列 $\{a_n\}$ が $a_1 = \alpha, a_2 = \beta$ を満たし，さらに漸化式

$$a_{n+2} = 5a_{n+1} - 6a_n \quad (n = 1, 2, \cdots) \tag{4.9}$$

を満たすとする．この数列の一般項を求める．$b_n = a_{n+1}\ (n = 1, 2, \cdots)$ とおくと，(4.9) は $b_{n+1} = -6a_n + 5b_n$ と書き換えられるので，

$$\begin{pmatrix} a_{n+1} \\ b_{n+1} \end{pmatrix} = \begin{pmatrix} 0 & 1 \\ -6 & 5 \end{pmatrix} \begin{pmatrix} a_n \\ b_n \end{pmatrix}$$

が成り立つ．$A = \begin{pmatrix} 0 & 1 \\ -6 & 5 \end{pmatrix}$ とおいて，これを対角化する．$P = \begin{pmatrix} 1 & 1 \\ 2 & 3 \end{pmatrix}$ とおけば $P^{-1} = \begin{pmatrix} 3 & -1 \\ -2 & 1 \end{pmatrix}$，$P^{-1}AP = \begin{pmatrix} 2 & 0 \\ 0 & 3 \end{pmatrix}$ となる．ここで

$$\begin{pmatrix} c_n \\ d_n \end{pmatrix} = P^{-1} \begin{pmatrix} a_n \\ b_n \end{pmatrix} \quad \left(\begin{pmatrix} a_n \\ b_n \end{pmatrix} = P \begin{pmatrix} c_n \\ d_n \end{pmatrix} \right)$$

とおくと

$$\begin{pmatrix} c_{n+1} \\ d_{n+1} \end{pmatrix} = P^{-1} \begin{pmatrix} a_{n+1} \\ b_{n+1} \end{pmatrix} = P^{-1}A \begin{pmatrix} a_n \\ b_n \end{pmatrix} = P^{-1}AP \begin{pmatrix} c_n \\ d_n \end{pmatrix}$$

となるので，$c_{n+1} = 2c_n, d_{n+1} = 3d_n$ が得られる．ここで

$$c_1 = 3\alpha - \beta, \quad d_1 = -2\alpha + \beta$$

に注意すれば

$$c_n = 2^{n-1}(3\alpha - \beta), \quad d_n = 3^{n-1}(-2\alpha + \beta)$$

が得られ，さらに $a_n = c_n + d_n$ より

$$a_n = (3 \cdot 2^{n-1} - 2 \cdot 3^{n-1})\alpha + (-2^{n-1} + 3^{n-1})\beta$$

が得られる．これが求める一般項である．

例 4.7 t の関数 $x(t)$ が微分方程式

$$x''(t) = 5x'(t) - 6x(t) \tag{4.10}$$

を満たし，さらに $x(0) = \alpha$, $x'(0) = \beta$ を満たすとする．$y(t) = x'(t)$ とおくと，(4.10) は $y'(t) = -6x(t) + 5y(t)$ と書き換えられるので，

$$\begin{pmatrix} x'(t) \\ y'(t) \end{pmatrix} = \begin{pmatrix} 0 & 1 \\ -6 & 5 \end{pmatrix} \begin{pmatrix} x(t) \\ y(t) \end{pmatrix}$$

が成り立つ．$A = \begin{pmatrix} 0 & 1 \\ -6 & 5 \end{pmatrix}$ とおく．この行列は例 4.6 と同じであるので，同じ P をとって，$\begin{pmatrix} z(t) \\ w(t) \end{pmatrix} = P^{-1} \begin{pmatrix} x(t) \\ y(t) \end{pmatrix}$ とおくと

$$\begin{pmatrix} z'(t) \\ w'(t) \end{pmatrix} = P^{-1} \begin{pmatrix} x'(t) \\ y'(t) \end{pmatrix} = P^{-1}A \begin{pmatrix} x(t) \\ y(t) \end{pmatrix} = P^{-1}AP \begin{pmatrix} z(t) \\ w(t) \end{pmatrix}$$

となり，結局

$$\begin{cases} z'(t) = 2z(t) \\ w'(t) = 3w(t) \end{cases}$$

が得られる．この微分方程式の解は $z(t) = c_1e^{2t}$, $w(t) = c_2e^{3t}$(c_1, c_2 は定数) の形であることが知られている (e は自然対数の底である).

$$c_1 = z(0) = 3\alpha - \beta, \quad c_1 = w(0) = -2\alpha + \beta, \quad x(t) = z(t) + w(t)$$

に注意すれば，$x(t) = \alpha(3e^{2t} - 2e^{3t}) + \beta(-e^{2t} + e^{3t})$ が得られる．

問題 4.5 次の行列 A を適当な正則行列 P によって対角化せよ．

(1) $A = \begin{pmatrix} -4 & 1 & 2 \\ -4 & 1 & 2 \\ -5 & 1 & 3 \end{pmatrix}$ (2) $A = \begin{pmatrix} -3 & 0 & 4 & 0 \\ -2 & -1 & 2 & 2 \\ -2 & 0 & 3 & 0 \\ -2 & 0 & 2 & 1 \end{pmatrix}$

答え (1)　$P = \begin{pmatrix} 1 & 1 & 1 \\ 1 & 2 & 1 \\ 1 & 1 & 2 \end{pmatrix}$ とすれば，$P^{-1}AP = \begin{pmatrix} -1 & 0 & 0 \\ 0 & 0 & 0 \\ 0 & 0 & 1 \end{pmatrix}$.

(2)　$P = \begin{pmatrix} 2 & 0 & 1 & 0 \\ 0 & 1 & 0 & 1 \\ 1 & 0 & 1 & 0 \\ 1 & 0 & 0 & 1 \end{pmatrix}$ とすれば，$P^{-1}AP = \begin{pmatrix} -1 & 0 & 0 & 0 \\ 0 & -1 & 0 & 0 \\ 0 & 0 & 1 & 0 \\ 0 & 0 & 0 & 1 \end{pmatrix}$.

もちろん，これ以外にも答えはある.

4.2　計量線形空間の線形変換の表現行列

4.2.1　テーマの提示

ここでは $K = \boldsymbol{C}$ または $\boldsymbol{R}$ とし，K 上の計量線形空間の線形変換の表現行列について考察する.

テーマ　K 上の n 次元計量線形空間 V の線形変換 $T : V \to V$ が与えられているとき，V の正規直交基底 $E = \langle \boldsymbol{e}_1, \boldsymbol{e}_2, \cdots, \boldsymbol{e}_n \rangle$ をうまく選んで，基底 E に関する表現行列を対角行列にせよ.

正規直交基底から正規直交基底への変換行列はユニタリ行列 ($K = \boldsymbol{C}$ の場合) あるいは直交行列 ($K = \boldsymbol{R}$ の場合) であること (命題 3.27) に注意すれば，次のようにテーマをいい換えることもできる.

テーマ (行列の言葉のみを用いて)　n 次正方行列 $A \in M(n, n; K)$ が与えられたとき，n 次ユニタリ行列 ($K = \boldsymbol{C}$ の場合) あるいは直交行列 ($K = \boldsymbol{R}$ の場合) をうまく選んで，$P^{-1}AP$ を対角行列にせよ.

ここでも固有値や固有ベクトルを考えるが，$K = \boldsymbol{R}$ の場合には，線形変換 T の固有値としては**実数**のものを考える．実計量線形空間 V の線形変換 T の固有値 $\alpha\,(\in \boldsymbol{R})$ に対する固有ベクトルは V の元であり，固有空間は

$$W(\alpha) = \{\, \boldsymbol{x} \in V \,|\, T(\boldsymbol{x}) = \alpha \boldsymbol{x} \,\}$$

と定める．これは V の線形部分空間であり，よって特に**実**線形空間である．

たとえば $A = \begin{pmatrix} 0 & -1 \\ 1 & 0 \end{pmatrix}$ の特性多項式は $\Phi_A(t) = t^2 + 1$ である．A を複素行列とみた場合には，その固有値は $\sqrt{-1}$, $-\sqrt{-1}$ であり，それぞれに対する固有ベクトルとして $\begin{pmatrix} \sqrt{-1} \\ 1 \end{pmatrix}$, $\begin{pmatrix} -\sqrt{-1} \\ 1 \end{pmatrix}$ がとれるが，実行列の範囲内で対角化などを考える場合は，そうした固有値や固有ベクトルはとれない．

命題 4.7 T は K 上の計量線形空間 V の線形変換とする．

(1) T の固有ベクトルから成る V の正規直交基底 E が存在すれば，その基底に関する T の表現行列は，T の固有値を対角成分とする対角行列である．

(2) 逆に，V のある正規直交基底に関する T の表現行列が対角行列であるならば，その基底は T の固有ベクトルから成る．

証明は前節の命題 4.1 と同様である．

命題 4.8 $A \in M(n, n; K)$ について，次が成り立つ．

(1) A の n 個の固有ベクトル $\boldsymbol{p}_1, \cdots, \boldsymbol{p}_n \, (\in K^n)$ が K^n の正規直交基底をなすとき，すなわち，$(\boldsymbol{p}_i, \boldsymbol{p}_j) = \delta_{ij} \; (i, j = 1, \cdots, n)$ を満たすとき，$P = (\boldsymbol{p}_1 \cdots \boldsymbol{p}_n)$ はユニタリ行列 ($K = \boldsymbol{C}$ の場合) あるいは直交行列 ($K = \boldsymbol{R}$ の場合) であり，$P^{-1}AP$ は A の固有値を対角成分とする対角行列になる．

(2) 逆に，ある n 次ユニタリ (直交) 行列 Q に対して $Q^{-1}AQ$ が対角行列となるならば，Q の n 個の列ベクトルは A の固有ベクトルとなり，それらは K^n の正規直交基底をなす．

証明 (1) のみ証明する．P は定理 1.8 の条件 (d) を満たすので，ユニタリ (直交) 行列である．$A\boldsymbol{p}_i = \alpha_i \boldsymbol{p}_i \; (1 \leq i \leq n)$ とすれば，

$$AP = (\, A\boldsymbol{p}_1 \cdots A\boldsymbol{p}_n \,) = (\, \alpha_1 \boldsymbol{p}_1 \cdots \alpha_n \boldsymbol{p}_n \,) = (\, \boldsymbol{p}_1 \cdots \boldsymbol{p}_n \,) \begin{pmatrix} \alpha_1 & & \\ & \ddots & \\ & & \alpha_n \end{pmatrix}$$

が得られるので，左から P^{-1} をかければよい． □

4.2.2 実例の考察から

一般論を述べる前に，まず実例にあたっておくことが有益であろう．

例 4.8 $A = \begin{pmatrix} 1 & -2 & -2 \\ -2 & 1 & -2 \\ -2 & -2 & 1 \end{pmatrix}$ とする．$P^{-1}AP$ が対角行列になるような直交行列 P をみつけたい．詳細は読者にゆだねるが，次のことが分かる．

まず，A の特性多項式は $\Phi_A(t) = (t+3)(t-3)^2$ であり，-3 と 3 が固有値である．$\boldsymbol{q}_1 = \begin{pmatrix} 1 \\ 1 \\ 1 \end{pmatrix}$ とおけば，$\boldsymbol{q}_1$ は固有値 -3 に対する A の固有ベクトルであり，固有空間 $W(-3)$ は $\langle \boldsymbol{q}_1 \rangle$ を基底とする 1 次元線形空間である．

また，$A\boldsymbol{x} = 3\boldsymbol{x}$ は $x_1 + x_2 + x_3 = 0$ と同値であるので，固有値 3 に対する固有空間 $W(3)$ は $x_1 + x_2 + x_3 = 0$ で定義された $\boldsymbol{R}^3$ の 2 次元線形部分空間である．たとえば $\boldsymbol{q}_2 = \begin{pmatrix} 1 \\ -1 \\ 0 \end{pmatrix}$, $\boldsymbol{q}_3 = \begin{pmatrix} 1 \\ 0 \\ -1 \end{pmatrix}$ とおけば，$\boldsymbol{q}_2, \boldsymbol{q}_3$ は固有値 3 に対する A の固有ベクトルであり，$\langle \boldsymbol{q}_2, \boldsymbol{q}_3 \rangle$ は $W(3)$ の基底である．

さて，A の固有ベクトルから成る $\boldsymbol{R}^3$ の正規直交基底をみつけるために，それぞれの固有空間の正規直交基底をグラム・シュミットの直交化法によって求める．

$$\boldsymbol{p}_1 = \frac{1}{\sqrt{3}}\begin{pmatrix} 1 \\ 1 \\ 1 \end{pmatrix}; \quad \boldsymbol{p}_2 = \frac{1}{\sqrt{2}}\begin{pmatrix} 1 \\ -1 \\ 0 \end{pmatrix}, \quad \boldsymbol{p}_3 = \frac{1}{\sqrt{6}}\begin{pmatrix} 1 \\ 1 \\ -2 \end{pmatrix}$$

とすると，$\langle \boldsymbol{p}_1 \rangle$ は $W(-3)$ の正規直交基底であり，$\langle \boldsymbol{p}_2, \boldsymbol{p}_3 \rangle$ は $W(3)$ の正規直交基底である．このとき，$\boldsymbol{p}_2$ と $\boldsymbol{p}_3$ が直交するのみならず，$\boldsymbol{p}_1$ と $\boldsymbol{p}_2$，$\boldsymbol{p}_1$ と $\boldsymbol{p}_3$ も直交する．というのも，この場合，$W(-3)$ の任意の元と $W(3)$ の任

意の元が直交しているからである.（これは偶然であろうか?）したがって，$\langle \boldsymbol{p}_1, \boldsymbol{p}_2, \boldsymbol{p}_3 \rangle$ は $\boldsymbol{R}^3$ の正規直交基底である．そこで

$$P = (\boldsymbol{p}_1\, \boldsymbol{p}_2\, \boldsymbol{p}_3) = \begin{pmatrix} \frac{1}{\sqrt{3}} & \frac{1}{\sqrt{2}} & \frac{1}{\sqrt{6}} \\ \frac{1}{\sqrt{3}} & -\frac{1}{\sqrt{2}} & \frac{1}{\sqrt{6}} \\ \frac{1}{\sqrt{3}} & 0 & -\frac{2}{\sqrt{6}} \end{pmatrix}$$

とおけば P は直交行列であり，P によって A は対角化される：

$$P^{-1}AP = \begin{pmatrix} -3 & 0 & 0 \\ 0 & 3 & 0 \\ 0 & 0 & 3 \end{pmatrix}.$$

例 4.9 例 4.1 の行列 $A = \begin{pmatrix} 4 & -2 \\ 1 & 1 \end{pmatrix}$ をユニタリ行列によって対角化することはできない．$\boldsymbol{p}_1 = \begin{pmatrix} 2 \\ 1 \end{pmatrix}, \boldsymbol{p}_2 = \begin{pmatrix} 1 \\ 1 \end{pmatrix}$ はそれぞれ固有値 3, 2 に対する固有ベクトルであった．$\boldsymbol{p}_1$ と $\boldsymbol{p}_2$ は直交せず，固有空間 $W(3)$ と $W(2)$ は直交しない (図 4.1 も参照のこと)．したがって，A の固有ベクトルから成る $\boldsymbol{C}^2$ の正規直交基底は存在しない．

この 2 つの実例をふまえて，我々は次の命題を導き出すことができる．

命題 4.9 V は K 上の計量線形空間とし，T は V の線形変換とする．

(1) $\alpha_1, \cdots, \alpha_k \in K$ は T の (K に属する) 相異なる固有値とし，$W(\alpha_1), \cdots, W(\alpha_k)$ は次の 2 つの条件 (a), (b) を満たすと仮定する．

(a) $V = W(\alpha_1) \oplus \cdots \oplus W(\alpha_k)$.

(b) $i \neq j$ ならば $W(\alpha_i)$ の任意の元と $W(\alpha_j)$ の任意の元が直交する $(i, j = 1, 2, \cdots, k)$.

このとき，T の固有ベクトルから成る V の正規直交基底が存在し，その基底に関する T の表現行列は対角行列となる．

(2) 逆に，T の固有ベクトルから成る V の正規直交基底が存在すると仮定する．このとき，$\alpha_1, \cdots, \alpha_k$ を T の相異なるすべての固有値とすれば，$W(\alpha_1), \cdots, W(\alpha_k)$ は上の条件 (a)，(b) を満たす．

証明 (1) 条件 (a), (b) より，$W(\alpha_1), \cdots, W(\alpha_k)$ の正規直交基底をつなぎ合わせれば，V の正規直交基底が得られる．

(2) の証明は読者の演習問題とする (たとえば条件 (a) については，命題 4.5 の (2) と同様に証明できる)． □

この命題は次のように行列の言葉でいい換えられる．

命題 4.10 $A \in M(n, n; K)$ とする．

(1) $\alpha_1, \cdots, \alpha_k \in K$ は A の (K に属する) 相異なる固有値とし，$W(\alpha_1), \cdots, W(\alpha_k)$ が次の 2 つの条件 (a), (b) を満たすと仮定する．

(a) $K^n = W(\alpha_1) \oplus \cdots \oplus W(\alpha_k)$.

(b) $i \neq j$ ならば $W(\alpha_i)$ の任意の元と $W(\alpha_j)$ の任意の元が直交する $(i, j = 1, 2, \cdots, k)$.

このとき，A の固有ベクトルから成る K^n の正規直交基底が存在する．その基底を $\langle \boldsymbol{p}_1, \cdots, \boldsymbol{p}_n \rangle$ とすれば，$P = (\boldsymbol{p}_1\, \boldsymbol{p}_2 \cdots \boldsymbol{p}_n)$ はユニタリ行列 ($K = \boldsymbol{C}$ の場合) あるいは直交行列 ($K = \boldsymbol{R}$ の場合) であり，A は P によって対角化される．

(2) 逆に，A がユニタリ (直交) 行列によって対角化されるとき，$\alpha_1, \cdots, \alpha_k$ を A の相異なるすべての固有値とすれば，$W(\alpha_1), \cdots, W(\alpha_k)$ は上の条件 (a)，(b) を満たす．

4.2.3 線形写像の随伴写像

しばらく一般論を準備する．

行列 $A \in M(m, n; K)$ に対して，随伴行列 A^* は $A^* = {}^t\bar{A}$ と定められ，任意の $\boldsymbol{x} \in K^n$, $\boldsymbol{y} \in K^m$ に対して $(A\boldsymbol{x}, \boldsymbol{y}) = (\boldsymbol{x}, A^*\boldsymbol{y})$ を満たした (小節 1.10.1 参照)．ここでは計量線形空間の間の線形写像に対して同様の定義を試みる．

V, V' は K 上の計量線形空間とし，$T : V \to V'$ は線形写像とする．V, V'

の正規直交基底 $E = \langle \boldsymbol{e}_1, \cdots, \boldsymbol{e}_n \rangle$, $E' = \langle \boldsymbol{e}'_1, \cdots, \boldsymbol{e}'_m \rangle$ をとる $(\dim V = n$, $\dim V' = m)$. 座標写像 $\psi_E : K^n \to V$, $\psi_{E'} : K^m \to V'$ は

$$\psi_E\Big((x_i)\Big) = \sum_{i=1}^{n} x_i \boldsymbol{e}_i, \quad \psi_{E'}\Big((z_i)\Big) = \sum_{i=1}^{m} z_i \boldsymbol{e}'_i$$

により定義され，これらは計量同型写像であった (命題 3.26).

また，$\boldsymbol{x} = \sum_{i=1}^{n} x_i \boldsymbol{e}_i \in V$, $\boldsymbol{y} = \sum_{i=1}^{m} y_i \boldsymbol{e}'_i \in V'$ が $T(\boldsymbol{x}) = \boldsymbol{y}$ を満たすとき，基底 E および E' に関する T の表現行列を A とすれば

$$(y_i) = A\,(x_i) \quad \text{すなわち} \quad \begin{pmatrix} y_1 \\ \vdots \\ y_m \end{pmatrix} = A \begin{pmatrix} x_1 \\ \vdots \\ x_n \end{pmatrix}$$

が成り立つのであった (小節 3.4.3).

いま，V' から V への線形写像 $T^* : V' \to V$ であって，基底 E', E に関する表現行列が A^* であるものを作る．実際，V' の元 $\boldsymbol{z} = \sum_{i=1}^{m} z_i \boldsymbol{e}'_i$ に対して

$$(w_i) = A^*(z_i) \quad \text{すなわち} \quad \begin{pmatrix} w_1 \\ \vdots \\ w_n \end{pmatrix} = A^* \begin{pmatrix} z_1 \\ \vdots \\ z_m \end{pmatrix}$$

とおき，$T^*(\boldsymbol{z}) = \sum_{i=1}^{n} w_i \boldsymbol{e}_i \in V$ と定めれば，線形写像 $T^* : V' \to V$ が定まり，基底 E', E に関する T^* の表現行列は A^* である (確かめよ).

こうして定めた $T^* : V' \to V$ について，次の 2 つの命題が成り立つ.

命題 4.11 V の任意の元 $\boldsymbol{x}$ および V' の任意の元 $\boldsymbol{z}$ に対して

$$(T(\boldsymbol{x}), \boldsymbol{z}) = (\boldsymbol{x}, T^*(\boldsymbol{z}))$$

が成り立つ.

証明 $\boldsymbol{x} = \sum_{i=1}^{n} x_i \boldsymbol{e}_i$, $T(\boldsymbol{x}) = \boldsymbol{y} = \sum_{i=1}^{m} y_i \boldsymbol{e}'_i$ とおく．また，$\boldsymbol{z} = \sum_{i=1}^{m} z_i \boldsymbol{e}'_i$,

$T^*(\boldsymbol{z}) = \boldsymbol{w} = \sum_{i=1}^{n} w_i \boldsymbol{e}_i$ とおく．このとき，対応するベクトル $(x_i) \in K^n$, $(y_i) \in K^m$, $(z_i) \in K^m$, $(w_i) \in K^n$ は

$$(y_i) = A\,(x_i), \quad (w_i) = A^*(z_i)$$

を満たす．ここで，

$$\psi_E\Big((x_i)\Big) = \boldsymbol{x}, \quad \psi_{E'}\Big((y_i)\Big) = \boldsymbol{y}, \quad \psi_{E'}\Big((z_i)\Big) = \boldsymbol{z}, \quad \psi_E\Big((w_i)\Big) = \boldsymbol{w}$$

であり，$\psi_{E'}, \psi_E$ が計量同型写像であることより

$$\Big((y_i), (z_i)\Big) = (\boldsymbol{y}, \boldsymbol{z}), \quad \Big((x_i), (w_i)\Big) = (\boldsymbol{x}, \boldsymbol{w})$$

が成り立つことに注意すれば，随伴行列 A^* の性質を用いて

$$\begin{aligned}(T(\boldsymbol{x}), \boldsymbol{z}) &= (\boldsymbol{y}, \boldsymbol{z}) = \Big((y_i), (z_i)\Big) = \Big(A\,(x_i),\, (z_i)\Big) \\ &= \Big((x_i),\, A^*(z_i)\Big) = \Big((x_i), (w_i)\Big) = (\boldsymbol{x}, \boldsymbol{w}) = (\boldsymbol{x}, T^*(\boldsymbol{z}))\end{aligned}$$

が得られる． □

命題 4.12 $T : V \to V'$ および $T^* : V' \to V$ は前述の線形写像とする．

（1） 線型写像 $S : V' \to V$ が，任意の $\boldsymbol{x} \in V$, $\boldsymbol{z} \in V'$ に対して

$$(T(\boldsymbol{x}), \boldsymbol{z}) = (\boldsymbol{x}, S(\boldsymbol{z}))$$

を満たすならば，$S = T^*$ である．

（2） F および F' は，それぞれ V, V' の任意の正規直交基底とする．基底 F, F' に関する T の表現行列が B であるならば，基底 F', F に関する T^* の表現行列は B^* である．

証明 （1） 命題 4.11 より，$(T(\boldsymbol{x}), \boldsymbol{z}) = (\boldsymbol{x}, T^*(\boldsymbol{z}))$ が成り立つので，

$$(\boldsymbol{x}, T^*(\boldsymbol{z}) - S(\boldsymbol{z})) = 0$$

が得られる．$\boldsymbol{x}$ は任意であるので，$T^*(\boldsymbol{z}) - S(\boldsymbol{z}) = \boldsymbol{0}$ である．さらに $\boldsymbol{z}$ も任意であるので，$T^* = S$ である．

(2) 基底 F', F に関する表現行列が B^* となる線形写像を $\tilde{S}: V' \to V$ とする．命題 4.11 の証明と同様の論法により，任意の $\boldsymbol{x} \in V$, $\boldsymbol{z} \in V'$ に対して

$$(T(\boldsymbol{x}), \boldsymbol{z}) = (\boldsymbol{x}, \tilde{S}(\boldsymbol{z}))$$

が成り立つことが分かる．このとき，(1) より $\tilde{S} = T^*$ である．よって，基底 F', F に関する $T^*\,(= \tilde{S})$ の表現行列は B^* である． □

注意 4.5 最初，我々は**ある特定の**正規直交基底 E, E' に着目して，その基底に関する T の表現行列の随伴行列を表現行列とするような線形写像を T^* と定義した．ところが，命題 4.12(の証明) によれば，**任意の**正規直交基底 F, F' から同一の線形写像 T^* を得る．T^* の定義は，V, V' の正規直交基底の取り方によらない．**任意の $\boldsymbol{x} \in V$, $\boldsymbol{z} \in V'$ に対して $(T(\boldsymbol{x}), \boldsymbol{z}) = (\boldsymbol{x}, T^*(\boldsymbol{z}))$ が成り立つような唯一の線形写像 —— それが T^* である**と定義することもできる．

定義 4.6 T^* を T の**随伴写像**とよぶ．また，線形変換 $T: V \to V$ の随伴写像を特に T の**随伴変換**とよぶ．

注意 4.6 命題 4.12 (2) は，次のようにも証明できる．基底 E から F への変換行列を P とし，基底 E' から F' への変換行列を Q とすると，P, Q はユニタリ (直交) 行列であるので (命題 3.27)，$P^{-1} = P^*$, $Q^{-1} = Q^*$ が成り立つ．また，定理 3.7 より，$B = Q^{-1}AP$ が成り立つ．一方，基底 E', E に関する T^* の表現行列は A^* であるので，定理 3.7 を T^* に適用すれば，基底 F', F に関する T^* の表現行列は $P^{-1}A^*Q$ であることが分かる．このとき

$$B^* = (Q^{-1}AP)^* = (Q^*AP)^* = P^*A^*Q^{**} = P^{-1}A^*Q$$

より，基底 F', F に関する T^* の表現行列が B^* であることが示される．

4.2.4 正規変換と正規行列

V は K 上の計量線形空間とし，$T: V \to V$ は V の線形変換とする．

定義 4.7 (1) $T \circ T^* = T^* \circ T$ が成り立つとき，T は**正規変換**であるという．

(2) T が逆写像を持ち，$T^* = T^{-1}$ を満たすとき，T は**ユニタリ変換** ($K = \boldsymbol{C}$ の場合) あるいは**直交変換** ($K = \boldsymbol{R}$ の場合) であるという．

(3) $T^* = T$ が成り立つとき，T は**エルミート変換** ($K = \boldsymbol{C}$ の場合) あるいは **(実) 対称変換** ($K = \boldsymbol{R}$ の場合) であるという．

ユニタリ (直交) 変換やエルミート (実対称) 変換は正規変換である (確かめよ).

定義 4.8 n 次正方行列 $A \in M(n, n; K)$ が $A^*A = AA^*$ を満たすとき，A は**正規行列**であるという．

ユニタリ (直交) 行列やエルミート (実対称) 行列は正規行列である．また，対角行列も正規行列である．実際，$A = \begin{pmatrix} \alpha_1 & & \\ & \ddots & \\ & & \alpha_n \end{pmatrix}$ とすれば，

$$A^*A = AA^* = \begin{pmatrix} |\alpha_1|^2 & & \\ & \ddots & \\ & & |\alpha_n|^2 \end{pmatrix}$$ である．

命題 4.13 次の 3 つの条件 (a), (b), (c) は同値である．

(a) T は正規変換である．

(b) V のある正規直交基底に関する T の表現行列が正規行列である．

(c) V の任意の正規直交基底に関する T の表現行列が正規行列である．

さらに，上の記述において「正規変換 (行列)」という部分を「ユニタリ変換 (行列)」,「直交変換 (行列)」,「エルミート変換 (行列)」,「実対称変換 (行列)」にそれぞれ置き換えても同様のことが成り立つ．

証明 正規変換 (行列) に関する部分のみ証明し，残りは読者にゆだねる．

(b) $\Rightarrow$ (a) V のある正規直交基底 E に関する T の表現行列 A が正規行列であるとする．このとき，T^* の表現行列は A^* である (命題 4.12)．さらに，問題 3.10 より，$T^* \circ T$ の表現行列は A^*A，$T \circ T^*$ の表現行列は AA^* であ

り，仮定より両者は等しい．よって $T^* \circ T = T \circ T^*$ である (注意 3.8).

(a) ⇒ (c)　T が正規変換であるとし，F を V の任意の正規直交基底とする．基底 F に関する T の表現行列を B とすれば，命題 4.12，問題 3.10 より，基底 F に関する $T^* \circ T$ の表現行列は B^*B，$T \circ T^*$ の表現行列は BB^* である．$T^* \circ T = T \circ T^*$ より $B^*B = BB^*$ がしたがう．

(c) ⇒ (b) は明らかであるので，(a)，(b)，(c) は同値である．　□

問題 4.6　複素 (実) 計量線形空間 V の線形変換 T について，次の 3 つの条件は同値であることを示せ．

(a)　T はユニタリ (直交) 変換である．

(b)　任意の $\boldsymbol{x} \in V$ に対して $\|T(\boldsymbol{x})\| = \|\boldsymbol{x}\|$ が成り立つ．

(c)　任意の $\boldsymbol{x}, \boldsymbol{y} \in V$ に対して $\Big(T(\boldsymbol{x}), T(\boldsymbol{y})\Big) = (\boldsymbol{x}, \boldsymbol{y})$ が成り立つ．

4.2.5　正規行列はユニタリ行列によって対角化される — $K = \boldsymbol{C}$ の場合

この小節では $K = \boldsymbol{C}$ の場合を考える．

命題 4.14 (1)　T は複素計量線形空間 V の線形変換とする．V のある正規直交基底 E に関する T の表現行列が対角行列であるならば，T は正規変換である．

(2)　あるユニタリ行列 P に対して $B = P^{-1}AP$ が対角行列となるような複素正方行列 A は正規行列である．

証明 (1)　対角行列は正規行列であるので，命題 4.13 より，T は正規変換である．

(2)　(1) よりしたがうが，次のように直接証明することもできる．

$A = PBP^{-1}$, $P^{-1} = P^*$, $B^*B = BB^*$, $A^* = (PBP^*)^* = PB^*P^{-1}$ より

$$
\begin{aligned}
A^*A &= PB^*P^{-1}PBP^{-1} = PB^*BP^{-1} \\
&= PBB^*P^{-1} = PBP^{-1}PB^*P^{-1} = AA^*
\end{aligned}
$$

となるので，A は正規行列である．　□

ここで重要なのは，この命題の逆が成り立つことである．

定理 4.5 (1) 複素計量線形空間 V の線形変換 T が正規変換ならば，V のある正規直交基底に関する T の表現行列が対角行列となる．

(2) A が n 次複素正規行列ならば，あるユニタリ行列 P が存在して $B = P^{-1}AP$ が対角行列となる．

これから定理 4.5 の証明の準備をする．再び $K = \boldsymbol{C}$ または $\boldsymbol{R}$ とする．V は K 上の計量線型空間とし，$T : V \to V$ は線型変換とする．

定義 4.9 V の線形部分空間 W が T **不変**であるとは，$T(W) \subset W$ を満たすこと，すなわち，任意の $\boldsymbol{x} \in W$ に対して $T(\boldsymbol{x}) \in W$ となることである．

定義 4.10 X, Y は集合とし，$f : X \to Y$ は写像とする．Z は X の空でない部分集合とする．$x \in Z$ に対して $f(x) \in Y$ を対応させる写像を f の Z への**制限写像**とよび，$f|_Z : Z \to Y$ と表す．

$f : X \to Y$ と $f|_Z : Z \to Y$ は，Z の元に関する限り，Y の同じ元を対応させるが，定義されている集合が異なるので，区別して考える必要がある．

いま，W が V の T 不変部分空間であるとする．制限写像 $T|_W : W \to V$ を考えると，$T(W) \subset W$ より，$T|_W$ は W から W 自身への線形写像，すなわち，W の線形変換と考えることができる．(W が T 不変でない場合は $T|_W$ は W から W への写像とはならない！)

補題 4.6 V の線形部分空間 W は T 不変かつ T^* 不変であるとする．

(1) $(T|_W)^* = T^*|_W$ である．

(2) T が正規変換ならば，$T|_W : W \to W$ も正規変換である．

(3) T がエルミート (実対称) 変換ならば，$T|_W : W \to W$ もエルミート (実対称) 変換である．

証明 (1) $S = T|_W$ とおく．W は T 不変であるので，S は W の線形変換とみることができる．随伴変換 $S^* : W \to W$ は，任意の $\boldsymbol{x}, \boldsymbol{z} \in W$ に対して $\Big(S(\boldsymbol{x}), \boldsymbol{z}\Big) = \Big(\boldsymbol{x}, S^*(\boldsymbol{z})\Big)$ を満たす唯一の線形写像である (注意 4.5).

一方，$S' = T^*|_W$ とおく．W は T^* 不変であるので，S' は W の線形変換

と考えることができる．このとき，W の任意の元 $\boldsymbol{x}, \boldsymbol{z}$ に対して

$$(S(\boldsymbol{x}), \boldsymbol{z}) = (T(\boldsymbol{x}), \boldsymbol{z}) = (\boldsymbol{x}, T^*(\boldsymbol{z})) = (\boldsymbol{x}, S'(\boldsymbol{z}))$$

が成り立つ．命題 4.12 (1) より，$S' = S^*$，すなわち $T^*|_W = (T|_W)^*$ である．

(2) T が正規変換であるとすると，$T^* \circ T = T \circ T^*$ が成り立つので，

$$\begin{aligned}(T|_W)^* \circ (T|_W) &= T^*|_W \circ T|_W = (T^* \circ T)|_W = (T \circ T^*)|_W \\ &= (T|_W) \circ (T^*|_W) = (T|_W) \circ (T|_W)^*\end{aligned}$$

が得られる．これは，$T|_W$ が正規変換であることを意味する．

(3) 仮定より $T^* = T$ であるので，$(T|_W)^* = T^*|_W = T|_W$ が得られる，よって $T|_W$ はエルミート (実対称) 変換である．　□

補題 4.7　$\alpha \in K$ は T の固有値とする．$W(\alpha)$ について，次が成り立つ．

(1)　$W(\alpha)$ は T 不変である．

(2)　$W(\alpha)$ の直交補空間 $W(\alpha)^\perp$ は T^* 不変である．

(3)　T が正規変換ならば，$W(\alpha)$ は T^* 不変である．

(4)　T が正規変換ならば，$W(\alpha)^\perp$ は T 不変である．

証明 (1)　$W(\alpha)$ の任意の元 $\boldsymbol{x}$ に対して，$T(\boldsymbol{x}) = \alpha\boldsymbol{x}$ であるが，$W(\alpha)$ が V の線形部分空間であることより $\alpha\boldsymbol{x} \in W(\alpha)$ である．よって，「$\boldsymbol{x} \in W(\alpha)$ ならば $T(\boldsymbol{x}) \in W(\alpha)$」が示された．すなわち，$W(\alpha)$ は T 不変である．

(2)　$W(\alpha)^\perp$ の任意の元 $\boldsymbol{z}$ をとる．このとき，「$W(\alpha)$ の任意の元と $T^*(\boldsymbol{z})$ が直交する」ことを示すことによって，$T^*(\boldsymbol{z}) \in W(\alpha)^\perp$ を示す．

$\boldsymbol{x}$ を $W(\alpha)$ の任意の元とする．随伴変換 T^* の性質より，

$$\Big(\boldsymbol{x}, T^*(\boldsymbol{z})\Big) = \Big(T(\boldsymbol{x}), \boldsymbol{z}\Big)$$

である．ここで $\boldsymbol{x} \in W(\alpha)$ であり，また，(1) より $W(\alpha)$ は T 不変であるので，$T(\boldsymbol{x}) \in W(\alpha)$ である．$\boldsymbol{z} \in W(\alpha)^\perp$ より，$\Big(T(\boldsymbol{x}), \boldsymbol{z}\Big) = 0$ となり，結局

$$\Big(\boldsymbol{x}, T^*(\boldsymbol{z})\Big) = 0$$

が得られる．$\boldsymbol{x} \in W(\alpha)$ は任意であったことに注意すれば，$T^*(\boldsymbol{z}) \in W(\alpha)^\perp$ が分かる．こうして，「$\boldsymbol{z} \in W(\alpha)^\perp$ ならば $T^*(\boldsymbol{z}) \in W(\alpha)^\perp$」が示された．したがって，$W(\alpha)^\perp$ は T^* 不変である．

（3） $W(\alpha)$ の任意の元 $\boldsymbol{x}$ をとる．$\boldsymbol{y} = T^*(\boldsymbol{x})$ とおき，$\boldsymbol{y} \in W(\alpha)$ を示す．それには，固有空間 $W(\alpha)$ の定義に戻って，$T(\boldsymbol{y}) = \alpha\boldsymbol{y}$ を示せばよい．

$$T(\boldsymbol{y}) = T(T^*(\boldsymbol{x})) = T \circ T^*(\boldsymbol{x})$$

であるが，T が正規変換であることより，

$$T \circ T^*(\boldsymbol{x}) = T^* \circ T(\boldsymbol{x}) = T^*(T(\boldsymbol{x}))$$

である．ここで，$\boldsymbol{x} \in W(\alpha)$ より $T(\boldsymbol{x}) = \alpha\boldsymbol{x}$ であるので

$$T^*(T(\boldsymbol{x})) = T^*(\alpha\boldsymbol{x}) = \alpha T^*(\boldsymbol{x}) = \alpha\boldsymbol{y}$$

となり，$T(\boldsymbol{y}) = \alpha\boldsymbol{y}$ が得られる．よって $\boldsymbol{y} \in W(\alpha)$ である．結局，「$\boldsymbol{x} \in W(\alpha)$ ならば $T^*(\boldsymbol{x}) \in W(\alpha)$」が示されたので，$W(\alpha)$ は T^* 不変である．

（4） $W(\alpha)^\perp$ の任意の元 $\boldsymbol{z}$ をとる．このとき，「$W(\alpha)$ の任意の元と $T(\boldsymbol{z})$ が直交する」ことを示すことによって，$T(\boldsymbol{z}) \in W(\alpha)^\perp$ を示す．

$\boldsymbol{x}$ を $W(\alpha)$ の任意の元とする．随伴変換 T^* の性質より，

$$\Big(T(\boldsymbol{z}), \boldsymbol{x}\Big) = \Big(\boldsymbol{z}, T^*(\boldsymbol{x})\Big)$$

である．ここで $\boldsymbol{x} \in W(\alpha)$ であり，また，(3) より $W(\alpha)$ は T^* 不変であるので，$T^*(\boldsymbol{x}) \in W(\alpha)$ である．$\boldsymbol{z} \in W(\alpha)^\perp$ より，$\Big(\boldsymbol{z}, T^*(\boldsymbol{x})\Big) = 0$ となり，結局

$$\Big(T(\boldsymbol{z}), \boldsymbol{x}\Big) = 0$$

が得られる．$\boldsymbol{x} \in W(\alpha)$ は任意であったことに注意すれば，$T(\boldsymbol{z}) \in W(\alpha)^\perp$ が分かる．こうして，「$\boldsymbol{z} \in W(\alpha)^\perp$ ならば $T(\boldsymbol{z}) \in W(\alpha)^\perp$」が示された．したがって，$W(\alpha)^\perp$ は T 不変である． □

これから定理 4.5 を証明する — 抽象的理論が絶大な威力を発揮する．

定理 4.5 の証明 (1) $\dim V$ についての数学的帰納法により証明する．$\dim V = 1$ ならば，1 次の正方行列はすべて対角行列であるので，定理の結論が成立する．そこで，$\dim V = n \geq 2$ とし，$(n-1)$ 次元以下の複素計量線形空間の線形変換については定理の結論が成立すると仮定する．

今，$T : V \to V$ が正規変換であると仮定する．定理 4.2 より，特性方程式 $\Phi_T(t) = 0$ は複素数の範囲に根を持つ．その根の 1 つを α とすれば，α は T の固有値である．α に対する T の固有空間 $W(\alpha)$ を考え，$\dim W(\alpha) = r$ とすれば，$r \geq 1$ である．そこで，$\langle \boldsymbol{e}_1, \cdots, \boldsymbol{e}_r \rangle$ を $W(\alpha)$ の正規直交基底とする．

もし $r = n$ ならば $\langle \boldsymbol{e}_1, \cdots, \boldsymbol{e}_r \rangle$ は T の固有ベクトルから成る V の正規直交基底である．$r < n$ の場合は，$W(\alpha)^{\perp}$ を考えると，命題 3.29 より

$$\dim W(\alpha)^{\perp} = \dim V - \dim W(\alpha) = n - r$$

であるので，$1 \leq \dim W(\alpha)^{\perp} \leq n-1$ である．補題 4.7 より，$W(\alpha)^{\perp}$ は T 不変かつ T^* 不変であるので，補題 4.6 より，$T|_{W(\alpha)^{\perp}} : W(\alpha)^{\perp} \to W(\alpha)^{\perp}$ は正規変換である．したがって，帰納法の仮定により，$T|_{W(\alpha)^{\perp}}$ の固有ベクトルから成る $W(\alpha)^{\perp}$ の正規直交基底 $\langle \boldsymbol{f}_1, \cdots, \boldsymbol{f}_{n-r} \rangle$ が存在する．

このとき，$\langle \boldsymbol{e}_1, \cdots, \boldsymbol{e}_r \rangle$ と $\langle \boldsymbol{f}_1, \cdots, \boldsymbol{f}_{n-r} \rangle$ をつなぎ合わせれば V の基底が得られるが，$\boldsymbol{e}_i \in W(\alpha)$ と $\boldsymbol{f}_j \in W(\alpha)^{\perp}$ は直交するので $(i = 1, \cdots, r;\ j = 1, \cdots, n-r)$，結局，$T$ の固有ベクトルから成る V の正規直交基底 $\langle \boldsymbol{e}_1, \cdots, \boldsymbol{e}_r, \boldsymbol{f}_1, \cdots, \boldsymbol{f}_{n-r} \rangle$ が得られる．

(2) $\boldsymbol{C}^n$ の自然基底に関する T_A の表現行列は A である (問題 3.11)．A が正規行列であるので，T_A は正規変換である (命題 4.13)．したがって，(1) より，T_A の固有ベクトルから成る $\boldsymbol{C}^n$ の正規直交基底 $F = \langle \boldsymbol{p}_1, \cdots, \boldsymbol{p}_n \rangle$ が存在する．$\boldsymbol{C}^n$ の自然基底から基底 F への変換行列を P とすれば $P = (\boldsymbol{p}_1 \cdots \boldsymbol{p}_n)$ であり (命題 3.12)，P はユニタリ行列である (命題 3.27)．基底 F に関する T_A の表現行列を B とすれば $B = P^{-1}AP$ である (定理 4.1) が，基底 F が T_A の固有ベクトルから成ることより，B は対角行列である．

4.2.6 実対称行列は直交行列によって対角化される — $K = \boldsymbol{R}$ の場合

この小節では $K = \boldsymbol{R}$ の場合を論ずる．まず，次の例を考える．

例 4.10 $A = \begin{pmatrix} \cos\theta & -\sin\theta \\ \sin\theta & \cos\theta \end{pmatrix}$ $(\theta \in \boldsymbol{R}, \sin\theta \neq 0)$ とする．A は直交行列であるので，特に正規行列である．したがって，定理 4.5 により，あるユニタリ行列 P によって対角化できる．実際，$\Phi_A(t) = t^2 - (2\cos\theta)t + 1$ であり，固有値は $\cos\theta \pm \sqrt{-1}\sin\theta$ である．

$$\boldsymbol{p}_1 = \frac{1}{\sqrt{2}}\begin{pmatrix} \sqrt{-1} \\ 1 \end{pmatrix}, \quad \boldsymbol{p}_2 = \frac{1}{\sqrt{2}}\begin{pmatrix} -\sqrt{-1} \\ 1 \end{pmatrix}$$

は固有ベクトルで，$P = (\boldsymbol{p}_1\,\boldsymbol{p}_2)$ はユニタリ行列であり

$$P^{-1}AP = \begin{pmatrix} \cos\theta + \sqrt{-1}\sin\theta & 0 \\ 0 & \cos\theta - \sqrt{-1}\sin\theta \end{pmatrix}$$

となる．しかし，固有値が実数でないので，$P^{-1}AP$ が対角行列となるような**(実) 直交行列**は存在しない．

この例でも分かるように，**特性方程式が実根を持つかどうか**が重要となる．

命題 4.15 (1) T は実計量線形空間 V の線形変換とする．V のある正規直交基底 E に関する T の表現行列が対角行列であるならば，T は対称変換である．

(2) ある直交行列 P に対して $B = P^{-1}AP$ が対角行列となるような実正方行列 A は対称行列である．

証明 (1) 対角行列は対称行列であるので，命題 4.13 より，T は対称変換である．

(2) (1) よりしたがうが，次のようにも証明できる．実行列 X については $X^* = {}^tX$ であることに注意すれば，$A = PBP^{-1}$, $P^{-1} = {}^tP$, ${}^tB = B$ より

$${}^tA = {}^t(PB\,{}^tP) = P\,{}^tB\,{}^tP = PBP^{-1} = A$$

が得られ，A は対称行列であることが分かる． □

命題 4.15 の逆をこれから証明するが，その際，次の命題が重要である．

命題 4.16 (1)　エルミート行列 A の固有値はすべて実数である．したがって，A の特性方程式 $\Phi_A(t)=0$ の根はすべて実数である．

(2)　実対称行列 A の特性方程式 $\Phi_A(t)=0$ の根はすべて実数である．

(3)　V は複素計量線形空間とし，$T:V\to V$ がエルミート変換であるとすると，T の特性方程式 $\Phi_T(t)=0$ の根はすべて実数である．

(4)　V は実計量線形空間とし，$T:V\to V$ が実対称変換であるとすると，T の特性方程式 $\Phi_T(t)=0$ の根はすべて実数である．

証明 (1)　A はエルミート行列とし，α は A の固有値，$\boldsymbol{p}$ は α に対する固有ベクトルとする．このとき

$$(A\boldsymbol{p},\boldsymbol{p})=(\alpha\boldsymbol{p},\boldsymbol{p})=\alpha\|\boldsymbol{p}\|^2 \tag{4.11}$$

である．一方，仮定より $A^*=A$ であるので

$$(A\boldsymbol{p},\boldsymbol{p})=(\boldsymbol{p},A^*\boldsymbol{p})=(\boldsymbol{p},A\boldsymbol{p})=(\boldsymbol{p},\alpha\boldsymbol{p})=\bar{\alpha}\|\boldsymbol{p}\|^2 \tag{4.12}$$

が得られる．$\boldsymbol{p}\neq\boldsymbol{0}$ に注意し，(4.11) と (4.12) を比べれば，$\alpha=\bar{\alpha}$ が得られる．これは α が実数であることを意味する．

(2), (3), (4) は (1) よりしたがう (詳細は読者の演習問題とする)．　□

定理 4.8 (1)　実計量線形空間 V の線形変換 T が実対称変換ならば，V のある正規直交基底 E に関する T の表現行列が対角行列となる．

(2)　実対称行列 A は，ある直交行列 P によって対角化できる．

証明　命題 4.16 より，固有値が実数の範囲に存在する．それ以外は定理 4.5 と同様であるので，証明は読者の演習問題とする．　□

ユニタリ (直交) 行列による対角化の実例はすでに例 4.8 にあげたが，結局は各固有空間の正規直交基底を求めることに帰着する．(もちろん，例 4.8 で，固有ベクトル $\boldsymbol{p}_1$ と $\boldsymbol{p}_2$，$\boldsymbol{p}_1$ と $\boldsymbol{p}_3$ が直交するのは偶然ではなく必然である．)

問題 4.7 (1)　実対称行列 $A=\begin{pmatrix}0&0&-1\\0&1&0\\-1&0&0\end{pmatrix}$ に対して直交行列 P を

うまく選んで $P^{-1}AP$ が対角行列になるようにせよ．

（2） エルミート行列 $A = \begin{pmatrix} 1 & 2(1-\sqrt{-1}) \\ 2(1+\sqrt{-1}) & 8 \end{pmatrix}$ に対してユニタリ行列 P をうまく選んで $P^{-1}AP$ が対角行列になるようにせよ．

解答例 （1） $P = \begin{pmatrix} \frac{1}{\sqrt{2}} & 0 & \frac{1}{\sqrt{2}} \\ 0 & 1 & 0 \\ \frac{1}{\sqrt{2}} & 0 & -\frac{1}{\sqrt{2}} \end{pmatrix}$, $P^{-1}AP = \begin{pmatrix} -1 & 0 & 0 \\ 0 & 1 & 0 \\ 0 & 0 & 1 \end{pmatrix}$.

（2） $P = \frac{1}{3}\begin{pmatrix} 1 & 2(1-\sqrt{-1}) \\ 2(1+\sqrt{-1}) & -1 \end{pmatrix}$, $P^{-1}AP = \begin{pmatrix} 9 & 0 \\ 0 & 0 \end{pmatrix}$.

4.3 2 次形式

4.3.1 2 次形式と対称行列

実数係数の n 変数斉次 2 次式 (すべての項の次数が 2 であるような多項式) を n **変数の実 2 次形式**とよぶ．本書では，特にことわらない限り，単に **2 次形式**といったら実 2 次形式をさすものとする．

例 4.11 下の (1), (2) は 2 次形式である．(3) は 1 次の項や定数項を含むので，2 次形式ではない．

（1） $f(x_1, x_2) = x_1^2 + 4x_1x_2 - 5x_2^2$.

（2） $g(x_1, x_2, x_3) = 2x_1x_2 + x_1x_3 + x_2^2 - x_3^2$.

（3） $\varphi(x_1, x_2) = 3x_1^2 - 2x_2 + 1$.

n 次実対称行列 $A = (a_{ij})$ と n 次元ベクトル $\boldsymbol{x} = (x_i)$ に対して，${}^t\boldsymbol{x}A\boldsymbol{x}$ は n 変数の 2 次形式となる．たとえば $n = 3$ ならば ($a_{ji} = a_{ij}$ に注意すれば)

$$
\begin{aligned}
{}^t\boldsymbol{x}A\boldsymbol{x} &= (x_1\ x_2\ x_3) \begin{pmatrix} a_{11} & a_{12} & a_{13} \\ a_{12} & a_{22} & a_{23} \\ a_{13} & a_{23} & a_{33} \end{pmatrix} \begin{pmatrix} x_1 \\ x_2 \\ x_3 \end{pmatrix} \\
&= a_{11}x_1^2 + a_{22}x_2^2 + a_{33}x_3^2 + 2a_{12}x_1x_2 + 2a_{13}x_1x_3 + 2a_{23}x_2x_3
\end{aligned}
$$

である．逆に，3 変数の 2 次形式

$$h(x_1, x_2, x_3) = ax_1^2 + bx_2^2 + cx_3^2 + px_1x_2 + qx_1x_3 + rx_2x_3$$

に対して，$a_{11} = a$, $a_{22} = b$, $a_{33} = c$, $a_{12} = a_{21} = \frac{p}{2}$, $a_{13} = a_{31} = \frac{q}{2}$, $a_{23} = a_{32} = \frac{r}{2}$ により $A = (a_{ij})$ を定めれば，$h(x_1, x_2, x_3) = {}^t\boldsymbol{x}A\boldsymbol{x}$ となる．

一般に，n 変数の 2 次形式 $f(x_1, x_2, \cdots, x_n)$ と n 次実対称行列 A は

$$f(x_1, x_2, \cdots, x_n) = {}^t\boldsymbol{x}A\boldsymbol{x}$$

という関係を通じて一対一に対応する．実際，$A = (a_{ij})$ が対称行列ならば，

$$ {}^t\boldsymbol{x}A\boldsymbol{x} = \sum_{i=1}^{n} a_{ii}x_i^2 + \sum_{i<j} 2a_{ij}x_ix_j \tag{4.13}$$

となる．ここで，記号 $\sum\limits_{i<j}$ は，$1 \leq i < j \leq n$ を満たすすべての自然数の組 (i, j) にわたって和をとることを意味する．

問題 4.8　(4.13) を証明せよ．また，例 4.11 の 2 次形式について，次の式が成り立つことを実際に計算して確かめよ．

$$f(x_1, x_2) = (x_1, x_2)\begin{pmatrix} 1 & 2 \\ 2 & -5 \end{pmatrix}\begin{pmatrix} x_1 \\ x_2 \end{pmatrix}$$

$$g(x_1, x_2, x_3) = (x_1, x_2, x_3)\begin{pmatrix} 0 & 1 & \frac{1}{2} \\ 1 & 1 & 0 \\ \frac{1}{2} & 0 & -1 \end{pmatrix}\begin{pmatrix} x_1 \\ x_2 \\ x_3 \end{pmatrix}$$

2 次形式 ${}^t\boldsymbol{x}A\boldsymbol{x}$ を $A[\boldsymbol{x}]$ とも表す．また，n 変数の 2 次形式 $f(x_1, \cdots, x_n)$ をベクトル $\boldsymbol{x}$ の関数と考え，$f(\boldsymbol{x})$ とも表す．

4.3.2　変数変換と標準形

例 4.11 の $f(x_1, x_2)$ について，$y_1 = x_1 + 2x_2$, $y_2 = 3x_2$ と変数変換すれば

$$x_1^2 + 4x_1x_2 - 5x_2^2 = (x_1 + 2x_2)^2 - 9x_2^2 = y_1^2 - y_2^2$$

となる．このように，変数変換によって 2 次形式が簡単になることがある．

一般に，$A[\boldsymbol{x}]$ に対して変数変換 $\boldsymbol{x} = P\boldsymbol{y}$ (P は実正則行列) を行うと

$$A[\boldsymbol{x}] = {}^t\boldsymbol{x}A\boldsymbol{x} = {}^t(P\boldsymbol{y})A(P\boldsymbol{y}) = {}^t\boldsymbol{y}\,{}^tPAP\boldsymbol{y} = {}^tPAP[\boldsymbol{y}]$$

となり，$\boldsymbol{y}$ に関する 2 次形式が得られる．対応する対称行列を B とすれば，

$$B = {}^tPAP \qquad (\,A[\boldsymbol{x}] = B[\boldsymbol{y}]\,) \tag{4.14}$$

が成り立つ．このとき，${}^tA = A$ より ${}^tB = {}^tP\,{}^tA\,{}^t({}^tP) = {}^tPAP = B$ となり，B もまた対称行列であることに注意する．

問題 4.9 $A = \begin{pmatrix} 1 & 2 \\ 2 & -5 \end{pmatrix}$, $P = \begin{pmatrix} 1 & -\frac{2}{3} \\ 0 & \frac{1}{3} \end{pmatrix}$ とすると，例 4.11 (1) の 2 次形式は $f(\boldsymbol{x}) = A[\boldsymbol{x}]$ であり，この小節の冒頭に述べた変数変換は $\boldsymbol{x} = P\boldsymbol{y}$ ($\boldsymbol{y} = P^{-1}\boldsymbol{x}$) と表され，$B = {}^tPAP$ とおけば，$B = \begin{pmatrix} 1 & 0 \\ 0 & -1 \end{pmatrix}$ であり，

$$A[\boldsymbol{x}] = x_1^2 + 4x_1x_2 - 5x_2^2 = B[\boldsymbol{y}] = y_1^2 - y_2^2$$

となることを確かめよ．

そこで，次のテーマを考察する．

テーマ 正則行列による変数変換をほどこして 2 次形式を簡単にせよ．いい換えれば，n 次実対称行列 A に対して n 次実正則行列 P をうまくとって $B = {}^tPAP$ を簡単にせよ．

このテーマに対し，我々は 2 通りの方法で考察する．第1の方法は，小節 4.2.6 の定理 4.8 を応用する方法である．

2 次形式 $A[\boldsymbol{x}] = {}^t\boldsymbol{x}A\boldsymbol{x}$ (A は n 次実対称行列) が与えられたとき，定理 4.8 により，ある n 次直交行列 Q が存在して，$B = Q^{-1}AQ$ は対角行列になる：

$$B = \begin{pmatrix} \alpha_1 & & \\ & \ddots & \\ & & \alpha_n \end{pmatrix}.$$

対角成分にあらわれた A の固有値のうち，正のものが p 個，負のものが q 個，残りの $(n-p-q)$ 個が 0 であるとし，

$$\alpha_1, \cdots, \alpha_p > 0; \quad \alpha_{p+1}, \cdots, \alpha_{p+q} < 0; \quad \alpha_{p+q+1} = \cdots = \alpha_n = 0$$

とする (必要ならば，そうなるように Q の列ベクトルを並べ替える)．さらに

$$\beta_{p+1} = -\alpha_{p+1}, \cdots, \beta_{p+q} = -\alpha_{p+q}$$

とおけば，$\beta_{p+1}, \cdots, \beta_{p+q}$ はすべて正の数である．

いま，Q は直交行列であるので，$Q^{-1} = {}^tQ$ である．よって

$$B = Q^{-1}AQ = {}^tQAQ$$

が成り立つ．これは，$A[\boldsymbol{x}]$ に変数変換 $\boldsymbol{x} = Q\boldsymbol{y}$ をほどこして

$$B[\boldsymbol{y}] = \alpha_1 y_1^2 + \cdots + \alpha_p y_p^2 - \beta_{p+1} y_{p+1}^2 - \cdots - \beta_{p+q} y_{p+q}^2 \tag{4.15}$$

が得られることを意味する．そこで，さらに変数変換

$$\begin{aligned} &z_1 = \sqrt{\alpha_1}y_1, \cdots, z_p = \sqrt{\alpha_p}y_p, \\ &z_{p+1} = \sqrt{\beta_{p+1}}y_{p+1}, \cdots, z_{p+q} = \sqrt{\beta_{p+q}}y_{p+q}, \\ &z_{p+q+1} = y_{p+q+1}, \cdots, z_n = y_n \end{aligned} \tag{4.16}$$

をほどこせば (対応する正則行列を書いてみよ)，最終的に 2 次形式

$$z_1^2 + \cdots + z_p^2 - z_{p+1}^2 - \cdots - z_{p+q}^2 \tag{4.17}$$

が得られる．(4.17) を 2 次形式の**標準形**とよぶ．こうして，次が示された．

命題 4.17　任意の 2 次形式は，正則行列をうまく選んで変数変換することにより，標準形 (4.17) に変形できる．

第 2 の方法は，掃き出し法を利用する方法である．

基本行列を $X, Y, \cdots$ と表すことにする．対称行列 A に左から ${}^tX$ をかけ，右から X をかける操作をひとまとめにほどこして行列 $B = {}^tXAX$ を得たとすると，B は再び対称行列となる (確かめよ)．さらにこの操作を続けて

$$ {}^t Y({}^t XAX)Y = {}^t(XY)A(XY) $$

を作ると，これは A に右から XY を，左から ${}^t(XY)$ をかけたことになる．

${}^t XAX$ を作る操作が行列 A にもたらす変形は以下のようになる．

（1） $X = P_n(i,j)$ の場合：第 i 行と第 j 行を交換し，引き続いて第 i 列と第 j 列を交換する ($R_i \leftrightarrow R_j$, $C_i \leftrightarrow C_j$).

（2） $X = Q_n(i;c)$ ($c \in \boldsymbol{R}$, $c \neq 0$) の場合：第 i 行を c 倍し，引き続いて第 i 列を c 倍する ($R_i \times c$, $C_i \times c$).

（3） $X = R_n(i,j;c)$ ($c \in \boldsymbol{R}$) の場合：第 j 行に第 i 行の c 倍を加え，引き続いて第 j 列に第 i 列の c 倍を加える ($R_j + cR_i$, $C_j + cC_i$).

このような左右一対の基本変形を繰り返し，対称行列を掃き出してゆく．

例 4.12 $A = \begin{pmatrix} 0 & 1 \\ 1 & 0 \end{pmatrix}$ は次のように変形できる．

$$ \begin{pmatrix} 0 & 1 \\ 1 & 0 \end{pmatrix} \xrightarrow[C_1+C_2]{R_1+R_2} \begin{pmatrix} 2 & 1 \\ 1 & 0 \end{pmatrix} \xrightarrow[C_2-\frac{1}{2}C_1]{R_2-\frac{1}{2}R_1} \begin{pmatrix} 2 & 0 \\ 0 & -\frac{1}{2} \end{pmatrix} $$

$$ \xrightarrow[C_1\times\frac{1}{\sqrt{2}}]{R_1\times\frac{1}{\sqrt{2}}} \begin{pmatrix} 1 & 0 \\ 0 & -\frac{1}{2} \end{pmatrix} \xrightarrow[C_2\times\sqrt{2}]{R_2\times\sqrt{2}} \begin{pmatrix} 1 & 0 \\ 0 & -1 \end{pmatrix} $$

命題 4.17 の別証明 (概略) $A = (a_{ij})$ を対称行列とする．$A = O$ ならばすでに標準形であるので，$A \neq O$ とする．A の対角成分がすべて 0 ならば，$a_{ij} = a_{ji} \neq 0$ となる i, j ($i \neq j$) を選び，基本変形 $R_i + R_j$, $C_i + C_j$ をほどこせば，(i,i) 成分が 0 でなくなる (対角成分に 0 でないものがあれば，この操作は省略する)．必要なら行と列の交換をして，$(1,1)$ 成分が 0 でないようにし，$R_i - (a_{1i}/a_{11})R_1$, $C_i - (a_{1i}/a_{11})C_1$ を順次ほどこせば，第 1 行，第 1 列が同時に掃き出され，

$$ \left(\begin{array}{c|c} a_{11} & {}^t\mathbf{0} \\ \hline \mathbf{0} & A_1 \end{array}\right) $$

という形の対称行列が得られる．同様の操作を続ければ，対角行列が得られ

る．そこから標準形 (4.17) に変形すればよい．

注意 4.7　例 4.12 の変形の 2 番目の部分

$$\begin{pmatrix} 2 & 1 \\ 1 & 0 \end{pmatrix} \xrightarrow[C_2-\frac{1}{2}C_1]{R_2-\frac{1}{2}R_1} \begin{pmatrix} 2 & 0 \\ 0 & -\frac{1}{2} \end{pmatrix}$$

は，2 次式の**平方完成**

$$2x_1^2 + 2x_1x_2 = 2(x_1 + \frac{1}{2}x_2)^2 - \frac{1}{2}x_2^2 \tag{4.18}$$

に対応する．実際，この部分は変数変換

$$\begin{pmatrix} x_1 \\ x_2 \end{pmatrix} = R_2(1,2;-\frac{1}{2}) \begin{pmatrix} y_1 \\ y_2 \end{pmatrix} = \begin{pmatrix} 1 & -\frac{1}{2} \\ 0 & 1 \end{pmatrix} \begin{pmatrix} y_1 \\ y_2 \end{pmatrix}$$

すなわち $x_1 = y_1 - \frac{1}{2}y_2$, $x_2 = y_2$ をほどこしているが，これは

$$2x_1^2 + 2x_1x_2 = 2(y_1 - \frac{1}{2}y_2)^2 + 2(y_1 - \frac{1}{2}y_2)y_2 = 2y_1^2 - \frac{1}{2}y_2^2 \tag{4.19}$$

という式変形と対応する．$y_1 = x_1 + \frac{1}{2}x_2$, $y_2 = x_2$ であるので，(4.18) と (4.19) は同じ内容を表す．**掃き出し法により $(1,2)$ 成分と $(2,1)$ 成分を $\mathbf{0}$ にすることは，平方完成によって x_1x_2 の項を消すことに対応する**．

ところで，x_1^2 などの項がまったくないと平方完成できない．これは，対角成分がすべて 0 であると掃き出し法がうまく機能しないことに対応する．そこで，例 4.12 の変形の最初の部分において，0 でない対角成分を作り出しているが，これは変数変換 $x_1 = y_1$, $x_2 = y_1 + y_2$ によって

$$2x_1x_2 = 2y_1(y_1 + y_2) = 2y_1^2 + 2y_1y_2$$

と変形して y_1^2 の項を作り出す操作に対応する．

問題 4.10　次の 2 次形式を，上述の 2 つの方法によって標準形に変形せよ．

(1)　$f(x_1, x_2, x_3) = x_1^2 + 2x_2^2 + x_3^2 - 2x_1x_3$

(2)　$g(x_1, x_2, x_3) = 2x_1x_2 + 2x_1x_3 + 2x_2x_3$

略解 (1) $y_1^2+y_2^2$ に変形できる．実際，第 2 の方法によれば，

$$A=\begin{pmatrix}1&0&-1\\0&2&0\\-1&0&1\end{pmatrix}\xrightarrow[C_3+C_1]{R_3+R_1}\begin{pmatrix}1&0&0\\0&2&0\\0&0&0\end{pmatrix}\xrightarrow[C_2\times(1/\sqrt{2})]{R_2\times(1/\sqrt{2})}\begin{pmatrix}1&0&0\\0&1&0\\0&0&0\end{pmatrix}$$

と変形できる．これは，$f(x_1,x_2,x_3)=(x_1-x_3)^2+2x_2^2$ と平方完成し，

$$y_1=x_1-x_3,\quad y_2=\sqrt{2}x_2,\quad y_3=x_3$$

と変数変換することに対応する．

第 1 の方法は，直交行列 $P=\begin{pmatrix}\frac{1}{\sqrt{2}}&0&\frac{1}{\sqrt{2}}\\0&1&0\\-\frac{1}{\sqrt{2}}&0&\frac{1}{\sqrt{2}}\end{pmatrix}$ による対角化を利用する．

(2) $y_1^2-y_2^2-y_3^2$ に変形できる．第 1 の方法は省略．第 2 の方法：基本変形 R_1+R_2, C_1+C_2; $R_2-\frac{1}{2}R_1$, $C_2-\frac{1}{2}C_1$; R_3-R_1, C_3-C_1 を順次ほどこせば，対応する対称行列は対角行列になる．さらに $R_1\times\frac{1}{\sqrt{2}}$, $C_1\times\frac{1}{\sqrt{2}}$; $R_2\times\sqrt{2}$, $C_2\times\sqrt{2}$; $R_3\times\frac{1}{\sqrt{2}}$, $C_3\times\frac{1}{\sqrt{2}}$ をほどこす．

4.3.3 標準形は一意的である —— シルヴェスタの慣性法則

次の定理は**シルヴェスタの慣性法則**とよばれる．この定理により，実 2 次形式 $A[\boldsymbol{x}]$ の標準形は一意的であることが分かる．

定理 4.9 n 変数実 2 次形式 $A[\boldsymbol{x}]$ が，変数変換 $\boldsymbol{x}=P\boldsymbol{y}$, $\boldsymbol{x}=Q\boldsymbol{z}$ (P, Q は n 次実正則行列，$\boldsymbol{x}=(x_i)$, $\boldsymbol{y}=(y_i)$, $\boldsymbol{z}=(z_i)$) によって，それぞれ標準形

$$B[\boldsymbol{y}]=y_1^2+y_2^2+\cdots+y_p^2-y_{p+1}^2-y_{p+2}^2-\cdots-y_{p+q}^2$$
$$C[\boldsymbol{z}]=z_1^2+z_2^2+\cdots+z_{p'}^2-z_{p'+1}^2-z_{p'+2}^2-\cdots-z_{p'+q'}^2$$

に変形されたとする．このとき，$p=p'$, $q=q'$ である．

証明 B, C は対角行列であり，0 でない対角成分がそれぞれ $(p+q)$ 個，$(p'+q')$ 個であるので，$\mathrm{rank}(B)=p+q$, $\mathrm{rank}(C)=p'+q'$ である．行列 B, C は A に左右から正則行列をかけた形であるので，問題 1.12 より階数は

等しく，$p+q=p'+q'$ である．よって，$p=p'$ を示せば $q=q'$ も示される．今，$p \leq p'$ として一般性を失わない．そこで，$p<p'$ と仮定して矛盾を導く．

まず，証明の概略を述べる．$y_1 = \cdots = y_p = z_{p'+1} = \cdots = z_n = 0$ は $x_1, x_2, \cdots, x_n$ についての方程式と考えられる．式の数と未知数の個数の関係より，これは自明でない解を持つ．その解を 2 通りの標準形に代入すると，その値が一方は正であり，一方は 0 以下となり，矛盾が生ずる．

次に詳細を述べる．$P^{-1} = R = (r_{ij}), Q^{-1} = S = (s_{ij})$ とおけば，$\boldsymbol{y} = R\boldsymbol{x}$，$\boldsymbol{z} = S\boldsymbol{x}$ より，$y_i = \sum_{j=1}^{n} r_{ij}x_j, z_i = \sum_{j=1}^{n} s_{ij}x_j$ が成り立つ $(1 \leq i \leq n)$．今，斉次連立 1 次方程式

$$
\left\{
\begin{array}{rcrcr}
r_{11}x_1 & + & r_{12}x_2 + \cdots + & r_{1n}x_n & = 0 \\
 & \cdots & & & \\
r_{p1}x_1 & + & r_{p2}x_2 + \cdots + & r_{pn}x_n & = 0 \\
s_{p'+1,1}x_1 & + & s_{p'+1,2}x_2 + \cdots + & s_{p'+1,n}x_n & = 0 \\
 & \cdots & & & \\
s_{n1}x_1 & + & s_{n2}x_2 + \cdots + & s_{nn}x_n & = 0
\end{array}
\right. \tag{4.20}
$$

を考えると，(4.20) の未知数の個数は n，式の本数は $p+(n-p')$ であるが，仮定より $p+(n-p')<n$ であるので，命題 1.21 により，連立方程式 (4.20) は自明でない実数解を持つ．その解を $\boldsymbol{x} = \boldsymbol{\alpha} = (\alpha_i)$ とし，$\boldsymbol{\beta} = (\beta_i) = R\boldsymbol{\alpha}$，$\boldsymbol{\gamma} = (\gamma_i) = S\boldsymbol{\alpha}$ とおくと，方程式の形を考えれば

$$\beta_1 = \beta_2 = \cdots = \beta_p = \gamma_{p'+1} = \gamma_{p'+2} = \cdots = \gamma_n = 0$$

であることが分かる．ここで，$\boldsymbol{\alpha} \neq \boldsymbol{0}$ であることより，$\boldsymbol{\gamma} \neq \boldsymbol{0}$ である．よって，$\gamma_1, \cdots, \gamma_{p'}$ のうち少なくとも 1 つは 0 でない．このとき

$$\boldsymbol{\alpha} = P\boldsymbol{\beta} = Q\boldsymbol{\gamma}, \quad B = {}^tPAP, \quad C = {}^tQAQ$$

に注意すれば

$$
\begin{aligned}
{}^t\boldsymbol{\alpha}A\boldsymbol{\alpha} &= {}^t(P\boldsymbol{\beta})A(P\boldsymbol{\beta}) = {}^t\boldsymbol{\beta}B\boldsymbol{\beta} = -\beta_{p+1}^2 - \beta_{p+2}^2 - \cdots - \beta_{p+q}^2 \leq 0 \\
{}^t\boldsymbol{\alpha}A\boldsymbol{\alpha} &= {}^t(Q\boldsymbol{\gamma})A(Q\boldsymbol{\gamma}) = {}^t\boldsymbol{\gamma}C\boldsymbol{\gamma} = \gamma_1^2 + \gamma_2^2 + \cdots + \gamma_{p'}^2 > 0
\end{aligned}
$$

が得られる．これは不合理である．よって，$p=p', q=q'$ が示された． □

定義 4.11 n 変数の 2 次形式 $A[\boldsymbol{x}]$ の標準形が

$$y_1^2 + y_2^2 + \cdots + y_p^2 - y_{p+1}^2 - y_{p+2}^2 - \cdots - y_{p+q}^2$$

であるとき，p, q の組 (p, q) を $A[\boldsymbol{x}]$ の**符号**，あるいは A の**符号**とよぶ．

$A[\boldsymbol{x}]$ の符号が (p, q) ならば，命題 4.17 の証明 (第 1 の方法) より，p は A の正の固有値の個数と一致し，q は A の負の固有値の個数と一致する．

注意 4.8 行列 A の正の固有値の個数，負の固有値の個数などというときは，重複を込めて数える．たとえば $\Phi_A(t) = (t-1)^2(t+2)^3$ ならば，A の正の固有値は 2 個，負の固有値は 3 個であると考える (注意 4.4 参照)．

問題 4.11 $A = \begin{pmatrix} 0 & 1 & 1 \\ 1 & 0 & 1 \\ 1 & 1 & 0 \end{pmatrix}$ の定める 2 次形式 $A[\boldsymbol{x}]$ の符号を求めよ．

略解 $\Phi_A(t) = (t-2)(t+1)^2$ より A は正の固有値を 1 個，負の固有値を 2 個持つので，符号は (1,2) である．この 2 次形式は，問題 4.10 (2) の $g(x_1, x_2, x_3)$ にほかならない．そこで求めた標準形からも符号が分かる．

注意 4.9 標準形 (4.17) だけでなく，(4.15) もしばしば有用である．たとえば，2 次式で定義された図形を，直交行列による座標変換によって，より簡単な式で表したい場合などに有効である．(4.15) を**直交標準形**とよぶことがある．それに対して，標準形 (4.17) は**シルヴェスタ標準形**ともよばれる．

2 次形式の理論を応用して，2 次式で定義された図形の幾何学的考察ができるが，ここでは割愛する．

4.3.4 正定値 2 次形式

定義 4.12 2 次形式 $f(\boldsymbol{x}) = f(x_1, \cdots, x_n)$ が，$\boldsymbol{0}$ でない任意の $\boldsymbol{a} \in \boldsymbol{R}^n$ に対して $f(\boldsymbol{a}) > 0$ を満たすとき，この 2 次形式 $f(\boldsymbol{x})$ は**正定値**である，あるいは**正値**であるという．また，$A[\boldsymbol{x}]$ が正定値 (正値) であるとき，対称行列 A は**正定値 (正値)** であるという．

$f(\boldsymbol{x}) = A[\boldsymbol{x}]$ の符号が (p, q) のとき，変数変換によって，標準形

$$f(\boldsymbol{x}) = y_1^2 + y_2^2 + \cdots + y_p^2 - y_{p+1}^2 - y_{p+2}^2 - \cdots y_{p+q}^2$$

に変形できる．この形から分かるように，$A[\boldsymbol{x}]$ が正定値であることは，$p = n$ かつ $q = 0$，すなわち，A の固有値がすべて正であることと同値である．

注意 4.10　$\alpha_1, \alpha_2, \cdots, \alpha_n$ を A の (重複を込めた) n 個の固有値とすれば，命題 4.4 より $\det A = \alpha_1 \alpha_2 \cdots \alpha_n$ である．よって，$A[\boldsymbol{x}]$ が正定値ならば $\det A > 0$ である．しかし，逆は必ずしも成り立たない．

n 次実対称行列 $A = (a_{ij})$ の小行列式を用いて $A[\boldsymbol{x}]$ が正定値であるかどうか判定できる．今，$1 \leq k \leq n$ なる k に対して，A の第 1 行から第 k 行までと第 1 列から第 k 列までの成分で作られる小行列を A_k と書く．

$$A_k = \begin{pmatrix} a_{11} & \cdots & a_{1k} \\ \vdots & \ddots & \vdots \\ a_{k1} & \cdots & a_{kk} \end{pmatrix}$$

この記号のもと，次の定理が成り立つ．

定理 4.10　n 次実対称行列 A に関して，次の条件 (a), (b) は同値である．

(a)　$A[\boldsymbol{x}]$ は正定値である．

(b)　$1 \leq k \leq n$ なるすべての自然数 k に対して $\det A_k > 0$ である．

証明の前に　たとえば問題 4.11 の A は，$\det A_1 = 0, \det A_2 = -1, \det A_3 = 2$ であるので，この定理を用いれば，$A[\boldsymbol{x}]$ が正定値でないことが，**実際に標準形を求めたり，特性方程式の根を求めたりしなくても**分かる．

(b) $\Rightarrow$ (a) の証明のアイデアは，掃き出し法によって対称行列を比較的簡単な形にしておいてから帰納法に持ち込むところにある．

証明　(a) $\Rightarrow$ (b)　$A[\boldsymbol{x}]$ が正定値であるとする．A の第 k 行と第 $(k+1)$ 行の間および第 k 列と第 $(k+1)$ 列の間に仕切りを入れて

$$A = \left(\begin{array}{c|c} A_k & B_k \\ \hline {}^tB_k & C_k \end{array}\right)$$

と区分けする．$\mathbf{0}$ でない任意の $\boldsymbol{x} \in \boldsymbol{R}^n$ に対して $A[\boldsymbol{x}] > 0$ であるので

$$\boldsymbol{x}' = \begin{pmatrix} \boldsymbol{x}_k \\ \mathbf{0} \end{pmatrix} \quad (\boldsymbol{x}_k \in \boldsymbol{R}^k,\ \boldsymbol{x}_k \neq \mathbf{0})$$

の形のベクトルに対しても

$${}^t\boldsymbol{x}' A \boldsymbol{x}' = ({}^t\boldsymbol{x}_k \ {}^t\mathbf{0}) \begin{pmatrix} A_k & B_k \\ {}^tB_k & C_k \end{pmatrix} \begin{pmatrix} \boldsymbol{x}_k \\ \mathbf{0} \end{pmatrix} = {}^t\boldsymbol{x}_k A_k \boldsymbol{x}_k > 0$$

を満たす．これは，k 変数の 2 次形式 $A_k[\boldsymbol{x}_k]$ が正定値であることを意味する．したがって，注意 4.10 より $\det A_k > 0$ が得られる．

(b) $\Rightarrow$ (a)　n についての帰納法により証明する．$n = 1$ のときは明らかである．そこで $n \geq 2$ とし，$(n-1)$ 変数の 2 次形式については「(b) $\Rightarrow$ (a)」が成り立つとする．今，条件 (b) を満たす n 次実対称行列 A の第 $(n-1)$ 行と第 n 行の間および第 $(n-1)$ 列と第 n 列の間に仕切りを入れて

$$A = \left(\begin{array}{c|c} A_{n-1} & \boldsymbol{b} \\ \hline {}^t\boldsymbol{b} & c \end{array}\right)$$

と区分けすると，A_{n-1} も条件 (b) を満たすので，帰納法の仮定により，A_{n-1} は正定値である．そこで，$P = \begin{pmatrix} E_{n-1} & -A_{n-1}^{-1}\boldsymbol{b} \\ {}^t\mathbf{0} & 1 \end{pmatrix}$ と定めると，命題 2.13 より $\det P = 1$ であるので，定理 2.2 より P は正則行列である．このとき

$$\begin{aligned} {}^tPAP &= \begin{pmatrix} E_{n-1} & \mathbf{0} \\ -{}^t\boldsymbol{b}A_{n-1}^{-1} & 1 \end{pmatrix} \begin{pmatrix} A_{n-1} & \boldsymbol{b} \\ {}^t\boldsymbol{b} & c \end{pmatrix} \begin{pmatrix} E_{n-1} & -A_{n-1}^{-1}\boldsymbol{b} \\ {}^t\mathbf{0} & 1 \end{pmatrix} \\ &= \begin{pmatrix} A_{n-1} & \mathbf{0} \\ {}^t\mathbf{0} & c - {}^t\boldsymbol{b}A_{n-1}^{-1}\boldsymbol{b} \end{pmatrix} \end{aligned} \tag{4.21}$$

である．ここで A_{n-1}^{-1} が対称行列であることを用いている．一般に，正則な対

称行列の逆行列は対称行列である (証明は読者の演習問題とする).

いま，$\alpha = c - {}^t\boldsymbol{b}A_{n-1}^{-1}\boldsymbol{b}$ とおくと，$\alpha > 0$ である．実際，条件 (b) より

$$\det A = \det A_n > 0, \quad \det A_{n-1} > 0$$

であることに注意すれば，$\det({}^tPAP) = (\det P)^2 \det A = \det A > 0$ であるが，(4.21) より $\det({}^tPAP) = \alpha \det A_{n-1}$ であるので，$\alpha > 0$ が分かる．

さて，$\mathbf{0}$ でない任意のベクトル $\boldsymbol{x} \in \boldsymbol{R}^n$ に対して ${}^t\boldsymbol{x}A\boldsymbol{x} > 0$ を示せば証明が終わる．

$$\boldsymbol{y} = P^{-1}\boldsymbol{x} = \begin{pmatrix} \boldsymbol{y}' \\ y'' \end{pmatrix}, \quad \boldsymbol{y}' \in \boldsymbol{R}^{n-1},\ y'' \in \boldsymbol{R}$$

とおくと，$\boldsymbol{y} \neq \mathbf{0}$ であるので，$\boldsymbol{y}' \neq \mathbf{0}$ または $y'' \neq 0$ が成り立つ．このとき，A_{n-1} が正定値であることと，$\alpha > 0$ であることを用いて

$$\begin{aligned} {}^t\boldsymbol{x}A\boldsymbol{x} &= {}^t(P\boldsymbol{y})A(P\boldsymbol{y}) = ({}^t\boldsymbol{y}'\ y'') \begin{pmatrix} A_{n-1} & \mathbf{0} \\ {}^t\mathbf{0} & \alpha \end{pmatrix} \begin{pmatrix} \boldsymbol{y}' \\ y'' \end{pmatrix} \\ &= {}^t\boldsymbol{y}' A_{n-1}\boldsymbol{y}' + \alpha(y'')^2 > 0 \end{aligned}$$

が得られ，$A[\boldsymbol{x}]$ が正定値であることが示された．　□

第5章

ジョルダン標準形

5.1 ジョルダン標準形

5.1.1 定理を述べる

この章では $K = \boldsymbol{C}$ とし，小節 4.1.1 で提示した次のテーマについて，引き続き考察する．

テーマ n 次元複素線形空間 V の線形変換 $T : V \to V$ に対して，V の基底 E をうまくとって，基底 E に関する T の表現行列を簡単にせよ．

節 4.1 では，表現行列が対角行列になる場合について論じたが，つねにそのような対角化が可能であったわけではなく，たとえば，例 4.5 の行列 $A = \begin{pmatrix} 2 & 1 \\ 0 & 2 \end{pmatrix}$ は対角化不可能であった．しかしながら，この行列 A は対角行列に近い形をしており，ある意味ではすでに簡単であるともいえる．

たしかに対角行列は非常に簡単であり，明確な幾何学的意味を持っている．けれども，任意の複素線形変換(複素正方行列)が対角化可能であるとは限らない以上，別な立場から考えることも可能である — すなわち，上の A のような行列は，それ自体が十分簡単なものであって，これ以上簡単にできない(あるいは，簡単にする必要がない)と考える立場である．

そのような立場から考えられたのが，**ジョルダン標準形**とよばれるものである．のちに示すように(定理 5.1)，任意の複素線形変換は，対角行列に近い形をした — そして線形変換の本質をよく反映した — 表現行列を持つ．その表現行列がジョルダン標準形である．

以下にその詳細を述べる．

定義 5.1 正方行列 $A_1, A_2, \cdots, A_k$ の**直和** $A_1 \oplus A_2 \oplus \cdots \oplus A_k$ を次のように定める.

$$A_1 \oplus A_2 \oplus \cdots \oplus A_k = \left(\begin{array}{c|c|c|c} A_1 & O & \cdots & O \\ \hline O & A_2 & \cdots & O \\ \hline \vdots & \vdots & \ddots & \vdots \\ \hline O & O & \cdots & A_k \end{array}\right)$$

命題 5.1 V は複素線形空間とし, $T : V \to V$ は線形変換とする. V の線形部分空間 $W_1, W_2, \cdots, W_k$ はすべて T 不変で,

$$V = W_1 \oplus W_2 \oplus \cdots \oplus W_k$$

を満たすとする. 各 W_i の基底 F_i をとり, 基底 F_i に関する線形変換 $T|_{W_i}$ の表現行列を A_i とする $(1 \leq i \leq k)$. 基底 $F_1, F_2, \cdots, F_k$ をつなぎ合わせて得られる V の基底を F とするとき, 基底 F に関する T の表現行列は $A_1 \oplus A_2 \oplus \cdots \oplus A_k$ である.

証明は読者の演習問題とする.

定義 5.2 (1) n 次正方行列 $J(\alpha, n)$ $(\alpha \in \boldsymbol{C},\ n \in \boldsymbol{N})$ を

$$J(\alpha, n) = \begin{pmatrix} \alpha & 1 & & & \\ & \alpha & 1 & & \\ & & \ddots & \ddots & \\ & & & \alpha & 1 \\ & & & & \alpha \end{pmatrix}$$

と定義する. $J(\alpha, n) = (a_{ij})$ とすれば, $a_{ii} = \alpha$ $(1 \leq i \leq n)$, $a_{i,i+1} = 1$ $(1 \leq i \leq n-1)$ であり, その他の成分はすべて 0 である. この $J(\alpha, n)$ を**ジョルダン細胞**, あるいは**ジョルダンブロック**という.

(2) いくつかのジョルダン細胞の直和

$$J(\alpha_1, n_1) \oplus J(\alpha_2, n_2) \oplus \cdots \oplus J(\alpha_k, n_k)$$

の形の行列を**ジョルダン行列**とよぶ.

この章の中心的課題は，次の定理の解説である.

定理 5.1 (1) V は n 次元複素線形空間とし，$T : V \to V$ は V の線形変換とする．このとき，V の基底をうまく選べば，その基底に関する T の表現行列はジョルダン行列になる．また，このジョルダン行列は，ジョルダン細胞の並べ方を別とすれば一意的である．すなわち，V の別の基底に関する T の表現行列がジョルダン行列となる場合でも，その中にあらわれるジョルダン細胞の種類と個数は変わらない.

(2) 任意の n 次複素正方行列 A に対して，n 次複素正則行列 P をうまく選べば，$P^{-1}AP$ はジョルダン行列になる．別の n 次複素正則行列 Q に対して $Q^{-1}AQ$ がジョルダン行列となる場合でも，その中にあらわれるジョルダン細胞の種類と個数は変わらない.

定義 5.3 定理 5.1 のジョルダン行列を，T の (A の) **ジョルダン標準形**とよぶ.

定理 5.1 を要約すれば，「**任意の線形変換 (正方行列) はジョルダン標準形を持ち，それはジョルダン細胞の並べ方を別とすれば一意的である**」となる.

例 5.1 (1) 例 4.5 の行列 $A = \begin{pmatrix} 2 & 1 \\ 0 & 2 \end{pmatrix}$ は，ただ 1 つのジョルダン細胞 $J(2, 2)$ から成るジョルダン行列である.

(2) 対角成分が順に $\alpha_1, \alpha_2, \cdots, \alpha_n$ である対角行列 A は,

$$A = J(\alpha_1, 1) \oplus J(\alpha_2, 1) \oplus \cdots \oplus J(\alpha_n, 1)$$

と表されるので，ジョルダン行列の一種である.

5.1.2 観察する

定理 5.1 を証明する前に，状況を観察する．まず，一般的な定義を述べる.

定義 5.4 $K = \boldsymbol{C}$ または $\boldsymbol{R}$ とし，V は K 上の線形空間とする.

(1) V の元 $\boldsymbol{x}$ に対して $\boldsymbol{x}$ 自身を対応させる写像を I_V あるいは単に I と書き，**恒等変換**とよぶ.

(2) V の元 $\boldsymbol{x}$ に対してつねに $\mathbf{0}$ を対応させる写像を O_V あるいは単に O と書き，**零写像**とよぶ.

(3) V の線形変換 T および $c \in K$ に対して，写像 $cT : V \to V$ を

$$(cT)(\boldsymbol{x}) = c \cdot T(\boldsymbol{x}) \quad (\boldsymbol{x} \in V)$$

と定義する.

(4) V の線形変換 T, S に対して，写像 $T + S : V \to V$ を

$$(T + S)(\boldsymbol{x}) = T(\boldsymbol{x}) + S(\boldsymbol{x}) \quad (\boldsymbol{x} \in V)$$

と定義する.

(5) V の線形変換 T を k 回合成した写像

$$\underbrace{T \circ T \circ \cdots \circ T}_{k\ 回} : V \to V$$

を T^k と表す．また，$T^0 = I$ と定める.

V の基底を定めれば，線形変換は正方行列と対応するが，(1) の恒等変換は単位行列に対応し，(2) の零写像は零行列に対応する．また，(3), (4), (5) は，それぞれ行列のスカラー倍，和，べき乗に対応する.

定義 5.5 $K = \boldsymbol{C}$ または $\boldsymbol{R}$ とし，V は K 上の線形空間とする.

(1) 線形変換 $T : V \to V$ に対して，ある自然数 k が存在し，$T^k = O$ となるとき，T は**べき零変換**であるという.

(2) 正方行列 A に対して，ある自然数 k が存在し，$A^k = O$ となるとき，A は**べき零行列**であるという.

これから複素線形空間 V の線形変換 $T : V \to V$ について観察する.

[**観察その 1**] 今，$\dim V = 5$ とし，$E = \langle \boldsymbol{e}_1, \boldsymbol{e}_2, \cdots, \boldsymbol{e}_5 \rangle$ は V の基底とする．この基底 E に関する T の表現行列がジョルダン行列

$$J(\alpha,3)\oplus J(\alpha,2)=\begin{pmatrix}\alpha & 1 & & & \\ & \alpha & 1 & & \\ & & \alpha & & \\ & & & \alpha & 1 \\ & & & & \alpha\end{pmatrix}\quad(\alpha\in\boldsymbol{C})$$

であるとしよう．このとき，表現行列の定義より

$$\begin{aligned}&T(\boldsymbol{e}_1)=\alpha\boldsymbol{e}_1,\ T(\boldsymbol{e}_2)=\boldsymbol{e}_1+\alpha\boldsymbol{e}_2,\ T(\boldsymbol{e}_3)=\boldsymbol{e}_2+\alpha\boldsymbol{e}_3\\&T(\boldsymbol{e}_4)=\alpha\boldsymbol{e}_4,\ T(\boldsymbol{e}_5)=\boldsymbol{e}_4+\alpha\boldsymbol{e}_5\end{aligned}\tag{5.1}$$

が成り立つ (確かめよ)．$\boldsymbol{e}_1$, $\boldsymbol{e}_4$ は固有値 α に対する T の固有ベクトルである．$\boldsymbol{e}_2$, $\boldsymbol{e}_3$, $\boldsymbol{e}_5$ は固有ベクトルではないが，それによく似ている．

ここで，$T'=T-\alpha I$ とおくと，(5.1) は

$$\begin{aligned}&T'(\boldsymbol{e}_1)=\boldsymbol{0},\ T'(\boldsymbol{e}_2)=\boldsymbol{e}_1,\ T'(\boldsymbol{e}_3)=\boldsymbol{e}_2\\&T'(\boldsymbol{e}_4)=\boldsymbol{0},\ T'(\boldsymbol{e}_5)=\boldsymbol{e}_4\end{aligned}\tag{5.2}$$

と書き直される．これは，基底 E に関する T' の表現行列が $J(0,3)\oplus J(0,2)$ であることを意味する (確かめよ)．いま，(5.2) の状況を図式的に

$$\begin{aligned}\boldsymbol{e}_3\overset{T'}{\longmapsto}\boldsymbol{e}_2\overset{T'}{\longmapsto}\boldsymbol{e}_1\overset{T'}{\longmapsto}\boldsymbol{0}\\\boldsymbol{e}_5\overset{T'}{\longmapsto}\boldsymbol{e}_4\overset{T'}{\longmapsto}\boldsymbol{0}\end{aligned}\tag{5.3}$$

と表しておこう．このとき，各 $\boldsymbol{e}_i$ $(i=1,\cdots,5)$ に対して $T'^3(\boldsymbol{e}_i)=\boldsymbol{0}$ であるので，$T'^3=O$ である．よって，T' はべき零変換である．

次に，T'^k の核と像を観察しよう．まず，核については

$$V=\mathrm{Ker}(T'^3)\supset\mathrm{Ker}(T'^2)\supset\mathrm{Ker}(T')\supset\{\boldsymbol{0}\}$$

が成り立つ．$\dim\mathrm{Ker}(T')=2$ であり，$\langle\boldsymbol{e}_1,\boldsymbol{e}_4\rangle$ が $\mathrm{Ker}(T')$ の基底である．また，$\dim\mathrm{Ker}(T'^2)=4$ であり，$\langle\boldsymbol{e}_1,\boldsymbol{e}_2,\boldsymbol{e}_4,\boldsymbol{e}_5\rangle$ が $\mathrm{Ker}(T'^2)$ の基底である．

像については

$$V\supset\mathrm{Im}(T')\supset\mathrm{Im}(T'^2)\supset\mathrm{Im}(T'^3)=\{\boldsymbol{0}\}$$

が成り立つ.

[観察その 2]　逆に，線形変換 $S: V \to V$ が $S^3 = O$ を満たし，

$$\dim V = \dim \mathrm{Ker}(S^3) = 5,\ \dim \mathrm{Ker}(S^2) = 4,\ \dim \mathrm{Ker}(S) = 2$$

を満たすとき，V の基底 $F = \langle \boldsymbol{f}_1, \cdots, \boldsymbol{f}_5 \rangle$ を選んで，F に関する S の表現行列が $J(0,3) \oplus J(0,2)$ となるようにできることを示そう.

$\dim V - \dim \mathrm{Ker}(S^2) = 1$ であるので，$\mathrm{Ker}(S^2)$ の (任意の) 基底に V の適当な元 ($\boldsymbol{f}_3$ とおく) を付け加えて V の基底を作ることができる．ここで

$$\boldsymbol{f}_2 = S(\boldsymbol{f}_3), \quad \boldsymbol{f}_1 = S(\boldsymbol{f}_2)$$

とおく．このとき

$$\mathbf{0} = S^3(\boldsymbol{f}_3) = S^2(\boldsymbol{f}_2) = S(\boldsymbol{f}_1)$$

より，$\boldsymbol{f}_2 \in \mathrm{Ker}(S^2)$, $\boldsymbol{f}_1 \in \mathrm{Ker}(S)$ が分かる．また，$\boldsymbol{f}_3 \notin \mathrm{Ker}(S^2)$ より

$$\mathbf{0} \neq S^2(\boldsymbol{f}_3) = S(\boldsymbol{f}_2) = \boldsymbol{f}_1$$

となり，$\boldsymbol{f}_2 \notin \mathrm{Ker}(S)$, $\boldsymbol{f}_1 \neq \mathbf{0}$ が分かる.

次に，$\dim \mathrm{Ker}(S^2) - \dim \mathrm{Ker}(S) = 2$ に注意すれば，$\mathrm{Ker}(S)$ の基底に，$\mathrm{Ker}(S^2)$ の元 $\boldsymbol{f}_2$(既出) と，もう 1 つあらたな元 $\boldsymbol{f}_5$ を付け加えて，$\mathrm{Ker}(S^2)$ の基底を作ることができる．$\boldsymbol{f}_4 = S(\boldsymbol{f}_5)$ とおけば，上と同様の論法により，$\boldsymbol{f}_4 \in \mathrm{Ker}(S)$, $\boldsymbol{f}_4 \neq \mathbf{0}$ を示すことができる.

以上のようにして得られた 5 個の元の間の関係は，図式的に

$$\begin{array}{r} \boldsymbol{f}_3 \overset{S}{\longmapsto} \boldsymbol{f}_2 \overset{S}{\longmapsto} \boldsymbol{f}_1 \overset{S}{\longmapsto} \mathbf{0} \\ \boldsymbol{f}_5 \overset{S}{\longmapsto} \boldsymbol{f}_4 \overset{S}{\longmapsto} \mathbf{0} \end{array} \tag{5.4}$$

と表される．このとき，次の主張が成り立つ.

主張 (1) $\boldsymbol{f}_2$, $\boldsymbol{f}_5$ は線形独立である.

(2) $\boldsymbol{f}_1$, $\boldsymbol{f}_4$ は線形独立である.

(3) $\boldsymbol{f}_1$, $\boldsymbol{f}_2$, $\boldsymbol{f}_3$, $\boldsymbol{f}_4$, $\boldsymbol{f}_5$ は線形独立である.

主張の証明の概略 (1) $\boldsymbol{f}_2$ と $\boldsymbol{f}_5$ は $\mathrm{Ker}(S^2)$ の基底の一部である．

(2) $\boldsymbol{f}_2$ と $\boldsymbol{f}_5$ で張られる V の線形部分空間を $[\boldsymbol{f}_2, \boldsymbol{f}_5]$ で表す (これ以降，この記法を用いることにする)．このとき

$$[\boldsymbol{f}_2, \boldsymbol{f}_5] + \mathrm{Ker}(S) = \mathrm{Ker}(S^2)$$

が成り立つ．定理 3.5 より

$$\dim \mathrm{Ker}(S^2) = \dim[\boldsymbol{f}_2, \boldsymbol{f}_5] + \dim \mathrm{Ker}(S) - \dim\Big([\boldsymbol{f}_2, \boldsymbol{f}_5] \cap \mathrm{Ker}(S) \Big)$$

であるが，それぞれの次元を考えれば

$$[\boldsymbol{f}_2, \boldsymbol{f}_5] \cap \mathrm{Ker}(S) = \{\mathbf{0}\} \tag{5.5}$$

であることが分かる．

今，$c\boldsymbol{f}_1 + c'\boldsymbol{f}_4 = \mathbf{0}$ $(c, c' \in \boldsymbol{C})$ が成り立つと仮定する．このとき

$$\boldsymbol{a} = c\boldsymbol{f}_2 + c'\boldsymbol{f}_5$$

とおけば，$\boldsymbol{a} \in [\boldsymbol{f}_2, \boldsymbol{f}_5]$ である．また，$S(\boldsymbol{a}) = c\boldsymbol{f}_1 + c'\boldsymbol{f}_4 = \mathbf{0}$ であるので，$\boldsymbol{a} \in \mathrm{Ker}(S)$ である．よって，(5.5) より $\boldsymbol{a} = c\boldsymbol{f}_2 + c'\boldsymbol{f}_5 = \mathbf{0}$ である．(1) より $\boldsymbol{f}_2$ と $\boldsymbol{f}_5$ が線形独立であるので，$c = c' = 0$ となる．

(3) $c_1, c_2, c_3, c_4, c_5 \in \boldsymbol{C}$ が

$$c_1\boldsymbol{f}_1 + c_2\boldsymbol{f}_2 + c_3\boldsymbol{f}_3 + c_4\boldsymbol{f}_4 + c_5\boldsymbol{f}_5 = \mathbf{0} \tag{5.6}$$

を満たすとする．(5.6) の両辺に S をほどこせば

$$c_2\boldsymbol{f}_1 + c_3\boldsymbol{f}_2 + c_5\boldsymbol{f}_4 = \mathbf{0} \tag{5.7}$$

が得られ，さらに S をほどこせば $c_3\boldsymbol{f}_1 = \mathbf{0}$ が得られる．$\boldsymbol{f}_1 \neq \mathbf{0}$ より $c_3 = 0$ である．それを (5.7) に代入すれば

$$c_2\boldsymbol{f}_1 + c_5\boldsymbol{f}_4 = \mathbf{0}$$

が得られるが，(2) より $c_2 = c_5 = 0$ となる．これを (5.6) に代入すれば

$$c_1\boldsymbol{f}_1 + c_4\boldsymbol{f}_4 = \mathbf{0}$$

が得られ，再び (2) より $c_1 = c_4 = 0$ が得られる．

この主張の結果より $F=\langle \boldsymbol{f}_1,\cdots,\boldsymbol{f}_5\rangle$ は V の基底である．(5.4) より，基底 F に関する S の表現行列は $J(0,3)\oplus J(0,2)$ である．

[観察その 3]　V は 3 次元複素線形空間とし，T は V の線形変換とする．V の基底 $E=\langle \boldsymbol{e}_1,\boldsymbol{e}_2,\boldsymbol{e}_3\rangle$ に関する T の表現行列が

$$A=J(\alpha,2)\oplus J(\beta,1)=\begin{pmatrix}\alpha & 1 & \\ & \alpha & \\ & & \beta\end{pmatrix}$$

であるとする．ただし，$\alpha\neq\beta$ とする．このとき

$$T(\boldsymbol{e}_1)=\alpha\boldsymbol{e}_1,\ T(\boldsymbol{e}_2)=\boldsymbol{e}_1+\alpha\boldsymbol{e}_2,\ T(\boldsymbol{e}_3)=\beta\boldsymbol{e}_3$$

が成り立つ．いま，$T'=T-\alpha I$ とおくと，

$$T'(\boldsymbol{e}_1)=\boldsymbol{0},\ T'(\boldsymbol{e}_2)=\boldsymbol{e}_1,\ T'(\boldsymbol{e}_3)=(\beta-\alpha)\boldsymbol{e}_3$$

となる．${T'}^k(\boldsymbol{e}_3)=(\beta-\alpha)^k\boldsymbol{e}_3\neq\boldsymbol{0}$ であるので，T' はべき零でない．

${T'}^k$ の核については，$\langle \boldsymbol{e}_1\rangle$ が $\mathrm{Ker}(T')$ の基底となり，$\langle \boldsymbol{e}_1,\boldsymbol{e}_2\rangle$ が $\mathrm{Ker}({T'}^2)$ の基底となる．$k\geq 2$ ならば $\mathrm{Ker}({T'}^k)=\mathrm{Ker}({T'}^2)$ である．したがって

$$\mathrm{Ker}(T')\subset\mathrm{Ker}({T'}^2)=\mathrm{Ker}({T'}^3)=\cdots$$

となる．そこで

$$\tilde{W}(\alpha)=\{\,\boldsymbol{x}\in V\mid \text{ある自然数 } k \text{ が存在して } (T-\alpha I)^k(\boldsymbol{x})=\boldsymbol{0}\,\}\qquad(5.8)$$

とおくと，この場合は $\tilde{W}(\alpha)=\mathrm{Ker}({T'}^2)$ となる．$\tilde{W}(\alpha)$ は T 不変な V の線形部分空間であり，$\tilde{W}(\alpha)$ の基底 $\langle \boldsymbol{e}_1,\boldsymbol{e}_2\rangle$ に関する $T|_{\tilde{W}(\alpha)}:\tilde{W}(\alpha)\to\tilde{W}(\alpha)$ の表現行列は $J(\alpha,2)$ となる．特に $(T'|_{\tilde{W}(\alpha)})^2=O$ であるので，$T'|_{\tilde{W}(\alpha)}$ はべき零変換である．

像については，$\langle \boldsymbol{e}_1,\boldsymbol{e}_3\rangle$ が $\mathrm{Im}(T')$ の基底となり，$\langle \boldsymbol{e}_3\rangle$ が $\mathrm{Im}({T'}^2)$ の基底となる．さらに $k\geq 2$ ならば $\mathrm{Im}({T'}^k)=\mathrm{Im}({T'}^2)$ である．したがって

$$\mathrm{Im}(T')\supset\mathrm{Im}({T'}^2)=\mathrm{Im}({T'}^3)=\cdots$$

となる．ここで

$$V = \mathrm{Ker}(T'^2) \oplus \mathrm{Im}(T'^2) \tag{5.9}$$

が成り立っている (ここでは概略のみ述べた．読者は詳細に検討せよ).

5.1.3 観察の一般化と読者への挑戦

(5.9) を一般化しよう．S を n 次元複素線形空間 V の線形変換とすると

$$\begin{aligned} &\mathrm{Ker}(S) \subset \mathrm{Ker}(S^2) \subset \mathrm{Ker}(S^3) \subset \cdots \\ &\mathrm{Im}(S) \supset \mathrm{Im}(S^2) \supset \mathrm{Im}(S^3) \supset \cdots \end{aligned} \tag{5.10}$$

が成り立つ (確かめよ)．また，定理 3.6 を S^k に対して適用すれば

$$\dim \mathrm{Ker}(S^k) + \dim \mathrm{Im}(S^k) = n \tag{5.11}$$

である．(5.10) において，$\dim \mathrm{Ker}(S^k)$ $(k = 1, 2, \cdots)$ は非減少列であり，$\dim \mathrm{Im}(S^k)$ $(k = 1, 2, \cdots)$ は非増加列であるが，いずれも 0 以上 n 以下の整数値をとるので，あるところで一定になる．よって，ある自然数 N が存在して

$$\begin{aligned} &\mathrm{Ker}(S^N) = \mathrm{Ker}(S^{N+1}) = \mathrm{Ker}(S^{N+2}) = \cdots \\ &\mathrm{Im}(S^N) = \mathrm{Im}(S^{N+1}) = \mathrm{Im}(S^{N+2}) = \cdots \end{aligned} \tag{5.12}$$

を満たす．このとき，次の定理が成り立つ．

定理 5.2 $S : V \to V$ および自然数 N は上述のものとする．

(1) $\mathrm{Ker}(S^N)$ および $\mathrm{Im}(S^N)$ は S 不変である．

(2) $V = \mathrm{Ker}(S^N) \oplus \mathrm{Im}(S^N)$.

証明 (1) $\mathrm{Ker}(S^N)$ の任意の元 $\boldsymbol{x}$ をとると，$S^N(\boldsymbol{x}) = \boldsymbol{0}$ に注意すれば

$$S^N(S(\boldsymbol{x})) = S^{N+1}(\boldsymbol{x}) = S(S^N(\boldsymbol{x})) = S(\boldsymbol{0}) = \boldsymbol{0}$$

であるので，$S(\boldsymbol{x}) \in \mathrm{Ker}(S^N)$ である．よって $\mathrm{Ker}(S^N)$ は S 不変である．

$\mathrm{Im}(S^N)$ の任意の元 $\boldsymbol{y}$ をとると，ある $\boldsymbol{z} \in V$ に対して $\boldsymbol{y} = S^N(\boldsymbol{z})$ となり，

$$S(\boldsymbol{y}) = S(S^N(\boldsymbol{z})) = S^{N+1}(\boldsymbol{z}) = S^N(S(\boldsymbol{z}))$$

となるので $S(\boldsymbol{y}) \in \mathrm{Im}(S^N)$ である．よって $\mathrm{Im}(S^N)$ は S 不変である．

(2) 2 つの段階を踏んで証明する．

第 1 段: $\mathrm{Ker}(S^N) \cap \mathrm{Im}(S^N) = \{\mathbf{0}\}$ を示す．

$\mathrm{Ker}(S^N) \cap \mathrm{Im}(S^N)$ の任意の元 $\boldsymbol{x}$ をとると，$S^N(\boldsymbol{x}) = \mathbf{0}$ であり，また，ある $\boldsymbol{y} \in V$ に対して $S^N(\boldsymbol{y}) = \boldsymbol{x}$ を満たす．このとき，

$$S^{2N}(\boldsymbol{y}) = S^N(\boldsymbol{x}) = \mathbf{0}$$

より $\boldsymbol{y} \in \mathrm{Ker}(S^{2N})$ であるが，(5.12) より $\mathrm{Ker}(S^{2N}) = \mathrm{Ker}(S^N)$ であるので，$\boldsymbol{y} \in \mathrm{Ker}(S^N)$ である．よって $\boldsymbol{x} = S^N(\boldsymbol{y}) = \mathbf{0}$ である．

第 2 段： $V = \mathrm{Ker}(S^N) + \mathrm{Im}(S^N)$ を示す．

(5.11) より，$\dim \mathrm{Ker}(S^N) + \dim \mathrm{Im}(S^N) = n = \dim V$ が成り立つ．さらに，第 1 段および定理 3.5 より

$$\begin{aligned}
&\dim\Big(\mathrm{Ker}(S^N) + \mathrm{Im}(S^N)\Big) \\
&= \dim \mathrm{Ker}(S^N) + \dim \mathrm{Im}(S^N) - \dim\Big(\mathrm{Ker}(S^N) \cap \mathrm{Im}(S^N)\Big) \\
&= \dim \mathrm{Ker}(S^N) + \dim \mathrm{Im}(S^N) = \dim V
\end{aligned}$$

が得られ，第 2 段が示される．第 1 段とあわせれば定理が証明される． □

次に，前の小節の式 (5.8) を一般化する．α は T の固有値とする．

定義 5.6 V の部分集合

$$\tilde{W}(\alpha) = \{\, \boldsymbol{x} \in V \mid \text{ある自然数 } k \text{ が存在して } (T - \alpha I)^k(\boldsymbol{x}) = \mathbf{0} \,\}$$

を，固有値 α に対する T の**広義固有空間**，あるいは**一般固有空間**とよぶ．

$\boldsymbol{x}$ が固有値 α に対する T の固有ベクトルならば，$(T - \alpha I)(\boldsymbol{x}) = \mathbf{0}$ であるので，$\boldsymbol{x} \in \tilde{W}(\alpha)$ である．よって $W(\alpha) \subset \tilde{W}(\alpha)$ である．

V の線形部分空間の列

$$\mathrm{Ker}(T - \alpha I) \subset \mathrm{Ker}((T - \alpha I)^2) \subset \mathrm{Ker}((T - \alpha I)^3) \subset \cdots$$

において，ある自然数 N が存在して

$$\mathrm{Ker}((T-\alpha I)^N)=\mathrm{Ker}((T-\alpha I)^{N+1})=\mathrm{Ker}((T-\alpha I)^{N+2})=\cdots$$

となるが，このとき $\tilde{W}(\alpha)=\mathrm{Ker}((T-\alpha I)^N)$ である．したがって，$\tilde{W}(\alpha)$ は V の $(T-\alpha I)$ 不変な線形部分空間である (定理 5.2).

補題 5.3 V の線形部分空間 W が T 不変であることと $(T-\alpha I)$ 不変であることは同値である．

証明 W が T 不変であるとする．W の任意の元 $\boldsymbol{x}$ に対して

$$(T-\alpha I)(\boldsymbol{x})=T(\boldsymbol{x})-\alpha\boldsymbol{x}$$

であるが，$\alpha\boldsymbol{x}\in W$, $T(\boldsymbol{x})\in W$ より，$(T-\alpha I)(\boldsymbol{x})\in W$ となる．よって W は $(T-\alpha I)$ 不変である．逆も同様に示される． □

命題 5.2 α が $T:V\to V$ の固有値であるとき，次のことが成り立つ．

(1) 十分大きい自然数 N に対して $V=\tilde{W}(\alpha)\oplus\mathrm{Im}((T-\alpha I)^N)$ である．さらに $\tilde{W}(\alpha)$, $\mathrm{Im}((T-\alpha I)^N)$ は T 不変である．

(2) $T|_{\mathrm{Im}((T-\alpha I)^N)}$ は α を固有値として持たない．

(3) $T|_{\tilde{W}(\alpha)}$ の固有値は α のみである．

(4) α 以外の固有値に対する T の固有ベクトルはすべて $\mathrm{Im}((T-\alpha I)^N)$ に属し，$T|_{\mathrm{Im}((T-\alpha I)^N)}$ の固有ベクトルでもある．したがって特に，T の α 以外の固有値はすべて $T|_{\mathrm{Im}((T-\alpha I)^N)}$ の固有値でもある．

(5) α' が α と異なる T の固有値ならば $\tilde{W}(\alpha)\cap\tilde{W}(\alpha')=\{\mathbf{0}\}$ である．

証明 (1) 定理 5.2 と補題 5.3 より示される．

(2) そうでないとすると，固有値 α に対する $T|_{\mathrm{Im}((T-\alpha I)^N)}$ の固有ベクトル $\boldsymbol{v}\in\mathrm{Im}((T-\alpha I)^N)$ が存在する：$T(\boldsymbol{v})=\alpha\boldsymbol{v}$. このとき $\boldsymbol{v}\in\tilde{W}(\alpha)$ となるが，(1) より $\tilde{W}(\alpha)\cap\mathrm{Im}((T-\alpha I)^N)=\{\mathbf{0}\}$ であることに矛盾する．

(3) $T|_{\tilde{W}(\alpha)}$ が固有値 $\alpha'\,(\neq\alpha)$ を持つとすると，$\mathbf{0}$ でない $\boldsymbol{x}\in\tilde{W}(\alpha)$ が存在して，$T(\boldsymbol{x})=\alpha'\boldsymbol{x}$ を満たす．このとき，$(T-\alpha I)(\boldsymbol{x})=(\alpha'-\alpha)\boldsymbol{x}$ より，

任意の自然数 k に対して $(T-\alpha I)^k(\boldsymbol{x}) = (\alpha'-\alpha)^k\boldsymbol{x} \neq \boldsymbol{0}$ となるが，これは $\boldsymbol{x} \in \tilde{W}(\alpha)$ であることに反する．

（4） 固有値 $\alpha'\,(\neq \alpha)$ に対する T の固有ベクトル $\boldsymbol{x}$ をとる．(1) より

$$\boldsymbol{x} = \boldsymbol{y} + \boldsymbol{z} \qquad \left({}^\exists\boldsymbol{y} \in \tilde{W}(\alpha),\ \ {}^\exists\boldsymbol{z} \in \mathrm{Im}((T-\alpha I)^N) \right)$$

と表せる．これより

$$\boldsymbol{0} = (T-\alpha' I)(\boldsymbol{x}) = (T-\alpha' I)(\boldsymbol{y}) + (T-\alpha' I)(\boldsymbol{z})$$

が得られる．ここで，$\tilde{W}(\alpha), \mathrm{Im}((T-\alpha I)^N))$ は T 不変であるので，補題 5.3 より $(T-\alpha' I)$ 不変でもあり，

$$(T-\alpha' I)(\boldsymbol{y}) \in \tilde{W}(\alpha), \quad (T-\alpha' I)(\boldsymbol{z}) \in \mathrm{Im}((T-\alpha I)^N)$$

となる．(1) より $\tilde{W}(\alpha) \cap \mathrm{Im}((T-\alpha I)^N)) = \{\boldsymbol{0}\}$ であることに注意すれば

$$(T-\alpha' I)(\boldsymbol{y}) = -(T-\alpha' I)(\boldsymbol{z}) \in \tilde{W}(\alpha) \cap \mathrm{Im}((T-\alpha I)^N) = \{\boldsymbol{0}\}$$

となり，$(T-\alpha' I)(\boldsymbol{y}) = \boldsymbol{0}$ が得られる．このとき，$\boldsymbol{y} = \boldsymbol{0}$ である．実際，そうでないならば $\boldsymbol{y} \in \tilde{W}(\alpha)$ は固有値 α' に対する T の固有ベクトルとなるが，これは (3) に反する．よって $\boldsymbol{x} = \boldsymbol{z} \in \mathrm{Im}((T-\alpha I)^N)$ となり，(4) が示される．

（5） $S' = T - \alpha' I$ とおく．$\tilde{W}(\alpha)$ の $\boldsymbol{0}$ でない元 $\boldsymbol{y}$ が $\tilde{W}(\alpha')$ には属さないことを示せばよい．(3) より α' は $T|_{\tilde{W}(\alpha)}$ の固有値ではないので

$$S'(\boldsymbol{y}) = T(\boldsymbol{y}) - \alpha'\boldsymbol{y} \neq \boldsymbol{0}$$

となる．(1) および補題 5.3 より，$\tilde{W}(\alpha)$ は S' 不変であるので，$S'(\boldsymbol{y}) \in \tilde{W}(\alpha)$ である．よって，再び (3) より

$$S'^2(\boldsymbol{y}) = S'(S'(\boldsymbol{y})) = T(S'(\boldsymbol{y})) - \alpha' S'(\boldsymbol{y}) \neq \boldsymbol{0}$$

であることが分かる．同様にして，任意の自然数 p に対して，順次

$$S'^p(\boldsymbol{y}) = S'(S'^{p-1}(\boldsymbol{y})) = T(S'^{p-1}(\boldsymbol{y})) - \alpha' S'^{p-1}(\boldsymbol{y}) \neq \boldsymbol{0}$$

が示される．よって $\boldsymbol{y} \notin \tilde{W}(\alpha')$ である． □

次の小節で定理 5.1 を証明する．ここで，著名な推理小説作家にならって，「読者への挑戦」を述べておこう．

読者への挑戦： ここまで読み進めてきた読者は，すでに定理 5.1 の一般的な証明に必要な概念やヒントを手に入れている．今までに得られた材料をもとにして論理的な考察を積み重ねてゆけば，さほどの発想の飛躍もなく，自然に「**Q.E.D.**(証明終わり)」まで到達するであろう．

5.1.4 定理を証明する

この小節では定理 5.1 を証明する．まず，次の定理からはじめる．

定理 5.4 T は n 次元複素線形空間 V の線形変換とすると，V は T の相異なる固有値に対する広義固有空間の直和に分解する．すなわち

$$V = \tilde{W}(\alpha_1) \oplus \tilde{W}(\alpha_2) \oplus \cdots \oplus \tilde{W}(\alpha_k)$$

となる．ここで $\alpha_1, \alpha_2, \cdots, \alpha_k$ は T の相異なるすべての固有値である．

証明 n に関する帰納法を用いる．$n = 1$ のとき，定理の主張は正しい．そこで，$\dim V \leq n-1$ のときは定理が正しいと仮定する．いま，T の固有値 α をとり，$S = T - \alpha I$ とおくと，命題 5.2 より，十分大きい自然数 N に対して

$$V = \tilde{W}(\alpha) \oplus \mathrm{Im}(S^N) \tag{5.13}$$

となる．ここで，$\tilde{W}(\alpha), \mathrm{Im}(S^N)$ は T 不変であり，$\dim \tilde{W}(\alpha) \geq 1$ である．

$V = \tilde{W}(\alpha)$ ならば定理の結論が成り立つ．そこで $V \neq \tilde{W}(\alpha)$ と仮定する．$T' = T|_{\mathrm{Im}(S^N)}$ とおき，帰納法の仮定を適用すれば

$$\mathrm{Im}(S^N) = \tilde{W}'(\alpha_1) \oplus \tilde{W}'(\alpha_2) \oplus \cdots \oplus \tilde{W}'(\alpha_r) \tag{5.14}$$

となる．ここで α_i $(i = 1, 2, \cdots, r)$ は T' の相異なるすべての固有値であり，$\tilde{W}'(\alpha_i)$ は固有値 α_i に対する T' の広義固有空間を表す．このとき，命題 5.2 (4) より，$\alpha_1, \alpha_2, \cdots, \alpha_r$ は α 以外の T のすべての固有値である．また，

$$\tilde{W}'(\alpha_i) = \tilde{W}(\alpha_i) \cap \mathrm{Im}(S^N)$$

が成り立つ (確かめよ)．このとき，次の主張が成り立つ．

主張　$\tilde{W}'(\alpha_i) = \tilde{W}(\alpha_i)$ である．

主張の証明　$\tilde{W}(\alpha_i)$ の任意の元 $\boldsymbol{x}$ をとる．$S_i = T - \alpha_i I$ とおくと，ある自然数 N_i に対して $S_i^{N_i}(\boldsymbol{x}) = \boldsymbol{0}$ が成り立つ．このとき，(5.13) より

$$\boldsymbol{x} = \boldsymbol{y} + \boldsymbol{z} \quad (\,\boldsymbol{y} \in \tilde{W}(\alpha),\ \boldsymbol{z} \in \mathrm{Im}(S^N)\,)$$

と表せるので

$$\boldsymbol{0} = S_i^{N_i}(\boldsymbol{x}) = S_i^{N_i}(\boldsymbol{y}) + S_i^{N_i}(\boldsymbol{z})$$

が得られる．$\tilde{W}(\alpha), \mathrm{Im}(S^N)$ は S_i 不変であるので (補題 5.3)

$$S_i^{N_i}(\boldsymbol{y}) \in \tilde{W}(\alpha), \quad S_i^{N_i}(\boldsymbol{z}) \in \mathrm{Im}(S^N)$$

となるが，(5.13) より $\tilde{W}(\alpha) \cap \mathrm{Im}(S^N) = \{\boldsymbol{0}\}$ であることに注意すれば

$$S_i^{N_i}(\boldsymbol{y}) = -S_i^{N_i}(\boldsymbol{z}) \in \tilde{W}(\alpha) \cap \mathrm{Im}(S^N) = \{\boldsymbol{0}\}$$

より $S_i^{N_i}(\boldsymbol{y}) = \boldsymbol{0}$ となり，したがって，$\boldsymbol{y} \in \tilde{W}(\alpha_i)$ となることが分かる．よって $\boldsymbol{y} \in \tilde{W}(\alpha) \cap \tilde{W}(\alpha_i)$ であるが，命題 5.2 (5) より $\boldsymbol{y} = \boldsymbol{0}$ でなければならない．よって $\boldsymbol{x} = \boldsymbol{z} \in \tilde{W}(\alpha_i) \cap \mathrm{Im}(S^N) = \tilde{W}'(\alpha_i)$ である．　[**主張の証明終**]

定理 5.4 はこれよりただちに証明される．実際，(5.13) と (5.14) と上の主張の結果を合わせれば

$$V = \tilde{W}(\alpha) \oplus \tilde{W}(\alpha_1) \oplus \tilde{W}(\alpha_2) \oplus \cdots \oplus \tilde{W}(\alpha_r)$$

であり，$\alpha, \alpha_1, \cdots, \alpha_r$ は T の相異なるすべての固有値である．　□

定理 5.5　T は n 次元複素線形空間 V のべき零線形変換とする．このとき，V の基底をうまく選んで，その基底に関する T の表現行列が

$$J(0, m_1) \oplus \cdots \oplus J(0, m_k) \quad (m_1 + \cdots + m_k = n)$$

の形となるようにすることができる．

証明 $T^{m-1} \neq O, T^m = O$ となる m をとると，V の線形部分空間の列

$$V = \mathrm{Ker}(T^m) \supset \mathrm{Ker}(T^{m-1}) \supset \cdots \supset \mathrm{Ker}(T)$$

ができる．$\dim \mathrm{Ker}(T^i) = r_i \ (i = 1, 2, \cdots, m)$，$r_0 = 0$ とおくと

$$n = r_m \geq r_{m-1} \geq \cdots \geq r_1 \geq r_0 = 0$$

となる．さらに $s_i = r_i - r_{i-1} \ (i = 1, 2, \cdots, m)$ とおけば $s_i \geq 0$ である．

以下，簡単のため $s = s_m$ とおく．このとき

$$\dim \mathrm{Ker}(T^m) - \dim \mathrm{Ker}(T^{m-1}) = s_m = s$$

であるので，$\mathrm{Ker}(T^{m-1})$ の基底に s 個の元 ($\boldsymbol{f}_m, \boldsymbol{f}_{2m}, \cdots, \boldsymbol{f}_{sm}$ とおく) を付け加えて $V = \mathrm{Ker}(T^m)$ の基底を作ることができる．さらに

$$T(\boldsymbol{f}_m) = \boldsymbol{f}_{m-1},\ T(\boldsymbol{f}_{m-1}) = \boldsymbol{f}_{m-2},\ \cdots,\ T(\boldsymbol{f}_2) = \boldsymbol{f}_1$$

とおくと，$\boldsymbol{f}_i = T^{m-i}(\boldsymbol{f}_m) \ (1 \leq i \leq m-1)$, $\boldsymbol{f}_i \in \mathrm{Ker}(T^i) \ (1 \leq i \leq m)$ となる．さらに $\boldsymbol{f}_i \notin \mathrm{Ker}(T^{i-1}) \ (2 \leq i \leq m)$, $\boldsymbol{f}_1 \neq \boldsymbol{0}$ も分かる．同様に

$$\begin{aligned} &T(\boldsymbol{f}_{2m}) = \boldsymbol{f}_{2m-1},\ T(\boldsymbol{f}_{2m-1}) = \boldsymbol{f}_{2m-2},\ \cdots,\ T(\boldsymbol{f}_{m+2}) = \boldsymbol{f}_{m+1}; \\ &\qquad \cdots \\ &T(\boldsymbol{f}_{sm}) = \boldsymbol{f}_{sm-1},\ T(\boldsymbol{f}_{sm-1}) = \boldsymbol{f}_{sm-2}, \cdots, T(\boldsymbol{f}_{(s-1)m+2}) = \boldsymbol{f}_{(s-1)m+1} \end{aligned}$$

とおく．こうして得られた sm 個の元 $\boldsymbol{f}_1, \boldsymbol{f}_2, \cdots, \boldsymbol{f}_{sm}$ の間の関係は図式的に

$$\begin{array}{lllll} \boldsymbol{f}_m & \xmapsto{T} \boldsymbol{f}_{m-1} & \xmapsto{T} \cdots \xmapsto{T} \boldsymbol{f}_1 & & \xmapsto{T} \boldsymbol{0} \\ \boldsymbol{f}_{2m} & \xmapsto{T} \boldsymbol{f}_{2m-1} & \xmapsto{T} \cdots \xmapsto{T} \boldsymbol{f}_{m+1} & & \xmapsto{T} \boldsymbol{0} \\ & & \cdots & & \\ \boldsymbol{f}_{sm} & \xmapsto{T} \boldsymbol{f}_{sm-1} & \xmapsto{T} \cdots \xmapsto{T} \boldsymbol{f}_{(s-1)m+1} & & \xmapsto{T} \boldsymbol{0} \end{array} \tag{5.15}$$

と表される．ここで，小節 5.1.2 と同様，元 $\boldsymbol{x}_1, \boldsymbol{x}_2, \cdots, \boldsymbol{x}_k$ によって生成される V の線形部分空間を $[\boldsymbol{x}_1, \boldsymbol{x}_2, \cdots, \boldsymbol{x}_k]$ という記号で表す．

主張その 1 (1) $\boldsymbol{f}_m, \boldsymbol{f}_{2m}, \cdots, \boldsymbol{f}_{sm}$ は線形独立である．

（2） $[\boldsymbol{f}_m, \boldsymbol{f}_{2m}, \cdots, \boldsymbol{f}_{sm}] \cap \mathrm{Ker}(T^{m-1}) = \{\mathbf{0}\}$ である．

主張その 1 の証明　$\boldsymbol{f}_m, \cdots, \boldsymbol{f}_{sm}$ は V の基底の一部であるので，線形独立である．よって $\dim([\boldsymbol{f}_m, \cdots, \boldsymbol{f}_{sm}]) = s$ である．このとき，定理 3.5 より

$$\begin{aligned}
&\dim([\boldsymbol{f}_m, \cdots, \boldsymbol{f}_{sm}] + \mathrm{Ker}(T^{m-1})) \\
&= \dim([\boldsymbol{f}_m, \cdots, \boldsymbol{f}_{sm}]) + \dim \mathrm{Ker}(T^{m-1}) \\
&\quad - \dim([\boldsymbol{f}_m, \cdots, \boldsymbol{f}_{sm}] \cap \mathrm{Ker}(T^{m-1})) \\
&\le s + r_{m-1}
\end{aligned} \tag{5.16}$$

が得られる．一方，$[\boldsymbol{f}_m, \cdots, \boldsymbol{f}_{sm}] + \mathrm{Ker}(T^{m-1}) = V$ が ($\boldsymbol{f}_m, \cdots, \boldsymbol{f}_{sm}$ の選び方より) 分かる．$\dim V = n = r_m = s_m + r_{m-1} = s + r_{m-1}$ であるので，(5.16) において等号が成立する．これより

$$[\boldsymbol{f}_m, \boldsymbol{f}_{2m}, \cdots, \boldsymbol{f}_{sm}] \cap \mathrm{Ker}(T^{m-1}) = \{\mathbf{0}\}$$

が得られ，主張その 1 が証明される．

主張その 2　$1 \le i \le m$ なる自然数 i に対し，si 個の元

$$\begin{array}{lll}
\boldsymbol{f}_i, & \boldsymbol{f}_{i-1}, \cdots, & \boldsymbol{f}_1, \\
\boldsymbol{f}_{m+i}, & \boldsymbol{f}_{m+i-1}, \cdots, & \boldsymbol{f}_{m+1}, \\
 & \cdots & \\
\boldsymbol{f}_{(s-1)m+i}, & \boldsymbol{f}_{(s-1)m+i-1}, \cdots, & \boldsymbol{f}_{(s-1)m+1}
\end{array}$$

は線形独立である．特に，sm 個の元 $\boldsymbol{f}_1, \boldsymbol{f}_2, \cdots, \boldsymbol{f}_{sm}$ は線形独立である．

主張その 2 の証明　i に関する帰納法を用いる．まず $i = 1$ とする．

$$c_0 \boldsymbol{f}_1 + c_1 \boldsymbol{f}_{m+1} + \cdots + c_{s-1} \boldsymbol{f}_{(s-1)m+1} = \mathbf{0} \quad (c_0, c_1, \cdots, c_{s-1} \in \boldsymbol{C})$$

と仮定し，$\boldsymbol{a} = c_0 \boldsymbol{f}_m + c_1 \boldsymbol{f}_{2m} + \cdots + c_{s-1} \boldsymbol{f}_{sm}$ とおくと，

$$T^{m-1}(\boldsymbol{a}) = c_0 \boldsymbol{f}_1 + c_1 \boldsymbol{f}_{m+1} + \cdots + c_{s-1} \boldsymbol{f}_{(s-1)m+1} = \mathbf{0}$$

より $\boldsymbol{a} \in \mathrm{Ker}(T^{m-1})$ となる．よって $\boldsymbol{a} \in \mathrm{Ker}(T^{m-1}) \cap [\boldsymbol{f}_m, \cdots, \boldsymbol{f}_{sm}]$ であるので，主張その 1 (2) より $\boldsymbol{a} = \mathbf{0}$ である．したがって

$$c_0 \boldsymbol{f}_m + c_1 \boldsymbol{f}_{2m} + \cdots + c_{s-1} \boldsymbol{f}_{sm} = \mathbf{0}$$

が成り立つが，主張その 1 (1) より $c_0 = c_1 = \cdots = c_{s-1} = 0$ が得られる．よって $\boldsymbol{f}_1, \boldsymbol{f}_{m+1}, \cdots, \boldsymbol{f}_{(s-1)m+1}$ は線形独立である．

次に，$i \geq 2$ とし，$i-1$ までは主張の結論が成立すると仮定する．今，

$$\begin{aligned}
&c_0^{(i)} \boldsymbol{f}_i + c_0^{(i-1)} \boldsymbol{f}_{i-1} + \cdots + c_0^{(1)} \boldsymbol{f}_1 \\
&+ c_1^{(i)} \boldsymbol{f}_{m+i} + c_1^{(i-1)} \boldsymbol{f}_{m+i-1} + \cdots + c_1^{(1)} \boldsymbol{f}_{m+1} \\
&+ \cdots \\
&+ c_{s-1}^{(i)} \boldsymbol{f}_{(s-1)m+i} + c_{s-1}^{(i-1)} \boldsymbol{f}_{(s-1)m+i-1} + \cdots + c_{s-1}^{(1)} \boldsymbol{f}_{(s-1)m+1} \\
&= \mathbf{0}
\end{aligned} \tag{5.17}$$

と仮定する ($c_p^{(q)} \in \boldsymbol{C}$)．両辺に T をほどこすと，(5.15) より

$$\begin{aligned}
&c_0^{(i)} \boldsymbol{f}_{i-1} + c_0^{(i-1)} \boldsymbol{f}_{i-2} + \cdots + c_0^{(2)} \boldsymbol{f}_1 \\
&+ c_1^{(i)} \boldsymbol{f}_{m+i-1} + c_1^{(i-1)} \boldsymbol{f}_{m+i-2} + \cdots + c_1^{(2)} \boldsymbol{f}_{m+1} \\
&+ \cdots \\
&+ c_{s-1}^{(i)} \boldsymbol{f}_{(s-1)m+i-1} + c_{s-1}^{(i-1)} \boldsymbol{f}_{(s-1)m+i-2} + \cdots + c_{s-1}^{(2)} \boldsymbol{f}_{(s-1)m+1} \\
&= \mathbf{0}
\end{aligned} \tag{5.18}$$

が得られるが，帰納法の仮定より (5.18) の左辺の係数はすべて 0，すなわち

$$c_p^{(q)} = 0 \quad (0 \leq p \leq s-1,\ 2 \leq q \leq i)$$

である．これを (5.17) に代入すれば

$$c_0^{(1)} \boldsymbol{f}_1 + c_1^{(1)} \boldsymbol{f}_{m+1} + \cdots + c_{s-1}^{(1)} \boldsymbol{f}_{(s-1)m+1} = \mathbf{0}$$

が得られるが，$i = 1$ の場合の結果より

$$c_0^{(1)} = c_1^{(1)} = \cdots = c_{s-1}^{(1)} = 0$$

が得られる．結局 $c_p^{(q)} = 0\ (0 \leq p \leq s-1,\ 1 \leq q \leq i)$ となり，(5.17) の左辺にあらわれる si 個の元は線形独立である．よって主張その 2 が証明された．

特に $\boldsymbol{f}_{m-1}, \boldsymbol{f}_{2m-1}, \cdots, \boldsymbol{f}_{sm-1} \in \mathrm{Ker}(T^{m-1})$ も線形独立である．ここで

$$sm = N, \quad m - 1 = m', \quad s_{m-1} - s = t$$

とおく．このとき，$\mathrm{Ker}(T^{m-2})$ の基底に，$\boldsymbol{f}_{m-1}, \boldsymbol{f}_{2m-1}, \cdots, \boldsymbol{f}_{sm-1}$ と，さらに $\mathrm{Ker}(T^{m-1})$ の t 個の元 ($\boldsymbol{f}_{N+m'}, \boldsymbol{f}_{N+2m'}, \cdots, \boldsymbol{f}_{N+tm'}$ とおく) を付け加えて $\mathrm{Ker}(T^{m-1})$ の基底が作れる．(特に $s_{m-1} \geq s_m = s$ も分かる！) さらに

$$\begin{aligned}
\boldsymbol{f}_{N+i} &= T^{m'-i}(\boldsymbol{f}_{N+m'}) && (1 \leq i \leq m'-1) \\
\boldsymbol{f}_{N+m'+i} &= T^{m'-i}(\boldsymbol{f}_{N+2m'}) && (1 \leq i \leq m'-1) \\
&\cdots \\
\boldsymbol{f}_{N+(t-1)m'+i} &= T^{m'-i}(\boldsymbol{f}_{tm'}) && (1 \leq i \leq m'-1)
\end{aligned}$$

とおくと，$0 \leq j \leq t-1$ なる j に対して $\boldsymbol{f}_{N+jm'+i} \in \mathrm{Ker}(T^i)$ であるが，$\boldsymbol{f}_{N+jm'+i} \notin \mathrm{Ker}(T^{i-1})$ $(i \geq 2)$，$\boldsymbol{f}_{N+jm'+1} \neq \boldsymbol{0}$ である．ここまでに得た $(sm+tm')$ 個の元 $\boldsymbol{f}_1, \cdots, \boldsymbol{f}_{N+tm'}$ の間の関係は図式的に次のように表される．

$$\begin{array}{lllll}
\boldsymbol{f}_m & \stackrel{T}{\longmapsto} \boldsymbol{f}_{m-1} & \stackrel{T}{\longmapsto} \cdots \stackrel{T}{\longmapsto} & \boldsymbol{f}_1 & \stackrel{T}{\longmapsto} \boldsymbol{0} \\
 & \cdots & & & \\
\boldsymbol{f}_{sm} & \stackrel{T}{\longmapsto} \boldsymbol{f}_{sm-1} & \stackrel{T}{\longmapsto} \cdots \stackrel{T}{\longmapsto} & \boldsymbol{f}_{(s-1)m+1} & \stackrel{T}{\longmapsto} \boldsymbol{0} \\
 & \boldsymbol{f}_{N+m'} & \stackrel{T}{\longmapsto} \cdots \stackrel{T}{\longmapsto} & \boldsymbol{f}_{N+1} & \stackrel{T}{\longmapsto} \boldsymbol{0} \\
 & \cdots & & & \\
 & \boldsymbol{f}_{N+tm'} & \stackrel{T}{\longmapsto} \cdots \stackrel{T}{\longmapsto} & \boldsymbol{f}_{N+(t-1)m'+1} & \stackrel{T}{\longmapsto} \boldsymbol{0}
\end{array} \qquad (5.19)$$

主張その 3 (1) $\boldsymbol{f}_{m-1}, \boldsymbol{f}_{2m-1}, \cdots, \boldsymbol{f}_{sm-1}, \boldsymbol{f}_{N+m'}, \boldsymbol{f}_{N+2m'}, \cdots, \boldsymbol{f}_{N+tm'}$ は線形独立である．

(2) $[\boldsymbol{f}_{m-1}, \cdots, \boldsymbol{f}_{sm-1}, \boldsymbol{f}_{N+m'}, \cdots, \boldsymbol{f}_{N+tm'}] \cap \mathrm{Ker}(T^{m-2}) = \{\boldsymbol{0}\}$.

(3) (5.19) の $(sm+tm')$ 個の元 $\boldsymbol{f}_1, \cdots, \boldsymbol{f}_{N+tm'}$ は線形独立である．

主張その 3 の証明の概略　(1), (2) は主張その 1 と同様である．(2) は

$$[\boldsymbol{f}_{m-1}, \cdots, \boldsymbol{f}_{sm-1}, \boldsymbol{f}_{N+m'}, \cdots, \boldsymbol{f}_{N+tm'}] + \mathrm{Ker}(T^{m-2}) = \mathrm{Ker}(T^{m-1})$$

の両辺の次元を比較し，定理 3.5 を用いることによって証明される．

(3) の証明は，主張その 2 と同様の帰納法を用いる．まず

$$\boldsymbol{f}_1, \boldsymbol{f}_{m+1}, \cdots, \boldsymbol{f}_{(s-1)m+1}, \boldsymbol{f}_{N+1}, \boldsymbol{f}_{N+m'+1}, \cdots, \boldsymbol{f}_{N+(t-1)m'+1}$$

が線形独立であることを示す．

$$\sum_{p=0}^{s-1} c_p \boldsymbol{f}_{pm+1} + \sum_{p'=0}^{t-1} d_{p'} \boldsymbol{f}_{N+p'm'+1} = \boldsymbol{0} \quad (c_p, d_{p'} \in \boldsymbol{C})$$

と仮定し，$\boldsymbol{a} = \sum_{p=0}^{s-1} c_p \boldsymbol{f}_{(p+1)m-1} + \sum_{p'=0}^{t-1} d_{p'} \boldsymbol{f}_{N+(p'+1)m'}$ とおくと

$$\boldsymbol{a} \in [\boldsymbol{f}_{m-1}, \cdots, \boldsymbol{f}_{sm-1}, \boldsymbol{f}_{N+m'}, \cdots, \boldsymbol{f}_{N+tm'}] \cap \mathrm{Ker}(T^{m-2})$$

であることが分かり，(2) より $\boldsymbol{a} = \boldsymbol{0}$ となる．そこで (1) を用いることにより

$$c_0 = c_1 = \cdots = c_{s-1} = d_0 = d_1 = \cdots = d_{t-1} = 0$$

が得られる．

次に，$1 \leq i \leq m-1$ なる i に対して，$i(s+t)$ 個の元

$$\begin{array}{lll}
\boldsymbol{f}_i, & \boldsymbol{f}_{i-1}, \cdots, & \boldsymbol{f}_1, \\
 & \cdots & \\
\boldsymbol{f}_{(s-1)m+i}, & \boldsymbol{f}_{(s-1)m+i-1}, \cdots, & \boldsymbol{f}_{(s-1)m+1}, \\
\boldsymbol{f}_{N+i}, & \boldsymbol{f}_{N+i-1}, \cdots, & \boldsymbol{f}_{N+1}, \\
 & \cdots & \\
\boldsymbol{f}_{N+(t-1)m'+i}, & \boldsymbol{f}_{N+(t-1)m'+i-1}, \cdots, & \boldsymbol{f}_{N+(t-1)m'+1}
\end{array}$$

から成る集合を $X(i)$ とし，$X(i)$ に属する元が線形独立であることを i に関する帰納法により示す．$i=1$ のときはすでに示した．そこで $X(i-1)$ に属する元が線形独立であると仮定し，$X(i)$ に属する元が線形独立であることを示す．

$$\sum_{p=0}^{s-1} \sum_{q=1}^{i} c_p^{(q)} \boldsymbol{f}_{pm+q} + \sum_{p'=0}^{t-1} \sum_{q=1}^{i} d_{p'}^{(q)} \boldsymbol{f}_{N+p'm'+q} = \boldsymbol{0} \tag{5.20}$$

と仮定する．(5.20) の両辺に T をほどこすと

$$\sum_{p=0}^{s-1}\sum_{q=2}^{i} c_p^{(q)} \boldsymbol{f}_{pm+q-1} + \sum_{p'=0}^{t-1}\sum_{q=2}^{i} d_{p'}^{(q)} \boldsymbol{f}_{N+p'm'+q-1} = \mathbf{0}$$

が得られ，$X(i-1)$ に属する元が線形独立であることより

$$c_p^{(q)} = 0,\ \ d_{p'}^{(q)} = 0 \quad (0 \leq p \leq s-1,\ 0 \leq p' \leq t-1,\ 2 \leq q \leq i) \tag{5.21}$$

が得られる．これをもとの式 (5.20) に代入すれば

$$\sum_{p=0}^{s-1} c_p^{(1)} \boldsymbol{f}_{pm+1} + \sum_{p'=0}^{t-1} d_{p'}^{(1)} \boldsymbol{f}_{N+p'm'+1} = \mathbf{0}$$

となるが，$X(1)$ に属する元が線形独立であることより

$$c_p^{(1)} = 0,\ \ d_{p'}^{(1)} = 0 \quad (0 \leq p \leq s-1,\ 0 \leq p' \leq t-1) \tag{5.22}$$

が得られる．(5.21) と (5.22) をあわせれば，$X(i)$ に属する元が線形独立であることが分かる．したがって特に $X(m-1)$ に属する元は線形独立である．

最後に，(5.19) の $(sm+tm')$ 個の元 $\boldsymbol{f}_1, \cdots, \boldsymbol{f}_{N+tm'}$ が線形独立であることも同様に示される．すなわち，これらの元の線形結合が $\mathbf{0}$ であると仮定し，その関係式の両辺に T をほどこすと，$X(m-1)$ に属する元の線形結合が $\mathbf{0}$ であるという関係式が得られ，その係数がすべて 0 であることが分かり，それをもとの式に代入すると，$X(1)$ に属する元の線形結合が $\mathbf{0}$ であるという関係式が得られ，その係数もすべて 0 であることが示される．こうして (3) が証明され，主張その 3 の証明が終わる．

主張その 3 より，$\mathrm{Ker}(T^{m-2})$ の元

$$\boldsymbol{f}_{m-2}, \boldsymbol{f}_{2m-2}, \cdots, \boldsymbol{f}_{sm-2}, \boldsymbol{f}_{N+m'-1}, \boldsymbol{f}_{N+2m'-1}, \cdots, \boldsymbol{f}_{N+tm'-1} \tag{5.23}$$

は線形独立である．そこで，$\mathrm{Ker}(T^{m-3})$ の任意の基底に，上の (5.23) の元と，さらにいくつかの元を付け加えて $\mathrm{Ker}(T^{m-2})$ の基底を作る．以下同様に繰り返してゆくと，最終的に V の基底 $\langle \boldsymbol{f}_1, \boldsymbol{f}_2, \cdots, \boldsymbol{f}_n \rangle$ が作られる．この基底に関する T の表現行列は

$$\underbrace{J(0,m) \oplus \cdots \oplus J(0,m)}_{s\ 個} \oplus \underbrace{J(0,m') \oplus \cdots \oplus J(0,m')}_{t\ 個} \oplus \cdots$$

である (詳細な検討は読者の演習問題とする).

よって定理 5.5 は証明された. □

定理 5.4 と定理 5.5 を用いて, いよいよ定理 5.1 の証明にとりかかる.

定理 5.1 の証明 (1) のみ証明すればよい. まず, V の適当な基底に関する T の表現行列がジョルダン行列になることを示す. 定理 5.4 より

$$V = \tilde{W}(\alpha_1) \oplus \tilde{W}(\alpha_2) \oplus \cdots \oplus \tilde{W}(\alpha_k)$$

となる. 各 $\tilde{W}(\alpha_i)$ $(1 \leq i \leq k)$ は T 不変であるので, $T|_{\tilde{W}(\alpha_i)}$ は $\tilde{W}(\alpha_i)$ の線形変換になる. $(T - \alpha_i I)|_{\tilde{W}(\alpha_i)}$ はべき零変換であるので, 定理 5.5 より, $\tilde{W}(\alpha_i)$ の適当な基底 F_i に関する $(T - \alpha_i I)|_{\tilde{W}(\alpha_i)}$ の表現行列は

$$J(0, m_1) \oplus J(0, m_2) \oplus \cdots$$

という形になる. このとき, 基底 F_i に関する $T|_{\tilde{W}(\alpha_i)}$ の表現行列は

$$J(\alpha_i, m_1) \oplus J(\alpha_i, m_2) \oplus \cdots$$

という形である. 基底 $F_1, \cdots, F_k$ をつなぎ合わせた V の基底を F とすれば, 命題 5.1 より, この基底 F に関する T の表現行列はジョルダン行列となる.

次に, T のジョルダン標準形が, ジョルダン細胞の並べ方を別とすれば一意的であることを示す. V の基底 $E = \langle \boldsymbol{e}_1, \cdots, \boldsymbol{e}_n \rangle$ に関する T の表現行列が

$$\begin{aligned} & J(\beta_1, m_1^{(1)}) \oplus J(\beta_1, m_2^{(1)}) \oplus \cdots \oplus J(\beta_1, m_{s_1}^{(1)}) \\ & \oplus J(\beta_2, m_1^{(2)}) \oplus J(\beta_2, m_2^{(2)}) \oplus \cdots \oplus J(\beta_2, m_{s_2}^{(2)}) \\ & \oplus \cdots \\ & \oplus J(\beta_u, m_1^{(u)}) \oplus J(\beta_u, m_2^{(u)}) \oplus \cdots \oplus J(\beta_u, m_{s_u}^{(u)}) \end{aligned} \tag{5.24}$$

であるとする ($\beta_1, \cdots, \beta_u$ は相異なるものとする). このとき, 次が成り立つ.

主張その 1 $\beta_1, \cdots, \beta_u$ は T のすべての固有値である. さらに

$$d_i = \sum_{j=1}^{s_i} m_j^{(i)} \ (1 \leq i \leq u), \quad \tilde{d}_i = \sum_{l=1}^{i} d_l \ (1 \leq i \leq u), \quad \tilde{d}_0 = 0$$

とおくと，

$$\dim \tilde{W}(\beta_i) = d_i \quad (1 \leq i \leq u), \qquad \sum_{i=1}^{u} d_i = \tilde{d}_u = n \tag{5.25}$$

であり，$\tilde{W}(\beta_i)$ は $\langle \boldsymbol{e}_{\tilde{d}_{i-1}+1}, \cdots, \boldsymbol{e}_{\tilde{d}_i} \rangle$ を基底として持つ $(1 \leq i \leq u)$.

T の固有値や広義固有空間は T のみによって定まるので，この主張より，$\beta_1, \cdots, \beta_u, d_1, \cdots, d_u$ は T のみによって定まり，ジョルダン標準形の選び方によらないことが分かる.

主張その 1 の証明　$1 \leq i \leq u$ とする. (5.24) より，$\tilde{d}_{i-1} + 1 \leq \lambda \leq \tilde{d}_i$ なる λ については，十分大きな自然数 N に対して $(T - \beta_i I)^N(\boldsymbol{e}_\lambda) = \boldsymbol{0}$ である (確かめよ). よって $\boldsymbol{e}_\lambda \in \tilde{W}(\beta_i)$ である. β_i は T の固有値であり，$\boldsymbol{e}_{\tilde{d}_{i-1}+1}, \cdots, \boldsymbol{e}_{\tilde{d}_i}$ で生成された V の線形部分空間 $[\boldsymbol{e}_{\tilde{d}_{i-1}+1}, \cdots, \boldsymbol{e}_{\tilde{d}_i}]$ を $\tilde{W}'(\beta_i)$ とおけば

$$\tilde{W}'(\beta_i) \subset \tilde{W}(\beta_i) \tag{5.26}$$

となる. また，$\tilde{W}'(\beta_i)$ $(1 \leq i \leq u)$ の基底をつなぎ合わせれば V の基底 $\langle \boldsymbol{e}_1, \cdots, \boldsymbol{e}_n \rangle$ が得られることより

$$V = \tilde{W}'(\beta_1) \oplus \tilde{W}'(\beta_2) \oplus \cdots \oplus \tilde{W}'(\beta_u) \tag{5.27}$$

である. (5.26), (5.27) と定理 5.4 の結論をあわせて考えれば，$\beta_1, \beta_2, \cdots, \beta_u$ が T のすべての固有値であり，$\tilde{W}'(\beta_i) = \tilde{W}(\beta_i)$ $(1 \leq i \leq u)$ であることが分かる (次元を考えてみよ). このことより主張その 1 が示される.

さて，$T_i = (T - \beta_i I)|_{\tilde{W}(\beta_i)}$ $(1 \leq i \leq u)$ とおくと，T_i は $\tilde{W}(\beta_i)$ の線形変換であり，$\langle \boldsymbol{e}_{\tilde{d}_{i-1}+1}, \cdots, \boldsymbol{e}_{\tilde{d}_i} \rangle$ に関する T_i の表現行列は

$$J(0, m_1^{(i)}) \oplus J(0, m_2^{(i)}) \oplus \cdots \oplus J(0, m_{s_i}^{(i)})$$

となる. T_i はべき零であり，$M_i = \max\{m_1^{(i)}, \cdots, m_{s_i}^{(i)}\}$ とおけば $T_i^{M_i} = O$ である. したがって，$\tilde{W}(\beta_i)$ の線形部分空間の列

$$\mathrm{Ker}(T_i) \subset \mathrm{Ker}((T_i)^2) \subset \cdots \subset \mathrm{Ker}((T_i)^{M_i}) = \tilde{W}(\beta_i) \tag{5.28}$$

が得られる．ここで

$$a^{(i)}(p) = \dim \mathrm{Ker}((T_i)^p) \quad (1 \leq p \leq M_i) \tag{5.29}$$

とおけば，非負整数の非減少列

$$a^{(i)}(1) \leq a^{(i)}(2) \leq \cdots \leq a^{(i)}(M_i) = d_i \tag{5.30}$$

が得られる．ここで，$\tilde{W}(\beta_i)$ の線形部分空間の列 (5.28) は T のみによって定まるので，(5.30) の数列 $a^{(i)}(1), \cdots, a^{(i)}(M_i)$ も T のみによって定まる．

T のジョルダン標準形の一意性を示すにあたって，次の主張が鍵となる．

主張その 2 (5.30) の数列 $a^{(i)}(1), a^{(i)}(2), \cdots$ が定まれば，それによって，T_i のジョルダン標準形に現れるジョルダン細胞の種類とその個数は決定される．

この主張より，T のジョルダン標準形にあらわれるジョルダン細胞の種類と個数が T のみから完全に決定されることが分かる．

主張その 2 の証明 $\boldsymbol{e}_{\tilde{d}_{i-1}+1}, \cdots, \boldsymbol{e}_{\tilde{d}_{i-1}+m_1^{(i)}}$ で生成される $\tilde{W}(\beta_i)$ の線形部分空間を $W_1^{(i)}$ とおく．$\boldsymbol{e}_{\tilde{d}_{i-1}+m_1^{(i)}+1}, \cdots, \boldsymbol{e}_{\tilde{d}_{i-1}+m_1^{(i)}+m_2^{(i)}}$ で生成される部分空間を $W_2^{(i)}$ とおく．一般に

$$\tilde{m}_j^{(i)} = \sum_{l=1}^{j} m_l^{(i)} \ \ (j = 1, 2, \cdots, s_i), \quad \tilde{m}_0^{(i)} = 0$$

とおき，$\boldsymbol{e}_{\tilde{d}_{i-1}+\tilde{m}_{j-1}^{(i)}+1}, \cdots, \boldsymbol{e}_{\tilde{d}_{i-1}+\tilde{m}_j^{(i)}}$ で生成される $\tilde{W}(\beta_i)$ の線形部分空間を $W_j^{(i)}$ とおけば

$$\tilde{W}(\beta_i) = W_1^{(i)} \oplus W_2^{(i)} \oplus \cdots \oplus W_{s_i}^{(i)}$$

となる．各 $W_j^{(i)}$ は T_i 不変であり，$T_i|_{W_j^{(i)}}$ は $W_j^{(i)}$ の線形変換である．このとき，自然数 p に対して

$$\mathrm{Ker}((T_i)^p) = \mathrm{Ker}((T_i|_{W_1^{(i)}})^p) \oplus \cdots \oplus \mathrm{Ker}((T_i|_{W_{s_i}^{(i)}})^p) \tag{5.31}$$

が成り立つ (後述の命題 5.3 参照)．ここで

$$a_j^{(i)}(p) = \dim \operatorname{Ker}((T_i|_{W_j^{(i)}})^p) \tag{5.32}$$

とおけば，(5.29) と (5.31) により

$$a^{(i)}(p) = \sum_{j=1}^{s_i} a_j^{(i)}(p) \tag{5.33}$$

が得られる．

基底 $\langle \boldsymbol{e}_{\tilde{d}_{i-1}+\tilde{m}_{j-1}^{(i)}+1}, \cdots, \boldsymbol{e}_{\tilde{d}_{i-1}+\tilde{m}_j^{(i)}} \rangle$ に関する $T_i|_{W_j^{(i)}} : W_j^{(i)} \to W_j^{(i)}$ の表現行列は $J(0, m_j^{(i)})$ である．このことを図式的に

$$\boldsymbol{e}_{\tilde{d}_{i-1}+\tilde{m}_j^{(i)}} \xmapsto{T_i} \cdots \xmapsto{T_i} \boldsymbol{e}_{\tilde{d}_{i-1}+\tilde{m}_{j-1}^{(i)}+1} \xmapsto{T_i} \boldsymbol{0} \tag{5.34}$$

と表すことができる．よって

$$a_j^{(i)}(p) = \begin{cases} p & (1 \leq p \leq m_j^{(i)} \text{のとき}) \\ m_j^{(i)} & (p > m_j^{(i)} \text{のとき}) \end{cases} \tag{5.35}$$

が成り立つ (このことの証明は読者の演習問題とする)．さらに $a_j^{(i)}(0) = 0$ とおき，数列 $a_j^{(i)}(p)$ の「階差」をとると

$$a_j^{(i)}(p) - a_j^{(i)}(p-1) = \begin{cases} 1 & (p \leq m_j^{(i)} \text{のとき}) \\ 0 & (p > m_j^{(i)} \text{のとき}) \end{cases}$$

となる．さらにその「階差」をとると

$$\begin{aligned} &(a_j^{(i)}(p) - a_j^{(i)}(p-1)) - (a_j^{(i)}(p+1) - a_j^{(i)}(p)) \\ &= 2a_j^{(i)}(p) - a_j^{(i)}(p+1) - a_j^{(i)}(p-1) \\ &= \begin{cases} 1 & (p = m_j^{(i)} \text{のとき}) \\ 0 & (\text{それ以外の場合}) \end{cases} \end{aligned}$$

となる．ここで，(5.33) より

$$2a^{(i)}(p) - a^{(i)}(p+1) - a^{(i)}(p-1) = \sum_{j=1}^{s_i} (2a_j^{(i)}(p) - a_j^{(i)}(p+1) - a_j^{(i)}(p-1))$$

が成り立つことに注意する．右辺のシグマ記号の中は，$p = m_j^{(i)}$ のときに限って 1 であり，その他の場合は 0 であるので，

$$2a^{(i)}(p) - a^{(i)}(p+1) - a^{(i)}(p-1) = q$$

であることは，$2a_j^{(i)}(p) - a_j^{(i)}(p+1) - a_j^{(i)}(p-1) = 1$ であるような j がちょうど q 個存在すること，すなわち，$m_j^{(i)} = p$ であるような j がちょうど q 個存在することを意味する．いい換えれば，T のジョルダン標準形の中にジョルダン細胞 $J(\beta_i, p)$ が q 個あらわれることを意味する．したがって，すべての p $(1 \leq p \leq M_i)$ にわたって

$$2a^{(i)}(p) - a^{(i)}(p+1) - a^{(i)}(p-1)$$

を計算すれば，T のジョルダン標準形にあらわれるジョルダン細胞の種類と個数が分かる．こうして主張その 2 の証明が終わる．

今まで述べたことより，T のジョルダン標準形にあらわれるジョルダン細胞の種類と個数は T のみによって定まることが示された．

こうして定理 5.1 の証明が終わる． **Q. E. D.**

5.1.5 定理の証明を振り返る

定理 5.1 の中で使われた命題を述べる．証明は読者の演習問題とする．(ヒント：$\mathrm{Ker}(T|_{W_i})$ の基底を延長して W_i の基底を作る．それらをつなぎ合わせて V の基底を作る．V の元 $\boldsymbol{x}$ が $\mathrm{Ker}(T)$ に属するための条件を考えよ．)

命題 5.3 T は K 上の線形空間 V の線形変換とし，V は T 不変線形部分空間 W_i $(1 \leq i \leq k)$ の直和であるとする：

$$V = W_1 \oplus W_2 \oplus \cdots \oplus W_k.$$

このとき

$$\mathrm{Ker}(T) = \mathrm{Ker}(T|_{W_1}) \oplus \mathrm{Ker}(T|_{W_2}) \oplus \cdots \oplus \mathrm{Ker}(T|_{W_k})$$

が成り立つ．

定理 5.1 の証明を振り返っておこう (記号は証明中のものと若干異なるが，これ以降はこの記号を用いる)．$T : V \to V$ の相異なるすべての固有値が α_1, $\alpha_2, \cdots, \alpha_k$ であるとき，$V = \tilde{W}(\alpha_1) \oplus \tilde{W}(\alpha_2) \oplus \cdots \oplus \tilde{W}(\alpha_k)$ と直和分解する．ここで $T_i = (T - \alpha_i I)|_{\tilde{W}(\alpha_i)}$ $(1 \leq i \leq k)$ とおけば，T_i は $\tilde{W}_i(\alpha_i)$ のべき零線形変換である．$\dim \mathrm{Ker}((T_i)^p) = a^{(i)}(p)$ $(p = 1, 2, \cdots)$ とおけば

$$a^{(i)}(1) \leq a^{(i)}(2) \leq a^{(i)}(3) \leq \cdots$$

が成り立つ．さらに $a^{(i)}(0) = 0$ と定め，

$$\begin{cases} b^{(i)}(p) = a^{(i)}(p) - a^{(i)}(p-1) \\ c^{(i)}(p) = b^{(i)}(p) - b^{(i)}(p+1) \end{cases} \qquad (p = 1, 2, \cdots)$$

とおくと，T のジョルダン標準形には $J(\alpha_i, p)$ が $c^{(i)}(p)$ 個あらわれる．

例 5.2 V は 8 次元複素線形空間とし，T は V の線形変換とする．T は 2 個の相異なる固有値 α_1, α_2 を持つとし，それぞれの固有値に対する広義固有空間は 4 次元であるとする．記号は上述のものを用いる．

(1) $a^{(1)}(1) = 3$, $a^{(1)}(2) = a^{(1)}(3) = \cdots = 4$ とすると，$b^{(1)}(p)$, $c^{(1)}(p)$ は次のようになる．

	$p=1$	$p=2$	$p=3$	$p=4$	$p=5$
$a^{(1)}(p)$	3	4	4	4	4
$b^{(1)}(p)$	3	1	0	0	0
$c^{(1)}(p)$	2	1	0	0	0

となる．よって，T_1 のジョルダン標準形には $J(0, 1)$ が 2 個，$J(0, 2)$ が 1 個あらわれるので，ジョルダン標準形として

$$J(0, 2) \oplus J(0, 1) \oplus J(0, 1)$$

がとれる．この行列を T_1 の表現行列として持つような $\tilde{W}(\alpha_1)$ の基底を $\langle \boldsymbol{e}_1^{(1)}, \boldsymbol{e}_2^{(1)}, \boldsymbol{e}_3^{(1)}, \boldsymbol{e}_4^{(1)} \rangle$ とすれば，それらは次のように図式的に表される．

$$
\begin{array}{l}
e_2^{(1)} \overset{T_1}{\longmapsto} e_1^{(1)} \overset{T_1}{\longmapsto} \mathbf{0} \\
\qquad\qquad e_3^{(1)} \overset{T_1}{\longmapsto} \mathbf{0} \\
\qquad\qquad e_4^{(1)} \overset{T_1}{\longmapsto} \mathbf{0}
\end{array}
$$

この基底に関する $T|_{\tilde{W}(\alpha_1)}$ の表現行列は $J(\alpha_1,2)\oplus J(\alpha_1,1)\oplus J(\alpha_1,1)$ である.

（2） $a^{(2)}(1)=2,\ a^{(2)}(2)=3,\ a^{(2)}(3)=a^{(2)}(4)=\cdots=4$ とすると

	$p=1$	$p=2$	$p=3$	$p=4$	$p=5$
$a^{(2)}(p)$	2	3	4	4	4
$b^{(2)}(p)$	2	1	1	0	0
$c^{(2)}(p)$	1	0	1	0	0

となる．したがって，T_2 のジョルダン標準形として

$$J(0,3)\oplus J(0,1)$$

がとれる．この行列を T_2 の表現行列として持つような $\tilde{W}(\alpha_2)$ の基底を $\langle e_1^{(2)}, e_2^{(2)}, e_3^{(2)}, e_4^{(2)}\rangle$ とすれば，それらは次のように図式的に表される.

$$
\begin{array}{l}
e_3^{(2)} \overset{T_2}{\longmapsto} e_2^{(2)} \overset{T_2}{\longmapsto} e_1^{(2)} \overset{T_2}{\longmapsto} \mathbf{0} \\
\qquad\qquad\qquad\qquad e_4^{(2)} \overset{T_2}{\longmapsto} \mathbf{0}
\end{array}
$$

この基底に関する $T|_{\tilde{W}(\alpha_2)}$ の表現行列は $J(\alpha_2,3)\oplus J(\alpha_2,1)$ である.

結局，このような T のジョルダン標準形は

$$J(\alpha_1,2)\oplus J(\alpha_1,1)\oplus J(\alpha_1,1)\oplus J(\alpha_2,3)\oplus J(\alpha_2,1)$$

となることが分かる.

今，横軸に p，縦軸に $a^{(i)}(p)$ をプロットして折れ線グラフを作ると，上に凸な非減少グラフになる．たとえば $a^{(2)}(p)$ のグラフは図 5.1 のようになる.

グラフが折れ曲がっているところの p に対応して p 次のジョルダン細胞があらわれる．図 5.1 のグラフは $p=1$ と $p=3$ で折れ曲がっている．それに対応してジョルダン細胞 $J(\alpha_2,1)$ と $J(\alpha_2,3)$ があらわれる.

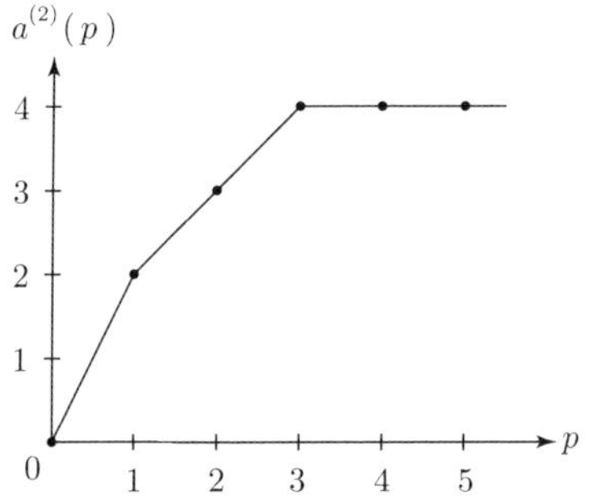

図 **5.1**

次の命題は，実際に $a^{(i)}(p)$ を計算してジョルダン標準形を求める際に役立つ.

命題 5.4 $a^{(i)}(p) = \dim \mathrm{Ker}((T_i)^p) = \dim \mathrm{Ker}((T - \alpha_i I)^p|_{\tilde{W}(\alpha_i)})$ について，次のことが成り立つ．記号は上述のものを用いる.

(1) $a^{(i)}(p) = \dim \mathrm{Ker}((T - \alpha_i I)^p)$ である.

(2) T が $A \in M(n, n; \boldsymbol{C})$ によって定まる線形変換 $T_A : \boldsymbol{C}^n \to \boldsymbol{C}^n$ であるならば

$$a^{(i)}(p) = n - \mathrm{rank}((A - \alpha_i E_n)^p)$$

である.

(3) $a^{(i)}(1)$ は固有値 α_i に対応する T のジョルダン細胞の個数と等しい.

(4) $a^{(i)}(p)$ が最大となる p のうち最小のもの，すなわち

$$a^{(i)}(p-1) < a^{(i)}(p) = a^{(i)}(p+1) = \cdots = \dim \tilde{W}(\alpha_i)$$

を満たす p は，固有値 α_i に対応する T のジョルダン細胞の最大次数と等しい．すなわち，$J(\alpha_i, m)$ が T のジョルダン標準形にあらわれるような m のうち最大のものと等しい.

証明 (1) $V = \tilde{W}(\alpha_1) \oplus \cdots \oplus \tilde{W}(\alpha_k)$ であるので，命題 5.3 より

$$\begin{aligned} &\mathrm{Ker}((T - \alpha_i I)^p) \\ &= \mathrm{Ker}((T - \alpha_i I)^p|_{\tilde{W}(\alpha_1)}) \oplus \cdots \oplus \mathrm{Ker}((T - \alpha_i I)^p|_{\tilde{W}(\alpha_k)}) \end{aligned} \qquad (5.36)$$

である．ここで $j \neq i$ ならば，命題 5.2 (5) より，$\tilde{W}(\alpha_j) \cap \tilde{W}(\alpha_j) = \{\mathbf{0}\}$ であるので，$\tilde{W}(\alpha_j)$ の $\mathbf{0}$ でない任意の元 $\boldsymbol{x}$ は $\tilde{W}(\alpha_i)$ には属さない．すなわち，任意の自然数 p に対して $(T-\alpha_i I)^p(\boldsymbol{x}) \neq \mathbf{0}$ となる．これは

$$\mathrm{Ker}((T-\alpha_i I)^p|_{\tilde{W}(\alpha_j)}) = \{\mathbf{0}\} \tag{5.37}$$

であることを意味する．(5.36) と (5.37) をあわせれば

$$\dim \mathrm{Ker}((T-\alpha_i I)^p) = \dim \mathrm{Ker}((T-\alpha_i I)^p|_{\tilde{W}(\alpha_i)}) = a^{(i)}(p)$$

が得られ，(1) が証明される．

(2), (3), (4) の証明は読者の演習問題とする． □

広義固有空間の次元は特性多項式によって求められる．

命題 5.5 (1)　$\Phi_{J(\alpha,m)}(t) = (t-\alpha)^m$ である．

(2)　T の特性多項式が $\Phi_T(t) = (t-\alpha_1)^{m_1}(t-\alpha_2)^{m_2}\cdots(t-\alpha_k)^{m_k}$ ($\alpha_1, \cdots, \alpha_k$ は相異なる) のとき，$\dim \tilde{W}(\alpha_i) = m_i$ である ($i = 1, \cdots k$).

証明　(1) は定義から計算により求められる．(2) は読者の演習問題とする．(ヒント：T のジョルダン標準形をとれば，(1) を用いて特性多項式が計算できる．一方，ジョルダン標準形から $\dim \tilde{W}(\alpha_i)$ が定まる．両者を見比べよ．) □

今まで述べたことを用いて，ジョルダン標準形を実際に求めてみよう．

例 5.3　$A = \begin{pmatrix} -1 & 2 & 3 \\ -2 & 3 & 2 \\ -1 & 1 & 3 \end{pmatrix}$ の特性多項式は $\Phi_A(t) = (t-1)(t-2)^2$ であるので，固有値は 1 と 2 である．まず固有値 2 に対する広義固有空間 $\tilde{W}(2)$ については，命題 5.5 により $\dim \tilde{W}(2) = 2$ である．

$$A - 2E_3 = \begin{pmatrix} -3 & 2 & 3 \\ -2 & 1 & 2 \\ -1 & 1 & 1 \end{pmatrix}, \quad (A-2E_3)^2 = \begin{pmatrix} 2 & -1 & -2 \\ 2 & -1 & -2 \\ 0 & 0 & 0 \end{pmatrix}$$

であり，$\mathrm{rank}(A-2E_3)=2$, $\mathrm{rank}(A-2E_3)^2=1$ となるので，命題 5.4 (2) より，$\dim \mathrm{Ker}((T_A-2I)|_{\tilde{W}(2)})=1$, $\dim \mathrm{Ker}((T_A-2I)^2|_{\tilde{W}(2)})=2$ となる．よって $T_A|_{\tilde{W}(2)}$ のジョルダン標準形は $J(2,2)$ である (例 5.2 と同様に考える).

$$\mathrm{Ker}(T_A-2I)=\left\{\begin{pmatrix} x_1 \\ x_2 \\ x_3 \end{pmatrix} \,\middle|\, \begin{array}{l} -2x_1+x_2+2x_3=0 \\ -x_1+x_2+x_3=0 \end{array}\right\},$$

$$\mathrm{Ker}((T_A-2I)^2)=\left\{\begin{pmatrix} x_1 \\ x_2 \\ x_3 \end{pmatrix} \,\middle|\, -2x_1+x_2+2x_3=0\right\}$$

であるので，たとえば $\boldsymbol{p}_2=\begin{pmatrix} 1 \\ 2 \\ 0 \end{pmatrix}$ とおけば，$\boldsymbol{p}_2 \in \mathrm{Ker}((T_A-2I)^2)$ であるが，$\mathrm{Ker}(T_A-2I)$ には属さない．$\boldsymbol{p}_1=(A-2E_3)\boldsymbol{p}_2=\begin{pmatrix} 1 \\ 0 \\ 1 \end{pmatrix}$ とおけば $\boldsymbol{p}_1 \in \mathrm{Ker}(T_A-2I)$ となる．このとき $\langle \boldsymbol{p}_1, \boldsymbol{p}_2 \rangle$ は $\tilde{W}(2)$ の基底となり，この基底に関する $T_A|_{\tilde{W}(2)}$ の表現行列はジョルダン標準形 $J(2,2)$ である．

一方，$\dim \tilde{W}(1)=1$ より，$\tilde{W}(1)=W(1)$ である．たとえば $\boldsymbol{p}_3=\begin{pmatrix} 1 \\ 1 \\ 0 \end{pmatrix}$ は固有ベクトルであり，$\langle \boldsymbol{p}_3 \rangle$ は $\tilde{W}(1)$ の基底となる．

以上より，$\langle \boldsymbol{p}_1, \boldsymbol{p}_2, \boldsymbol{p}_3 \rangle$ は $\boldsymbol{C}^3$ の基底であり，この基底に関する T_A の表現行列は $J(2,2) \oplus J(1,1)$ となることが分かる．（実際，$P=(\boldsymbol{p}_1\ \boldsymbol{p}_2\ \boldsymbol{p}_3)$ とおけば，P は正則行列であり，$P^{-1}AP=J(2,2) \oplus J(1,1)$ となることを計算によって確かめよ.）

例 5.4 $A = \begin{pmatrix} 0 & 1 & -1 & 1 \\ 0 & 1 & 0 & 0 \\ -1 & 0 & 0 & 1 \\ -2 & 1 & -2 & 3 \end{pmatrix}$ の特性多項式は $\Phi_A(t) = (t-1)^4$ であるので，A の固有値は 1 のみである．

$$B = A - E_4 = \begin{pmatrix} -1 & 1 & -1 & 1 \\ 0 & 0 & 0 & 0 \\ -1 & 0 & -1 & 1 \\ -2 & 1 & -2 & 2 \end{pmatrix}$$

とおくと，$\mathrm{rank}(B) = 2$ である．また，$B^2 = O$ より $\mathrm{rank}(B^2) = 0$ である．したがって $\dim \mathrm{Ker}(T_A - I) = 2$, $\dim \mathrm{Ker}((T_A - I)^2) = 4$ となる．よって，A のジョルダン標準形は $J(1,2) \oplus J(1,2)$ である (確かめよ)．ここで

$$\mathrm{Ker}(T_A - I) = \left\{ \begin{pmatrix} x_1 \\ x_2 \\ x_3 \\ x_4 \end{pmatrix} \middle| \; x_1 + x_3 - x_4 = 0 \text{ かつ } x_2 = 0 \right\} \tag{5.38}$$

に注意する．$\boldsymbol{p}_2 = \begin{pmatrix} 1 \\ 0 \\ 0 \\ 0 \end{pmatrix}$, $\boldsymbol{p}_4 = \begin{pmatrix} 0 \\ 1 \\ 0 \\ 0 \end{pmatrix}$ とおくと，$\boldsymbol{p}_2, \boldsymbol{p}_4 \notin \mathrm{Ker}(T_A - I)$ であり，これらは線形独立である．さらに，$\alpha, \beta \in \boldsymbol{C}$ に対して，

$$\alpha \boldsymbol{p}_2 + \beta \boldsymbol{p}_4 = \begin{pmatrix} \alpha \\ \beta \\ 0 \\ 0 \end{pmatrix} \in \mathrm{Ker}(T_A - I)$$

となるための条件は $\alpha = \beta = 0$ であるので (確かめよ)，

$$[\boldsymbol{p}_2, \boldsymbol{p}_4] \cap \mathrm{Ker}(T_A - I) = \{\mathbf{0}\}$$

である．よって，$\mathrm{Ker}(T_A - I)$ の基底と $\boldsymbol{p}_2, \boldsymbol{p}_4$ をあわせれば $\boldsymbol{C}^4$ の基底が得られる．そこで

$$\boldsymbol{p}_1 = B\boldsymbol{p}_2 = \begin{pmatrix} -1 \\ 0 \\ -1 \\ -2 \end{pmatrix}, \quad \boldsymbol{p}_3 = B\boldsymbol{p}_4 = \begin{pmatrix} 1 \\ 0 \\ 0 \\ 1 \end{pmatrix}$$

とおけば，$\boldsymbol{p}_1, \boldsymbol{p}_2, \boldsymbol{p}_3, \boldsymbol{p}_4$ は線形独立であり，よって $P = (\boldsymbol{p}_1\, \boldsymbol{p}_2\, \boldsymbol{p}_3\, \boldsymbol{p}_4)$ は正則行列であり，$P^{-1}AP = J(1,2) \oplus J(1,2)$ となる (実際に計算してみよ).

注意 5.1 例 5.4 では定理 5.1 の証明方法に沿って $\boldsymbol{p}_2$ と $\boldsymbol{p}_4$ を選んだが，そのような元の選び方は非常に多く存在する．ただし，実用的には，必ずしも定理 5.1 の証明にしたがう必要はない．

例 5.4 の場合であれば，ジョルダン標準形の形が分かった時点で

$$\mathrm{Im}(T_A - I) = \mathrm{Ker}(T_A - I) \tag{5.39}$$

が分かるので (証明は読者にゆだねる)，次のように考えることもできる．

T_A の表現行列が $J(1,2) \oplus J(1,2)$ となるような $\boldsymbol{C}^4$ の基底 $\langle \boldsymbol{q}_1, \cdots, \boldsymbol{q}_4 \rangle$ は

$$\boldsymbol{q}_2 \overset{T_B}{\longmapsto} \boldsymbol{q}_1 \overset{T_B}{\longmapsto} \mathbf{0}, \quad \boldsymbol{q}_4 \overset{T_B}{\longmapsto} \boldsymbol{q}_3 \overset{T_B}{\longmapsto} \mathbf{0} \tag{5.40}$$

という関係を満たす．この場合，$\langle \boldsymbol{q}_1, \boldsymbol{q}_3 \rangle$ は $\mathrm{Ker}(T_A - I)$ の基底であるが，(5.39) より $\mathrm{Ker}(T_A - I)$ の任意の元 $\boldsymbol{y}$ に対して $\boldsymbol{y} = B\boldsymbol{x}$ となるような $\boldsymbol{x}$ が存在するので，**最初に $\boldsymbol{q}_1$ と $\boldsymbol{q}_3$ を求めて，それから $\boldsymbol{q}_2$ と $\boldsymbol{q}_4$ を決めることができる**．実際，(5.38) より，$\mathrm{Ker}(T_A - I)$ の基底 $\langle \boldsymbol{q}_1, \boldsymbol{q}_3 \rangle$ を

$$\boldsymbol{q}_1 = \begin{pmatrix} 1 \\ 0 \\ 0 \\ 1 \end{pmatrix}, \quad \boldsymbol{q}_3 = \begin{pmatrix} 0 \\ 0 \\ 1 \\ 1 \end{pmatrix}$$

と定めることができる．次に連立方程式 $B\boldsymbol{x} = \boldsymbol{q}_1$ および連立方程式 $B\boldsymbol{x} = \boldsymbol{q}_3$ をそれぞれ解くことにより，たとえば

$$\boldsymbol{q}_2 = \begin{pmatrix} 0 \\ 1 \\ 0 \\ 0 \end{pmatrix}, \quad \boldsymbol{q}_4 = \begin{pmatrix} 0 \\ -1 \\ 0 \\ 1 \end{pmatrix}$$

とおけば (5.40) を満たすことが分かる．そこで $Q = (\boldsymbol{q}_1\,\boldsymbol{q}_2\,\boldsymbol{q}_3\,\boldsymbol{q}_4)$ とおけば Q は正則行列で，$Q^{-1}AQ = J(1,2) \oplus J(1,2)$ を満たす (これも実際に計算して確かめよ)．

一般には (5.39) のような関係は成り立たないので，この方法をそのまま適用することはできない．しかし，同様の考察が多くの場合に有効である．

問題 5.1 次の行列 A に対して，$P^{-1}AP$ がジョルダン標準形になるような正則行列 P と，そのときのジョルダン標準形を求めよ．

(1) $A = \begin{pmatrix} -5 & 4 & 2 \\ -2 & 1 & 1 \\ -4 & 4 & 1 \end{pmatrix}$ (2) $A = \begin{pmatrix} 5 & 8 & -3 & -4 \\ 0 & 3 & -2 & 0 \\ 0 & 4 & -3 & 0 \\ 6 & 12 & -5 & -5 \end{pmatrix}$

解答例 (1) $P = \begin{pmatrix} -4 & 1 & 1 \\ -2 & 0 & 0 \\ -4 & 0 & 2 \end{pmatrix}$, $P^{-1}AP = \begin{pmatrix} -1 & 1 & 0 \\ 0 & -1 & 0 \\ 0 & 0 & -1 \end{pmatrix}$.

(2) $P = \begin{pmatrix} 1 & 0 & 2 & 0 \\ 0 & 1 & 0 & 2 \\ 0 & 1 & 0 & 4 \\ 1 & 1 & 3 & 1 \end{pmatrix}$, $P^{-1}AP = \begin{pmatrix} 1 & 1 & 0 & 0 \\ 0 & 1 & 0 & 0 \\ 0 & 0 & -1 & 0 \\ 0 & 0 & 0 & -1 \end{pmatrix}$.

5.2 ジョルダン標準形の応用

5.2.1 ハミルトン・ケーリーの定理

$J(0,m)$ をあらためて N_m とおくと，$J(\alpha,m)=\alpha E_m+N_m$ が成り立つ．N_m のべき乗 N_m^r を計算してみると，たとえば N_3 については

$$N_3=\begin{pmatrix}0&1&0\\0&0&1\\0&0&0\end{pmatrix},\quad N_3^2=\begin{pmatrix}0&0&1\\0&0&0\\0&0&0\end{pmatrix},\quad N_3^3=O$$

となる．一般に次の命題が成り立つ．

命題 5.6 (1) N_m^r の (i,j) 成分を $n_{ij}^{(r)}$ とすると

$$n_{ij}^{(r)}=\begin{cases}1 & (j=i+r\ \text{のとき})\\ 0 & (\text{それ以外の場合})\end{cases}$$

(2) $N_m^{m-1}\neq O,\ N_m^m=O$.

証明は読者の演習問題とする．次の命題も証明は読者にゆだねる．多項式 $f(x)$ に正方行列 A を代入することについては，小節 1.5.2 を参照せよ．

命題 5.7 $f(x)$ は多項式とし，A は n 次正方行列とする．

(1) $f(x)=f_1(x)f_2(x)\cdots f_k(x)$ (各 $f_i(x)$ は多項式) ならば

$$f(A)=f_1(A)f_2(A)\cdots f_k(A)$$

が成り立つ．

(2) $A=A_1\oplus A_2\oplus\cdots\oplus A_k$ (各 A_i は正方行列) ならば

$$f(A)=f(A_1)\oplus f(A_2)\oplus\cdots\oplus f(A_k)$$

が成り立つ．

(3) n 次正則行列 P に対して $f(P^{-1}AP)=P^{-1}f(A)P$ が成り立つ．

以上の準備のもと，次の定理を述べることができる．

定理 5.6 (ハミルトン・ケーリーの定理) n 次正方行列 A に対して

$$\Phi_A(A)=O$$

が成り立つ；$\Phi_A(t)=\det(tE_n-A)=t^n+a_{n-1}t^{n-1}+\cdots+a_1t+a_0$ とするとき，$\Phi_A(A)=A^n+a_{n-1}A^{n-1}+\cdots+a_1A+a_0E_n=O$ である．

証明 正則行列 P をとって $P^{-1}AP\,(=J)$ をジョルダン標準形にする：

$$P^{-1}AP=J=J(\alpha_1,n_1)\oplus J(\alpha_2,n_2)\oplus\cdots\oplus J(\alpha_k,n_k) \tag{5.41}$$

このとき

$$\Phi_A(t)=\Phi_J(t)=(t-\alpha_1)^{n_1}(t-\alpha_2)^{n_2}\cdots(t-\alpha_k)^{n_k} \tag{5.42}$$

となる．命題 5.6 (2) より，$(J(\alpha_i,n_i)-\alpha_iE_{n_i})^{n_i}=N_{n_i}^{n_i}=O \quad (1\le i\le k)$ であるので，(5.42) および命題 5.7 (1) より $\Phi_A(J(\alpha_i,n_i))=O$ となる．さらに (5.41) および命題 5.7 (2) より $\Phi_A(J)=O\oplus O\oplus\cdots\oplus O=O$ となる．$A=PJP^{-1}$ に注意すれば，命題 5.7 (3) より $\Phi_A(A)=P\Phi_A(J)P^{-1}=O$ が得られ，定理が証明される． □

ハミルトン・ケーリーの定理はさらに精密化することができる．

問題 5.2 A は n 次正方行列とし，$\alpha_1,\alpha_2,\cdots,\alpha_k$ は A の相異なるすべての固有値とする．

(1) A のジョルダン標準形が

$$\begin{aligned}J=&J(\alpha_1,m_1^{(1)})\oplus J(\alpha_1,m_2^{(1)})\oplus\cdots\oplus J(\alpha_1,m_{s_1}^{(1)})\\&\oplus J(\alpha_2,m_1^{(2)})\oplus J(\alpha_2,m_2^{(2)})\oplus\cdots\oplus J(\alpha_2,m_{s_2}^{(2)})\\&\oplus\cdots\\&\oplus J(\alpha_k,m_1^{(k)})\oplus J(\alpha_k,m_2^{(k)})\oplus\cdots\oplus J(\alpha_k,m_{s_k}^{(k)})\end{aligned}$$

であるとする．

$$M_i=\max\{m_1^{(i)},m_2^{(i)},\cdots,m_{s_i}^{(i)}\}\quad(i=1,2,\cdots,k)$$

とおき，多項式 $\varphi(t)$ を

$$\varphi(t) = (t - \alpha_1)^{M_1}(t - \alpha_2)^{M_2} \cdots (t - \alpha_k)^{M_k}$$

と定める．このとき，$\varphi(A) = O$ であることを証明せよ．

(2) A が対角化可能であるための必要十分条件は，

$$(A - \alpha_1 E_n)(A - \alpha_2 E_n) \cdots (A - \alpha_k E_n) = O \tag{5.43}$$

が成り立つことであることを証明せよ．

ヒントと補足 (1)：定理 5.6 と同様に証明できる．$\varphi(t)$ を A の**最小多項式**とよぶ．

(2)：必要性は (1) よりしたがう．A が対角化可能でないならば，ジョルダン標準形 J に対して $(J - \alpha_1 E_n)(J - \alpha_2 E_n) \cdots (J - \alpha_k E_n)$ を計算することにより，(5.43) が成り立たないことが示される．

ヒントのヒント　$m \geq 2$ のとき，$J(\alpha, m) - \alpha E_m \neq O$ である．$\alpha' \neq \alpha$ ならば，$\det(J(\alpha, m) - \alpha' E_m) = (\alpha - \alpha')^m \neq 0$ より，$J(\alpha, m) - \alpha' E_m$ は正則行列である．O でない行列に正則行列をかけたものは O でない．

問題 5.3　問題 5.2 (2) を利用して，例 4.4 と例 5.3 の行列 A が対角化可能かどうか判定せよ．

略解　例 4.4 の A の固有値は 0 と 1 である．計算により，$A(A - E_3) = O$ が確かめられるので，A は対角化可能である．例 5.3 の A の固有値は 1 と 2 であるが，$(A - E_3)(A - 2E_3) \neq O$ より，A は対角化可能でない．

5.2.2 行列のべき乗など

ジョルダン標準形を用いて，行列のべき乗を計算することができる．

まず，ジョルダン細胞のべき乗については，$J(\alpha, m) = \alpha E_m + N_m$ より

$$J(\alpha, m)^r = (\alpha E_m + N_m)^r = \sum_{s=0}^{r} \frac{r!}{s!(r-s)!} \alpha^{r-s} N_m^s \tag{5.44}$$

が成り立つ (E_m と N_m の積が交換可能であることに注意せよ)．この (5.44) と命題 5.6 より行列のべき乗が計算できる．このことはたとえば数列の一般項を求める問題に応用できる．

例 5.5 初項 a_1 および第 2 項 a_2 が $a_1 = \alpha,\ a_2 = \beta$ を満たし，漸化式

$$a_{n+2} = 4a_{n+1} - 4a_n \quad (n = 1, 2, \cdots) \tag{5.45}$$

を満たす数列 $\{a_n\}$ を考える．例 4.6 と同様に $b_n = a_{n+1}\ (n = 1, 2, \cdots)$ とおくと，(5.45) は $b_{n+1} = -4a_n + 4b_n$ と書き換えられるので，

$$\begin{pmatrix} a_{n+1} \\ b_{n+1} \end{pmatrix} = A \begin{pmatrix} a_n \\ b_n \end{pmatrix}, \quad A = \begin{pmatrix} 0 & 1 \\ -4 & 4 \end{pmatrix}$$

が成り立つ．このとき，$P = \begin{pmatrix} 1 & 0 \\ 2 & 1 \end{pmatrix}$ とおくと，$J = P^{-1}AP = \begin{pmatrix} 2 & 1 \\ 0 & 2 \end{pmatrix}$ となる．命題 5.6 および (5.44) より

$$J^n = (2E_2 + N_2)^n = 2^n E_2 + n2^{n-1} N_2 = \begin{pmatrix} 2^n & n \cdot 2^{n-1} \\ 0 & 2^n \end{pmatrix}$$

となる．したがって

$$A^n = PJ^nP^{-1} = \begin{pmatrix} -(n-1)2^n & n \cdot 2^{n-1} \\ -n \cdot 2^{n+1} & (n+1)2^n \end{pmatrix}$$

が得られる．$\begin{pmatrix} a_n \\ b_n \end{pmatrix} = A^{n-1} \begin{pmatrix} \alpha \\ \beta \end{pmatrix}$ より，求める一般項は

$$a_n = -(n-2)2^{n-1}\alpha + (n-1)2^{n-2}\beta$$

であることが分かる．

ジョルダン標準形を利用して，行列の指数関数 $\exp A$ や定数係数常微分方程式への応用についても論ずることができるが，ここでは割愛する．

索　引

さ　行

ま 行

や 行

ら 行

わ 行

海老原 円
えびはら・まどか

略 歴
1962年　東京都生まれ
1985年　東京大学理学部数学科卒業．同大学院を経て，
1989年　学習院大学助手
現　在　埼玉大学大学院理工学研究科准教授
博士（理学）（東京大学）
専門は代数幾何学

テキスト理系の数学 3
せんけいだいすう
線形代数

2010年 4 月 15 日　第1版第1刷発行
2017年 2 月 28 日　第1版第3刷発行

著者　海老原 円
発行者　横山 伸
発行　有限会社　数学書房
〒101-0051　東京都千代田区神田神保町 1-32-2
TEL　03-5281-1777
FAX　03-5281-1778
mathmath@sugakushobo.co.jp
振替口座　00100-0-372475
印刷 製本　モリモト印刷
組版　アベリー
装幀　岩崎寿文

ISBN 978-4-903342-33-7